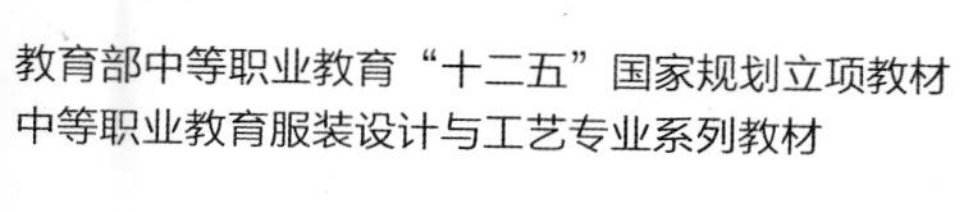

教育部中等职业教育“十二五”国家规划立项教材
中等职业教育服装设计与工艺专业系列教材

服装缝制工艺

主　编　黄朝菊
副主编　李　婷

FUZHUANG FENGZHI GONGYI

重庆大学出版社

图书在版编目(CIP)数据

服装缝制工艺/黄朝菊主编. —重庆:重庆大学出版社，2017.3（2022.8重印）

中等职业教育服装设计与工艺专业系列教材

ISBN 978-7-5624-9521-5

Ⅰ.①服… Ⅱ.①黄… Ⅲ.①服装缝制—中等专业学校—教材 Ⅳ.①TS941.63

中国版本图书馆CIP数据核字(2015)第242207号

中等职业教育服装设计与工艺专业系列教材

服装缝制工艺

主　编 黄朝菊

副主编 李　婷

责任编辑: 袁文华　　版式设计: 袁文华

责任校对: 秦巴达　　责任印制: 赵　晟

重庆大学出版社出版发行

出版人: 饶帮华

社址: 重庆市沙坪坝区大学城西路21号

邮编: 401331

电话: (023) 88617190　88617185 (中小学)

传真: (023) 88617186　88617166

网址: http://www.cqup.com.cn

邮箱: fxk@cqup.com.cn (营销中心)

全国新华书店经销

重庆巍承印务有限公司印刷

开本: 787mm ×1092mm　1/16　印张: 10　字数: 239千

2017年3月第1版　　2022年8月第3次印刷

印数: 4 001—6 000

ISBN 978-7-5624-9521-5　定价: 45.00元

编写合作企业

重庆雅戈尔服装有限公司

重庆校园精灵服饰有限公司

金夫人婚纱摄影集团

重庆段氏服饰实业有限公司

重庆名瑞服饰集团有限公司

重庆蓝岭服饰有限公司

重庆锡霸服饰有限公司

重庆金考拉服装有限公司

重庆热风服饰有限公司

重庆索派尔服装企业策划有限公司

重庆圣哲希服饰有限公司

广州溢达制衣有限公司

重庆红枫庭名品服饰有限公司

出版说明

2010年《国家中长期教育改革和发展规划纲要（2010—2020）》（以下简称《纲要》）正式颁布，《纲要》对职业教育提出："把提高质量作为重点，以服务为宗旨，以就业为导向，推进教育教学改革。"为了贯彻落实《纲要》的精神，2012年3月，教育部印发了《关于开展中等职业教育专业技能课教材选题立项工作的通知》（教职成司函〔2012〕35号）。根据通知精神，重庆大学出版社高度重视，认真组织申报工作。同年6月，教育部职业教育与成人教育司发函（教职成司函〔2012〕95号）批准重庆大学出版社立项建设"中等职业教育服装设计与工艺专业系列教材"，立项教材经教育部审定后列为中等职业教育"十二五"国家规划教材。选题获批立项后，作为国家一级出版社和职业教材出版基地的重庆大学出版社积极协调，统筹安排，联系职业院校服装设计类专业教学指导委员会，听取高校相关专家对学科体系建设的意见，了解行业的需求，从而确定系列教材的编写指导思想、整体框架、编写模式，组建编写队伍，确定主编人选，讨论编写大纲，确定编写进度，特别是邀请企业人员参与本套教材的策划、写作、审稿工作。同时，对书稿的编写质量进行把控，在编辑、排版、校对、印刷上认真对待，投入大量精力，扎实有序地推进各项工作。

职业教育，已成为我国教育中一个重要的组成部分。为了深入贯彻党的十八大和十八届三中、四中全会精神，贯彻落实全国职业教育工作会议精神和《国务院关于加快发展现代职业教育的决定》，促进职业教育专业教学科学化、标准化、规范化，建立健全职业教育质量保障体系，教育部组织制定了《中等职业学校专业教学标准（试行）》，这对于探索职业教育的规律和特点，创新职业教育教学模式，规范课程、教材体系，推进课程改革和教材建设，具有重要的指导作用和深远的意义。本套教材就是在《纲要》指导下，以《中等职业教育服装设计与工艺专业课程标准》为依据，遵循"拓宽基础、突出实用、注重发展"的编写原则进行编写，使教材具有如下特点：

（1）理论与实践相结合。本套书总体上按"基础篇""训练篇""实践篇""鉴赏篇"进行编写，每个篇目由几个学习任务组成，通过综述、培养目标、学习重点、学习评价、扩展练习、知识链接、友情提示等模块，明确学习目的，丰富教学的传达途径，突出了理论知识够用为度，注重学生技能培养的中职教学理念。

（2）充分体现以学生为本。针对目前中职学生学习的实际情况，注意语言表达的通俗性，版面设计的可读性，以学习任务方式组织教材内容，突出学生对知识和技能学习的主体性。

(3) 与行业需求相一致。教学内容的安排、教学案例的选取与行业应用相吻合，使所学知识和技能与行业需要紧密结合。

(4) 强调教学的互动性。通过"友情提示""试一试""想一想""拓展练习"等栏目，把教与学有机结合起来，增加学生的学习兴趣，培养学生的自学能力和创新意识。

(5) 重视教材内容的"精、用、新"。在教材内容的选择上，做到"精选、实用、新颖"，特别注意反映新知识、新技术、新水平、新趋势，以此拓展学生的知识视野，提高学生美术设计艺术能力，培养前瞻意识。

(6) 装帧设计和版式排列上新颖、活泼，色彩搭配上清新、明丽，符合中职学生的审美趣味。

本套教材实用性和操作性较强，能满足中等职业学校服装设计与工艺专业人才培养目标的要求。我们相信此套立项教材的出版会对中职服装设计与工艺专业的教学和改革产生积极的影响，也诚恳地希望行业专家、各校师生和广大读者多提改进意见，以便我们在今后不断修订完善。

重庆大学出版社

2016年3月

前　言

近年来，随着人们对服装的面料、审美、制作工艺等方面的要求越来越高，服装设计与制作的理念发生了很大的变化，企业对服装设计与制作人员也提出了更高的要求。“服装缝制工艺”是中等职业学校服装专业的一门主干课，程。为了更好地适应我国服装设计与制作行业的发展，满足职业学校教学改革的需要，本书在编写时结合当前服装企业新工艺，力求创新，具有以下特色：

(1) 在人才培养上，根据服装专业毕业生就业岗位的实际需要，合理确定学生应具备的知识与能力结构，进一步加强实践性教学内容，以满足用人单位对技能型人才的需求。

(2) 在表现形式上，以图说式的体例，更加突出职业教育特色，较多地采用图片、照片和现场及录像课件等形式，代替枯燥的文字描述，显得简单明了，力求给学生一个更加直观的认知环境。

(3) 在内容选择上，立足基本款式，注重款式变化，注意引入服装行业广泛使用的新材料、新技术、新工艺，紧跟行业发展，体现教材的时代感。

本书是为配合学校开展服装专业的教学而开发的专业课教材，主要内容分为基础篇和实践篇两个部分：基础篇介绍了服装制作工艺的基础知识和基本技能，从穿针引线、手工、车缝基础到熨烫知识；实践篇介绍了女裙、衬衫、西裤、春秋衫、西服等服装的制作工艺、流程和质量标准。

本书由黄朝菊（重庆市巴南职业教育中心）担任主编，李婷（重庆工商管理职业学校）担任副主编，殷肇俐（重庆市巴南职业教育中心）、赵阳敏（重庆工商学校）、唐炯（重庆市江南职业学校）、陈友玲（重庆市龙门浩职业中学校）、蒋冬梅（重庆市丰都县职业教育中心）参与了编写。本书在编写过程中，还得到了汤永忠老师（重庆市龙门浩职业中学校）的悉心指导。重庆市龙门浩职业中学校、重庆市巴南职业教育中心等教师和学校以及合作企业重庆荣庆服饰有限公司、重庆索派尔服装企业策划有限公司、重庆圣哲希服饰有限公司的大力支持，在此，我们表示诚挚的谢意。

由于编写时间有限，书中难免存在错误之处，恳请广大读者批评指正。

编　者

2016年2月

目　录

基础篇

实践篇

基础篇

JICHUPIAN

[综　　述]

了解、认知和掌握服装缝制工艺的基本手缝和机缝基础知识，为后面的成衣制作打基础。

[培养目标]

①掌握几种基本手缝工艺。

②熟练掌握机缝工艺基础知识。

③掌握熨烫基础工艺。

[学习手段]

认真听老师讲解，仔细看老师示范，亲自动手制作，再反复练习，特别注重操作规范。

学习任务一
手缝工艺基础

[学习目标] 通过学习，让学生掌握基本手缝针法、质量要求。学会手缝针法的技巧，为今后学习服装制作工艺打好基础。

[学习重点] 让学生掌握基本手缝针法。

[学习课时] 4课时。

手缝工艺是采用手工针进行缝制的一种古老而实用的工艺。在科学技术飞速发展的今天，服装的某些部位仍需用手缝工艺才能达到最佳效果。手缝工艺的主要工具是手工针、线、剪刀、顶针等（图1-1）。

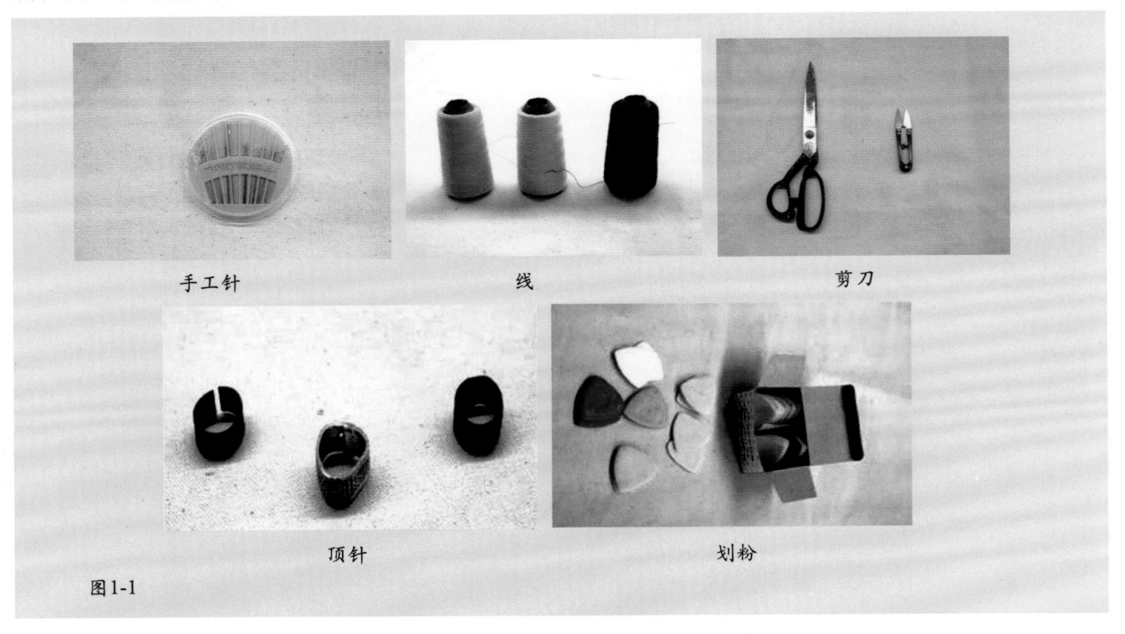

图1-1

想一想

什么叫手缝工艺？手缝工艺工具和手缝针法主要有哪些？

一、针和线的选用

1.针的选用

手工针号码越大，针身越短越细，针鼻越小。较细的织物一般用7—9号针，锁眼钉扣一般用4—5号针，面料一般则用6—8号针。针尖要尖、光滑，否则会刺坏缝料。

2.线的选用

线的选用跟面料有关。线的颜色、材料、性能等必须与面料保持一致，还需考虑面料的厚薄、工艺要求等要素。线的强度必须要达到缝制的要求，否则就会断线。

二、穿针与打线结

1.穿针

左手拿针，右手拿线。线预留2 cm左右，线头要尖，右手拿线穿针，左手捏住针杆，旋转针杆直至线对准针鼻（孔），线穿过针鼻后，迅速拉出线头（图1-2）。

2.打线结

打线结的目的是让缝线固定在缝料上。注意：缝料上不能露出线结。

（1）打始线结。左手拿线，将线头在食指上绕一圈，把线头引进线圈，然后食指往后搓，拇指收紧线圈。此种方法几乎不露线头（图1-3）。

（2）打结束线结。方法一，左手拉住靠近止针处的缝线，右手绕线圈，并把针套进线圈里，左手按住线圈，右手收紧线圈（图1-4）。方法二，在缝料的止针处用针挑起几根纱，针尖朝上；左手固定针，右手拉起针鼻尾线在针杆上绕几圈，左手按住线圈，右手收紧线圈（图1-5）。两种方法线结都恰好扣紧在止针处。

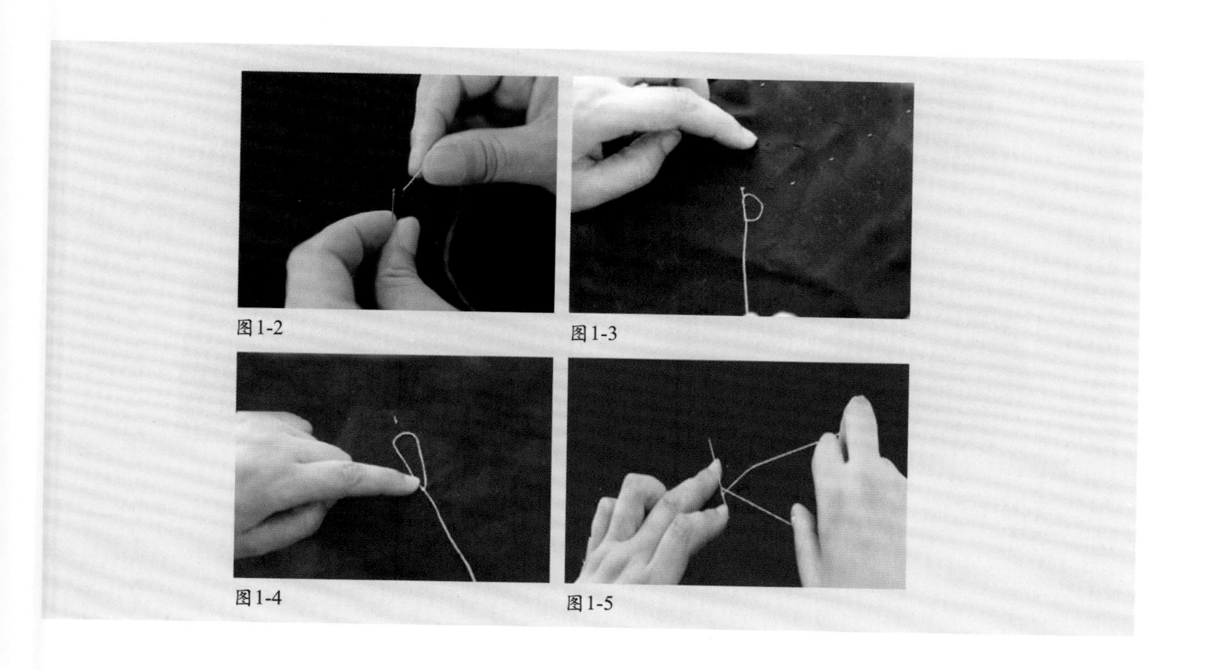
图1-2　图1-3　图1-4　图1-5

三、常用手缝针法

1.缝针

缝针又称平针缝，是最基本、最简单的一种手缝针法。右手拿针，左手持（捏）布，用针尖一上一下，从右到左向前缝3～5针，针距0.3～0.5 cm,再拔出针，把布展平。要求：缝线松紧一致，线迹顺直、排列整齐，手法敏捷。主要用于抽袖山头、抽碎褶等（图1-6）。

2.打线丁

把需要打线丁的衣片正面与正面相叠，处于完全重叠状态，然后在需要做缝制标记的部位，用双股白棉线采用缝针的方法把两层衣片缝合在一起，针距2 cm左右，线迹松紧适宜。然后将表面的线剪断，再把两层衣片之间的缝线拉松，用剪刀剪断中间的线，用手按压线丁。要求：线迹圆顺，转角处和弧线处针距密些，用剪刀时剪刀要平，以免剪坏衣片，线丁长度一般在0.2 cm左右。主要用于不能用划粉做缝制标记的部位，如省位、袋位等（图1-7）。

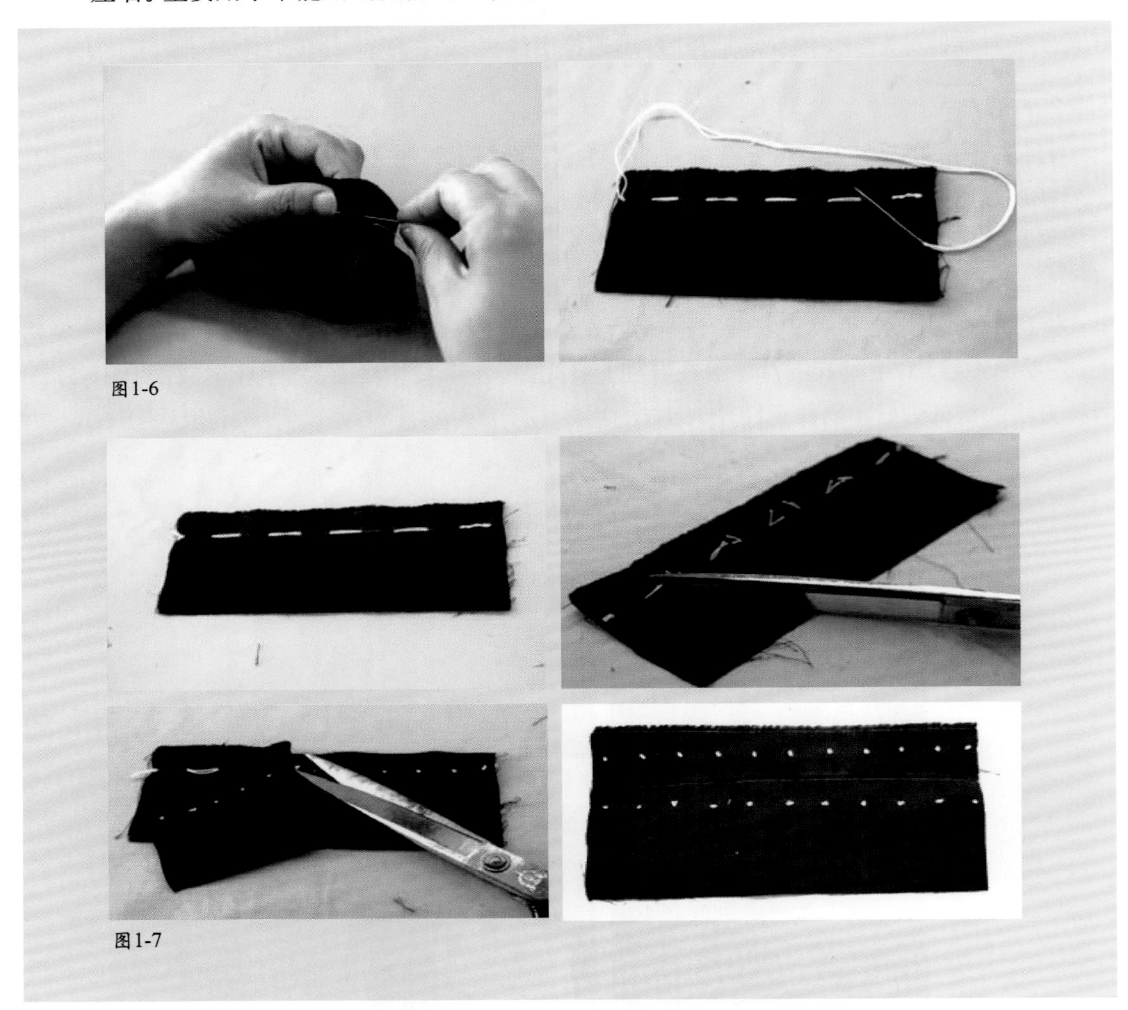

图1-6

图1-7

3.三角针

三角针又称黄瓜架、绷三角针。先把需要做三角针的缝料整理好，面、里的纱子要对准，边沿平直，然后穿单线，从贴边起针，把线头藏在贴边里，从左向右倒退缝缉，线迹呈三角形并有交叉现象。注意：第一针是下针，缝在贴边正面，距贴边边沿0.5 cm；第二针是上针，缝在缝料反面，距贴边边沿0.1 cm；针尖在缝料反面只能挑1～2根纱，在贴边正面可以多挑几根纱；线距一般0.5～1 cm。要求：三角形大小相等，线迹松紧适宜，缝料正面不露线迹、平服。三角针主要用在各种正面不露线迹的贴边固定上，如裤边、裙边等（图1-8）。

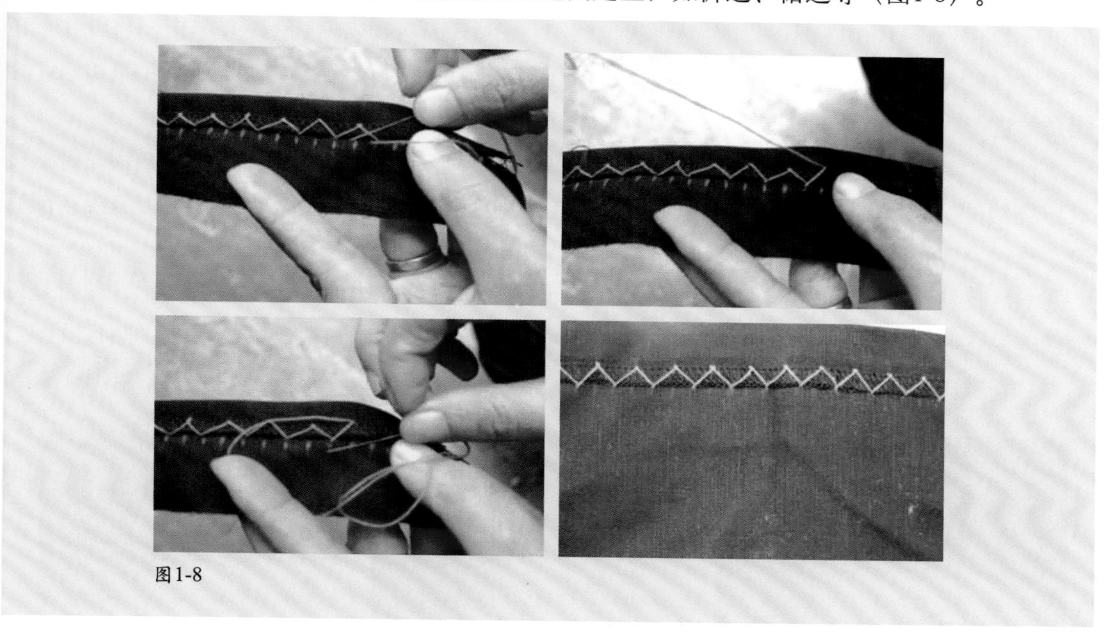

图1-8

运用所学手缝针法做一个工具袋。

四、锁眼和钉纽扣

1.锁眼

锁眼一般分为锁平头扣眼和圆头扣眼，大多用双线。本任务只介绍最简单的锁平头扣眼，主要用于衬衫扣眼缝制，其他方法在以后的教学中贯穿。

锁平头扣眼的步骤如下：

（1）画眼位：确定扣眼的大小，并在所需部位画上粉印，扣眼长度一般跟纽扣直径和厚度对应，跟面料的弹性也有一定关系。

扣眼长度＝纽扣直径＋（0.1～0.3 cm）

（2）把扣眼剪开：在扣眼长度1／2处垂直对折，或一刀到位，沿粉线剪开或先剪开一个小口，再沿粉线两边剪开，但都要求眼位平直（图1-9）。

（3）打衬线：固定面料，以免面里错位，框定扣眼宽度，一般单边为0.3 cm左右（此步骤可省略，锁眼时直接用手指确定扣眼宽度）。

（4）起针：右手拿针，左手的拇指在上，食指在下，把眼位一边捏住，从眼位的一端头起针。起针时把线头藏在夹层中，并从端头按扣眼单边宽度（约0.3 cm）开始（图1-10）。

（5）锁针：锁针顺序是从里向外、由左到右锁针。锁针时，用左手确定线迹的宽度(0.3 cm)和密度（约0.15 cm），右手将眼位略微撑开，如有衬线，由衬线旁穿出，将针尾后的线绕过针的左下方抽出针，再把线向右上方倾斜45° 角拉平、拉紧，使线结锁在扣眼边沿，由此循环进行（图1-11）。

注意：当锁到另一端头时，按扣眼宽度（约0.6 cm）原地缝缉两针，并在中心锁一针。要求：绕线的方法一致，锁针线松紧适宜，线迹的宽度和密度一致，锁针边沿线结美观，成直线，缝料平服，扣眼闭合自然。

（6）收针：锁到扣眼尾端时，把针穿过左面第一针锁线圈内向右边衬线旁穿出，使首尾端锁线连接，将针穿到衣料反面打结，并将线头引进夹层里，拉紧线头，剪断缝线（图1-12）。

（7）质量要求：扣眼宽窄一致，线迹均匀平直，缝料平服，扣眼光洁、闭合自然（图1-13）。

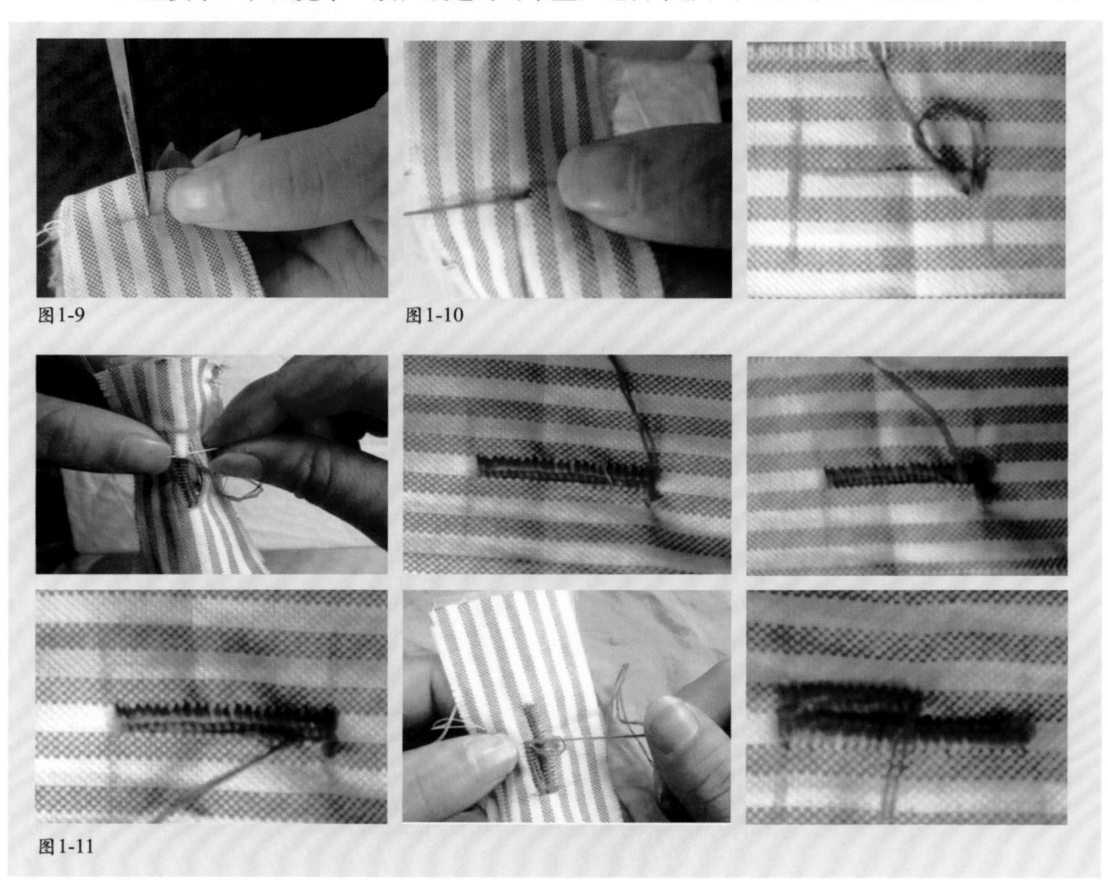

图1-9

图1-10

图1-11

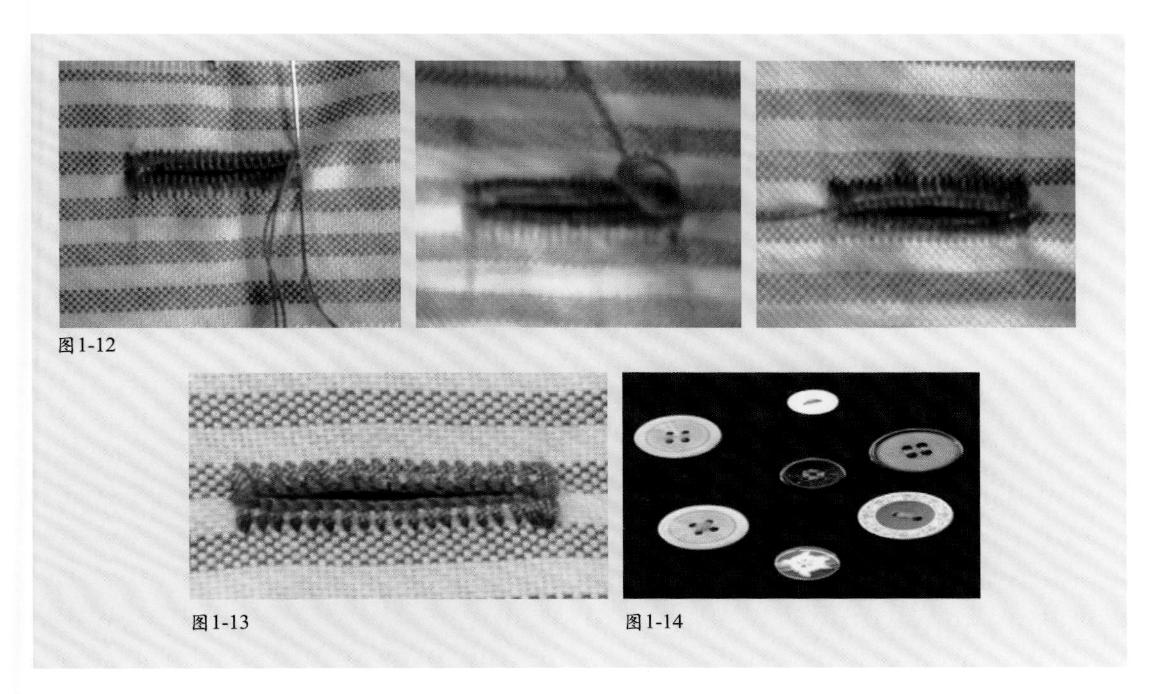
图1-12

图1-13

图1-14

2.钉纽扣

纽扣根据用途，可分为实用扣和装饰扣；根据扣眼的多少，可分为无孔、两孔、三孔、四孔等；根据有无纽脚，可分为有纽脚和无纽脚（图1-14）。

钉纽扣时根据衣片的厚薄决定是否绕纽脚，厚的衣片钉纽扣要绕纽脚，薄的衣片钉纽扣不绕纽脚，钉纽扣的位置必须与扣眼对应。本任务只介绍有纽脚的纽扣钉法。

俗话说“四线三针”，穿线一般用双线，钉三针。钉纽扣的步骤如下：

先用线把纽扣缝住，穿过线结，再从衣片正面起针，也可直接从衣片正面起针，对穿缝针，缝线底脚要小，线要放松，以便绕纽脚，使纽扣扣入扣眼中时平整服帖。纽脚高度根据衣料厚薄决定。最后一针从纽孔穿出时，缝线应自上而下排列整齐，绕纽脚数圈，绕满纽脚线，然后在纽脚处打结或将线引到反面打结，最后将线结引入夹层内。

练一练

锁5个扣眼和钉5个纽扣，并让它们组合成一件成品。

知识链接

1.制作包扣的方法

包扣是指根据设计要求，用所需面料将普通纽扣或者其他薄型材料包在里面制作而成的纽扣，是花色纽扣的一种形式（图1-15）。

图1-15

手工制包扣的具体方法如下：

①包扣布直径等于纽扣的两倍，略加一点松量，剪圆后备用。

②沿包扣布边缘0.3 cm处用平缝针缝一圈，针脚要小，再将纽扣放入其中，抽拢四周缝线直至包住。

③用手缝针交叉缝牢包扣布边，线要抽紧打结。

2.手工针穿线的方法

如果你在穿手工针时不顺利，下面的方法可能对你有所帮助：

①把线头变硬。抹一下蜂蜡或者喷点发胶在指尖上，用手指不停地捻动线头。

②把针放在白色的背景下，这样就很容易看见针眼。

③把线头用水润湿，让线头变得直且光滑，有利于穿线。

④把线头蘸一下有颜色的指甲油并晾干，这样线头有颜色变得更加清晰、光滑，就容易穿线了。

》》学习任务二

机缝工艺基础

[学习目标] 通过本任务学习，使学生熟练操作工业平缝缝纫机，掌握机缝的操作要领。

[学习重点] 了解工业平缝缝纫机的性能和操作要点，掌握空车训练的要领，通过基本缝的训练提高学生的兴趣。

[学习课时] 6课时。

机缝工艺是指采用缝纫机等设备进行缝制的工艺，是服装缝制工艺中最重要的部分。要想随心所欲地制作出漂亮、牢固的服装，就必须要熟练操纵工业平缝缝纫机，让它听你的指挥。机缝工具主要有工业平缝缝纫机、剪刀、锥子、梭心、梭套、机针、螺丝刀等（图2-1）。

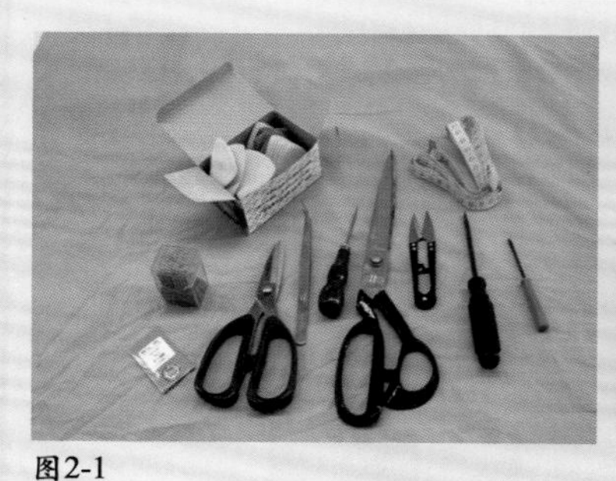

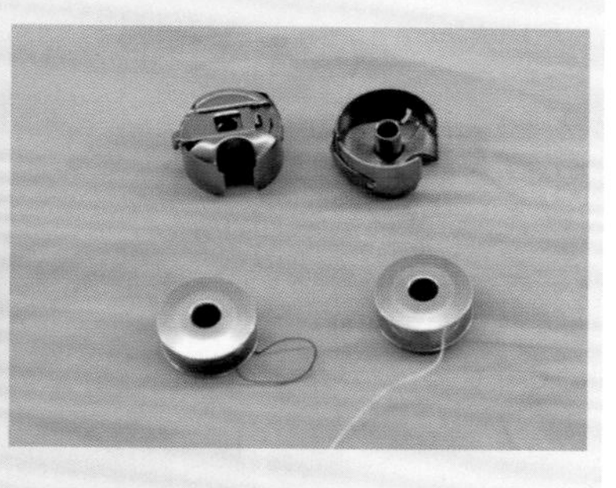

图2-1

一、空车训练

1.姿势

身体坐正，坐凳不要太高或者太低，面向机头针杆部分，身体离台板10～20 cm，向前倾斜20°～30°，可以双脚踏在踏板上，右脚在前，左脚在后，也可以用单脚控制（图2-2）。身体与缝纫机台板之前要有一定的距离，以右膝能够正常碰膝控板为准，大腿与小腿几乎成直角（图2-3）。

图2-2　　图2-3

2.空车车速的控制

缝纫机上“ON”是开键，“OFF”是关键（图2-4）。空车训练之前，必须抬高压脚，减少机器磨损。用右脚踏上踏板，开始训练（图2-5）。

训练各种车速的控制，如慢速、由快到慢、由慢到快、匀速、点针等，直到能运用自如为止。操作技巧是在踏板上脚是“开关”，脚尖是“开”，脚后跟是“关”。当脚尖轻轻向前用力，缝纫机开始转动，用力保持不变则匀速，用力加大则变快，用力变小则变慢，脚尖抬起来，脚后跟压下去则停止转动。要求：动作干脆，并且轻（点针）。

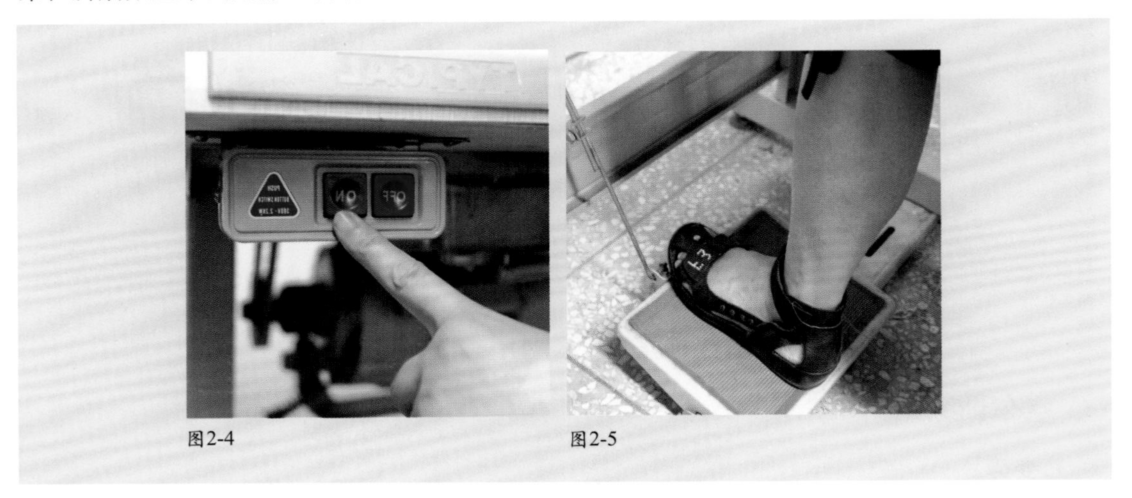

图2-4　　图2-5

二、绢纸训练

在车速较好掌握的情况下，进行绢纸训练。训练前纸下面最好加一层布，以免损坏机器。训练时不穿针引线，把压脚抬高。手势为左手在前推送纸，右手在后掌握纸的方向（图2-6）。

（1）直线训练：线距为0.5 cm，直线顺直，线距相等、均匀、平行（图2-7）。

（2）直线转折训练：辑方形、三角形、菱形，“W”形等。线距为0.5 cm，转角处针迹方正，不过点，线距相等、均匀、平行（图2-8）。

（3）弧线训练：圆形训练，直径2～10 cm的圆形（图2-9）。曲线训练，“S”形，不规则曲线等（图2-10）。直线和弧线组合训练，“U”形“M”形等。线距为0.6 cm，转弯处不出头，圆顺，直线和弧线连接自然，无棱角，线距相等、均匀、平行（图2-11）。

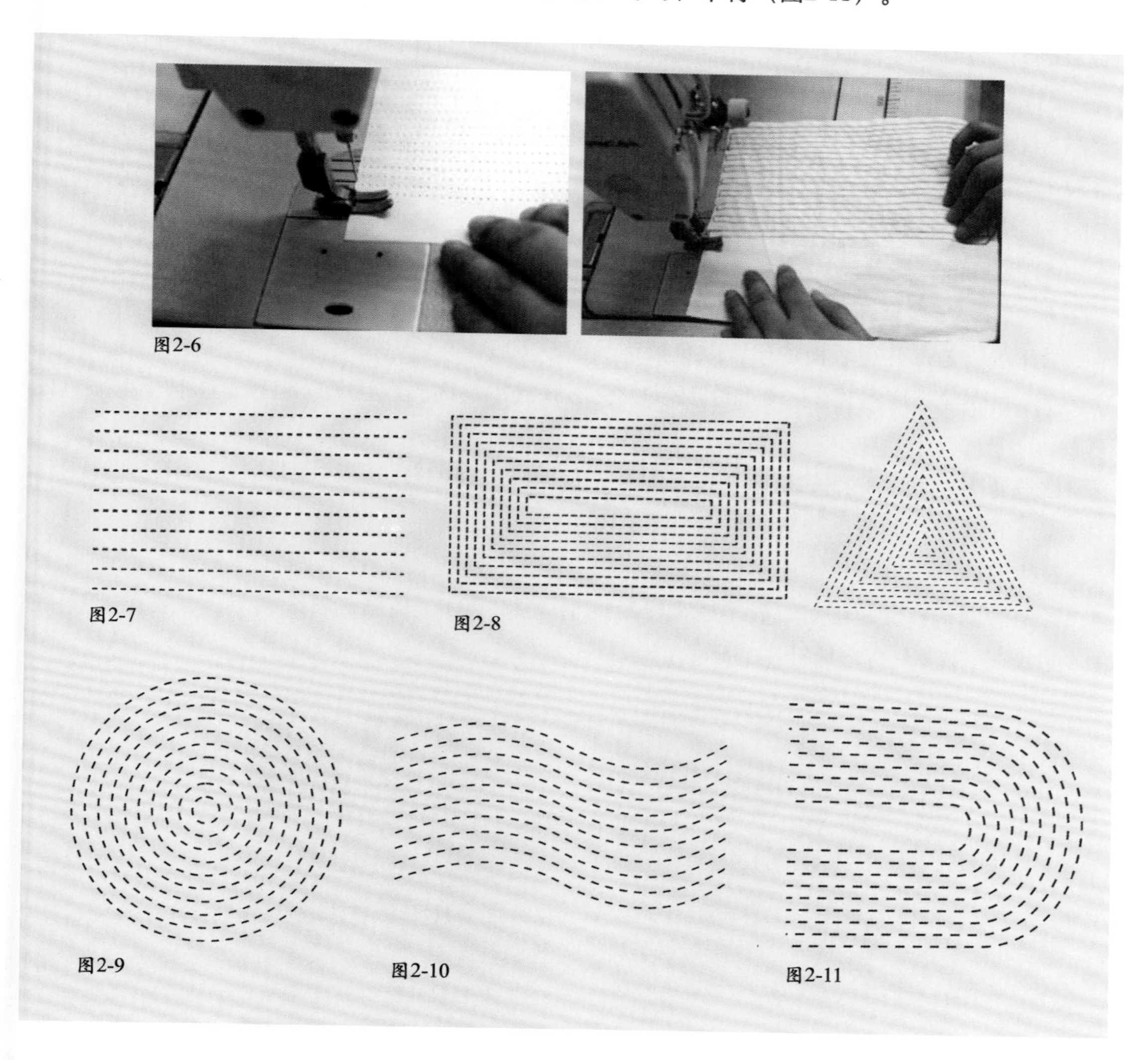
图2-6

图2-7

图2-8

图2-9

图2-10

图2-11

试一试

缉纸训练：各种针迹各两张。

三、机缝前的准备——穿针引线

（1）针的选用：机针的型号有9号、10号、11号、12号、13号、14号……数字越大，过厚能力越强。即薄面料选用数字小的机针，厚面料适用数字大的机针，机针数字越大越粗。机针的选择原则：根据缝料的厚薄和质地进行选择，缝料越厚越硬，机针越粗；缝料越薄越软，机针越细。

（2）机针的安装：转动上轮使机针上升到最高位置，旋松夹针螺钉将机针的长槽朝向操作者的左面，然后把针柄插入针杆下部的针杆孔内，使其碰到针杆孔的底部为止，再旋转夹针螺钉固定机针即可（图2-12）。

（3）穿面线：把针杆升到最高位置，不能穿漏、穿错，面线留6～10 cm的线长（图2-13）。

（4）绕底线：底线要绕紧，不能过满（图2-14）。

（5）装底线（图2-15）。

（6）装、卸梭套：装梭套，梭套的缺口朝上，装入后有清脆的声音才表明装好了；卸梭套，拉开梭门盖，并用手指护住，以免掉落（图2-16）。

（7）引底线：底线留6～10 cm的线头，引出底线后，面、底线头一起置于压脚下前方（图2-17）。

线迹正常：面、底线的松紧合适，配合，根据缝料来调节。

面线的调节：调节夹线器的松紧（图2-18）。

底线的调节：调节梭套上螺钉的松紧（图2-19）。

针距的调节：针距螺钉，数字越大针距越稀（图2-20）。根据缝料来调节，一般在“3”左右，明线在“2”左右，稀针在“5”。

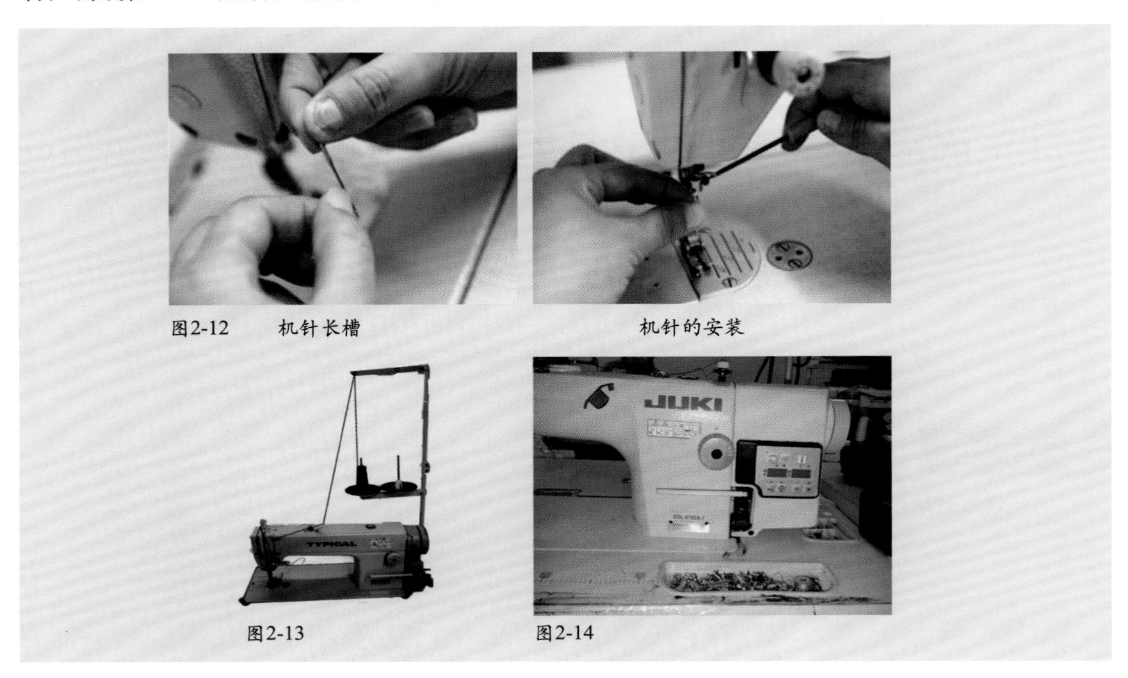

图2-12　机针长槽　　机针的安装

图2-13　　图2-14

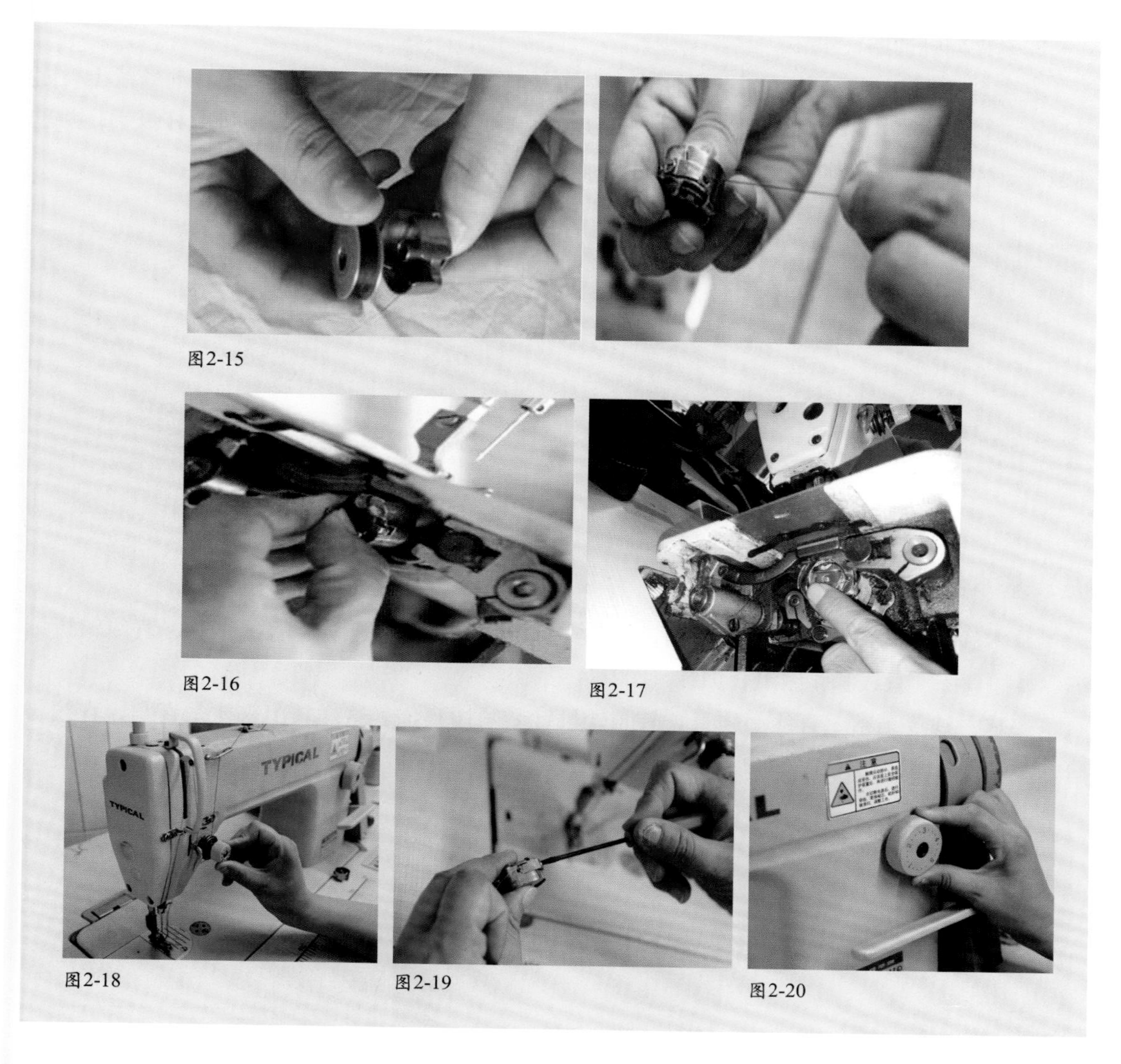

图2-15 图2-16 图2-17 图2-18 图2-19 图2-20

四、机缝的操作要领

1.手势

布料摆正，左手在上，右手在下，缝料的边沿靠右。左手在前推送上层缝料，右手在后掌握缝料的方向，并把下层缝料略略拉紧，有的缝不宜用手带松紧，可借助镊子或锥子来控制松紧，让上下层同步，缝料缝缉后长短一致、平整（图2-21）。

2.眼力训练

一般以平压脚宽度为标准，确定缝线之间的宽度（图2-22）。

（1）0.5 cm：半边压脚宽，让缝料恰好从压脚外边沿穿过。

（2）0.6 cm：半边压脚宽多一线，让缝料恰好从此宽度穿过。

（3）0.25 cm：1／2半边压脚宽，让缝料恰好从此宽度穿过。

（4）0.1 cm：以压脚内边沿为准，让缝料恰好从此宽度穿过。

3.倒来回针训练

在缝料缝制开头和结尾倒来回针0.5 cm左右长度（2～3针）。要求：重复在一条线上，起始针必须倒来回针，缝料平整，不起皱。方法：左手把缝料按住，右手按下倒顺杆扳手，并迅速放开，左手主要是食指和中指来控制缝料，食指固定，中指推（图2-23）。

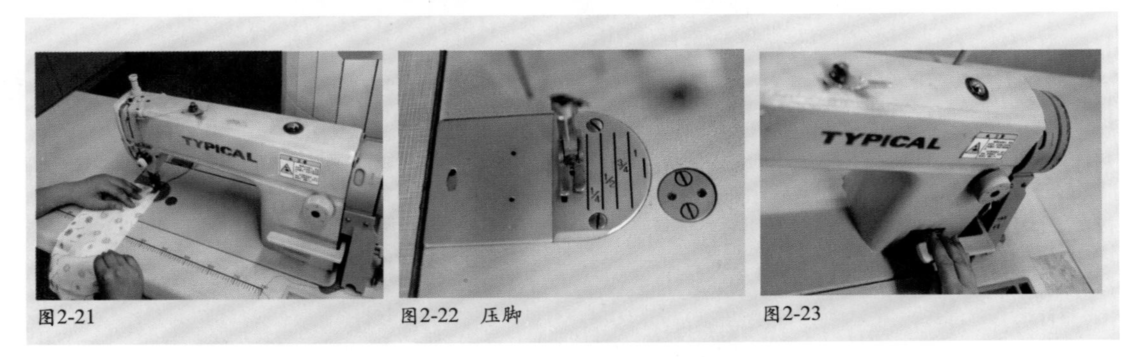

图2-21　　图2-22　压脚　　图2-23

五、基本线训练

基本线训练与缉纸训练基本相同，只是穿针引线后进行训练。即直线训练、直线转折训练、弧线训练、直线和弧线组合训练（图2-24）。

要求：线迹正常，直线必须直，转角处机针必须插到位，这样转出来才是直角，直线与曲线转弯要圆顺、无角度、平行。

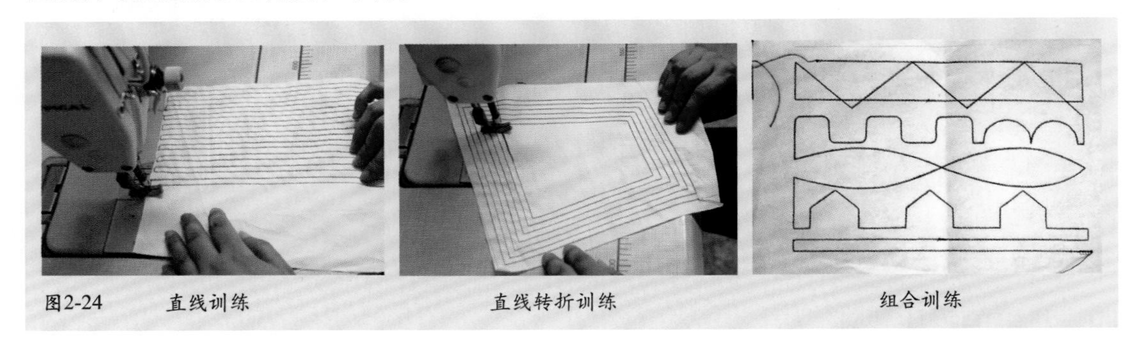

图2-24　直线训练　　直线转折训练　　组合训练

试一试

基本线训练：各种线迹各两块。

六、基本缝训练

基本缝训练主要讲平缝、分缝、分缉缝、卷边缝、来去缝、明包缝、暗包缝等，其他较难缝型在以后的教学中贯穿学习。

（1）平缝：又称合缝，是最简单的缝型。把两层衣片正面相叠，在反面沿着净缝线进行缝合（图2-25），使衣片拼接。

（2）分缝：两层衣片平缝后，缝头向两边分开，烫平，是对平缝进行的熨烫（图2-26），使用在衣片的拼接部位。要求：平整，无夹势缝。

（3）分缉缝：把两层衣片平缝后，将缝头分开，在衣片正面缝子的两边各压缉一道明线，（图2-27）。一般用于衣片拼接部位的装饰和加固。

（4）卷边缝：又称贴边缝，分宽边和窄边两种。将衣片反面朝上，把缝头折光后再折转一定要求的宽度边，沿贴边边缘缉0.1 cm清止口（图2-28）。注意：上下层松紧一致，防止起涟。一般用于衣片的边沿，比如袖口，起加固的作用。

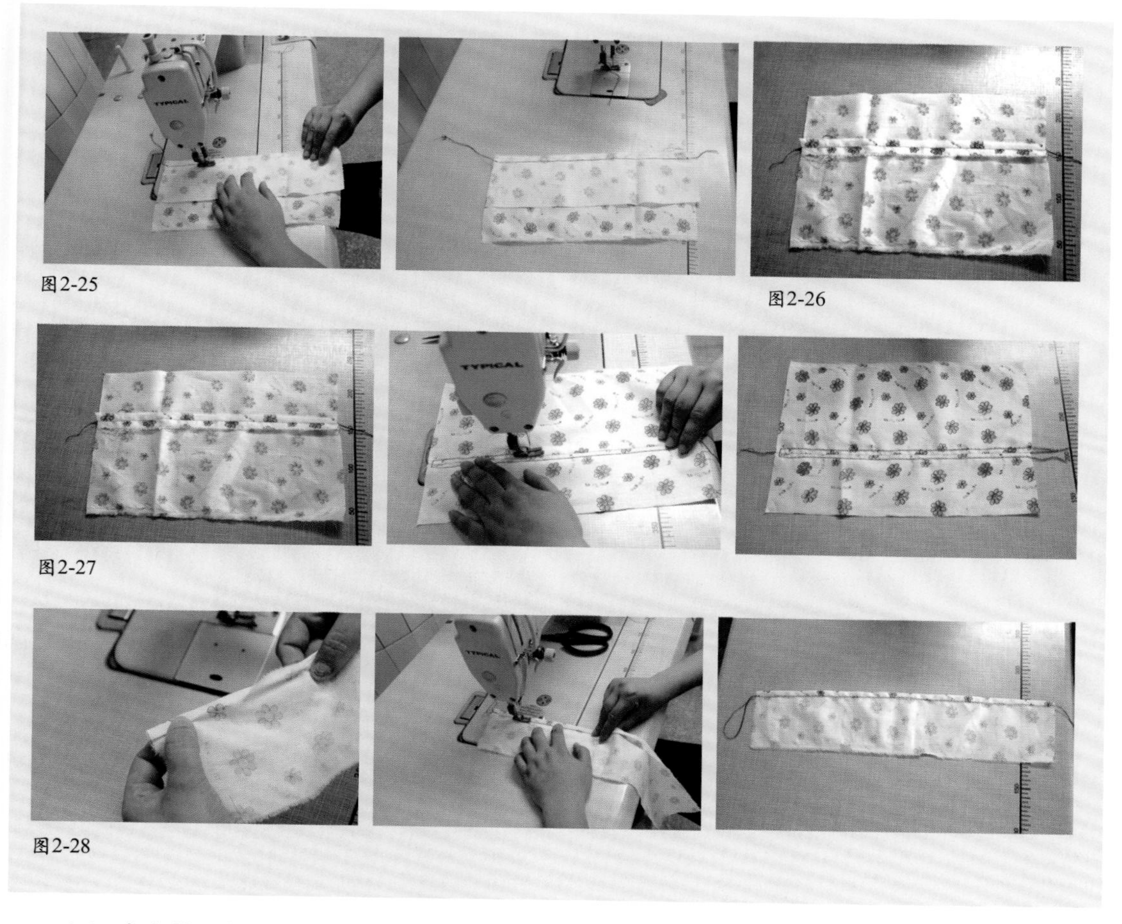

图2-25

图2-26

图2-27

图2-28

（5）来去缝：将两层衣片反面相叠，平缝0.3 cm缝头后把毛丝修齐，翻转后正面相叠合缉0.5 cm或0.6 cm，把第一道毛缝包在里面（图2-29）。用于袖套、衬裤等。

（6）明包缝：也称为外包缝、正面呈双明线。将两层衣片反面相叠，下层衣片缝头放出0.8 cm包转，包转缝头缉住0.1 cm，再把包缝向毛边方向坐倒缉0.1 cm清止口（图2-30）。注意：反面缉线缝头要分开，无夹势缝。作用：常用于为男衬衫、夹克衫等缝合侧缝。

（7）暗包缝：也称为内包缝，正面一条明线。将两层衣片正面相叠，下层衣片缝头放出0.6～1 cm包转，包转缝头缉住0.1 cm，再把包缝向毛边方向坐倒，在正面缉0.4～0.8 cm单止口（图2-31）。注意：正面缝头要分开，无夹势缝。常用于夹克衫、男衬衫等服装的装袖。

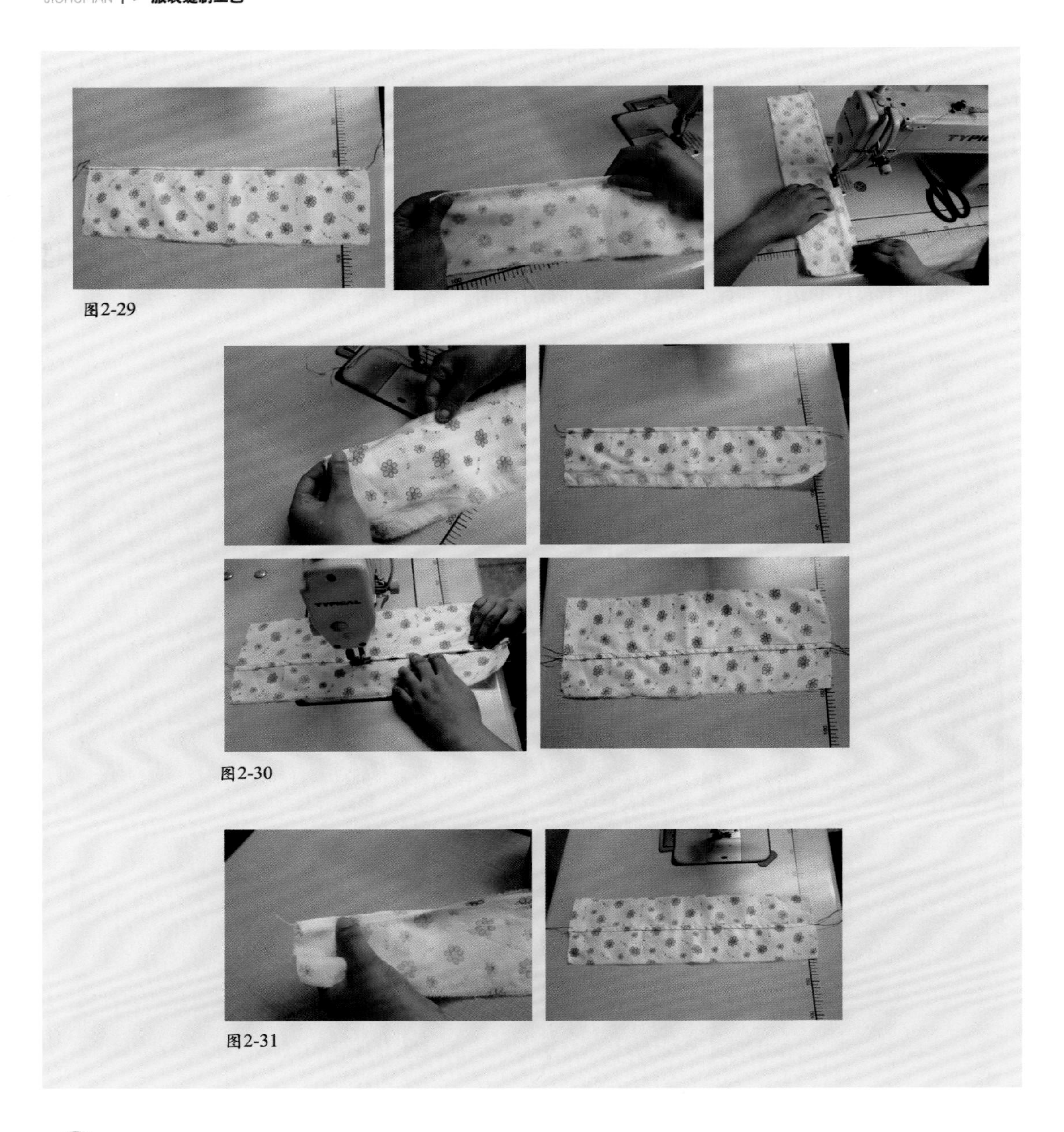
图2-29

图2-30

图2-31

想一想

比较7种基本缝，找出它们的相同点和不同点。

练一练

基本缝训练：各做两条，长度必须达到50 cm以上。

知识链接

分坐缉缝：两层衣片平缝后，一层毛缝坐倒，缝口分开，在坐缝上压缉一道线，起加固作用，如裤子后裆缝等。

搭缝：两层衣片缝头相搭1cm，居中缉一道线，使缝子平薄、不起梗。用于衬布和某些需拼接又不显露在外面的部位（图2-32）。

图2-32

学习任务三
缝制工艺基本技能

[学习目标] 通过学习，让学生掌握鞋垫、袖套、围裙、睡裤、平脚裤的工艺流程及各部位的缝制方法、质量要求。

[学习重点] 让学生掌握鞋垫、袖套、围裙、睡裤、平脚裤的工艺流程及各部位的缝制方法。

[学习课时] 6课时。

一、鞋垫的缝制

1.材料准备

鞋垫纸样、鞋垫布料。

2.工艺流程

剪鞋垫布样→贴鞋垫纸样→缉鞋垫布样。

鞋垫缝制的重点是熟练运用压脚的宽度为标准缉平行线，难点是弧线的缉法及手势的运用。

3.工艺分析及要求

（1）剪鞋垫布样：鞋垫布样一般用纯棉布料，至少四层，因为鞋垫的作用是吸汗。将事先准备好的练习布料，按照鞋垫纸样的轮廓剪下来（图3-1）。

（2）贴鞋垫纸样（此步骤可以省略）：在鞋垫纸样上画上与鞋垫外轮廓弧线平行的线，线距0.5 cm左右，再把鞋垫纸样附着在鞋垫布样上，与它重合（图3-2）。

（3）缉鞋垫布样：可以先在鞋垫布样中央部位缉一条直线，再沿鞋垫外轮廓缉一条弧线，接着缉此弧线的平行线，平行线距离为0.5 cm，直到鞋垫中央部位（图3-3）。

4.质量要求

直线顺直、弧线圆顺、转折处无棱角，线与线平行。

给父母及自己各做一双鞋垫。

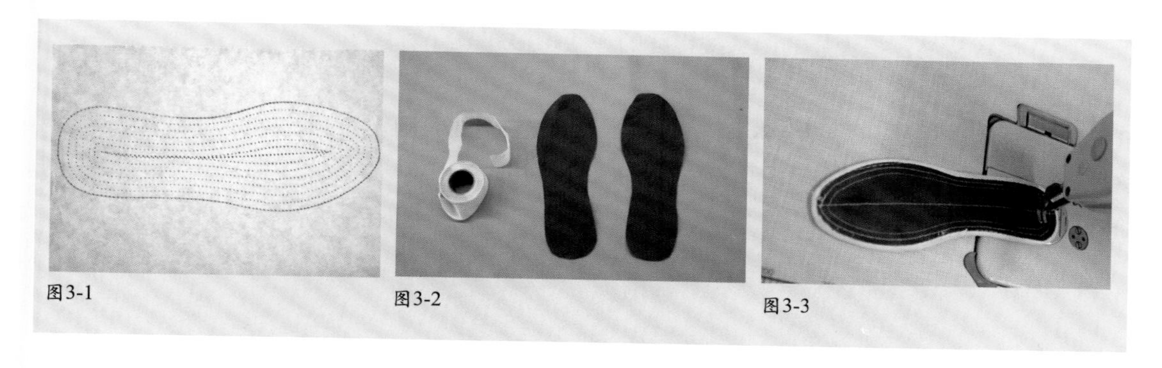
图3-1 图3-2 图3-3

二、袖套的缝制

1.材料准备

（1）一双袖套用料：一般为棉布、化纤、防水布。

（2）门幅：宽90 cm，长41～45 cm（图3-4）。

2.裁剪袖套的步骤

（1）把布料的宽度（门幅）对折，从对折处剖开，将布料分成两块（图3-5）。

（2）接着把做一只袖套的宽度再对折，然后把一头收小，裁去斜角部分。

（3）裁剪的注意事项：

①在布料的反面划线，必须按照规格、尺寸划线。

②裁剪线条准确、圆顺，无锯齿状。

③整理好裁片，裁下的废料不要乱扔，养成良好的卫生习惯。

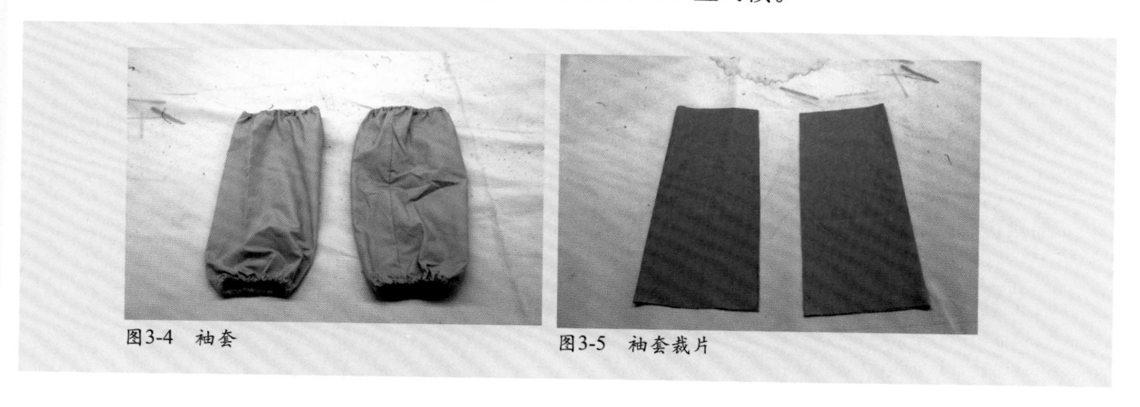
图3-4 袖套 图3-5 袖套裁片

3.工艺流程

合缝→拼接橡筋→固定橡筋（也称为宽边，是袖套制作中的难点）。

（1）合缝：可用外包缝、内包缝、来去缝。注意：左右对称，必须左右用同一种缝。

以来去缝为例。将两层衣片反面相叠，平缝0.3 cm缝头后把毛丝修齐，翻转后正面相叠合缉0.5 cm或0.6 cm，把第一道毛缝包在里面（图3-6）。要求：合缝左右对称，缉线顺直，不起涟形，不毛出，正面不见线迹，反面包光，不见毛边，内外光洁、美观，防止毛边散失。

（2）拼接橡筋：把橡筋的两头按搭缝的方法拼接起来（图3-7）。要求：接平，接牢，松紧适宜。

（3）固定橡筋：用卷边缝卷宽边的方法，把橡筋包在里面。注意：要留一定松度（压脚能正常过），再缉0.1 cm或0.15 cm的线，起止倒来回针（图3-8）。要求：宽窄一致，不缉住橡筋。要领：边折、边定宽度（宽度一致），边缉线边“拉”橡筋，最后部分“绷直”进行。

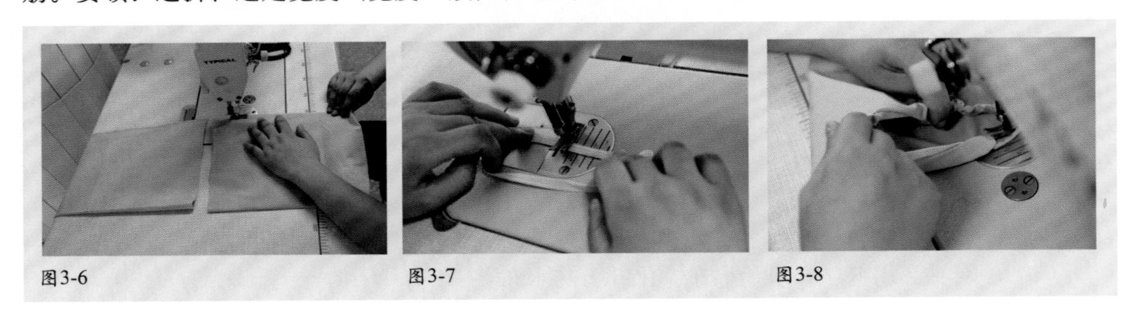

图3-6　　图3-7　　图3-8

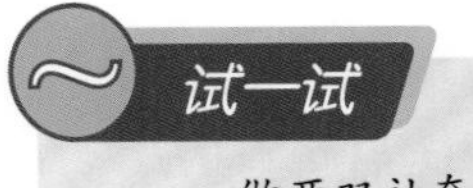

试一试

做两双袖套。

三、围裙的缝制

1.材料准备

围裙布料为棉布、化纤、防水布等，结构分为主片、袋、带子、荷叶边（图3-9）。

2.工艺流程

拼接荷叶，做荷叶边→做袋、装袋→荷叶与主片缝合→锁边→缉明线→装带子并做带子→检验。

围裙缝制的难点是荷叶与主片的缝合，装带子。

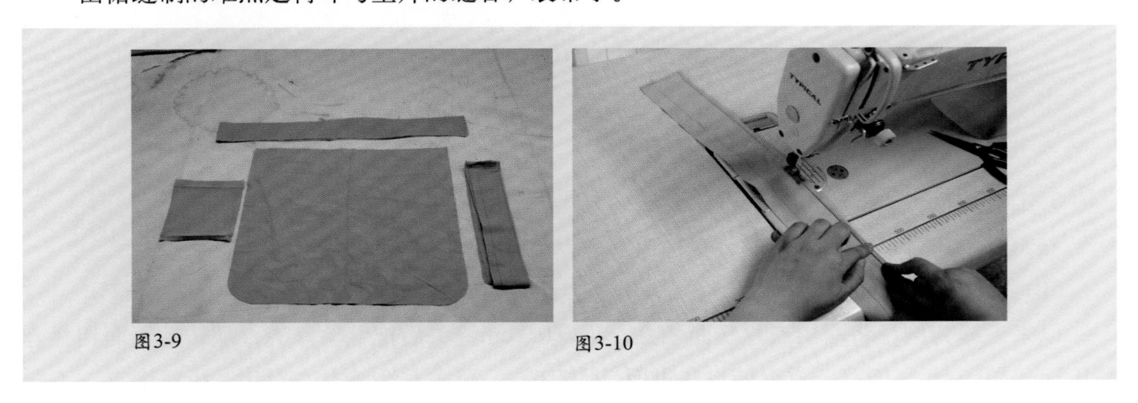

图3-9　　图3-10

3.工艺分析及要求

（1）拼接荷叶：正面与正面相叠缉线，宽0.8～1 cm，起止倒来回针，再把缝头分开（平缝和分缝）。要求：缉线顺直，边沿线条平滑。

（2）做荷叶边：用做窄边卷边缝的方法，成品宽0.3～0.5 cm（图3-10）。要求：窄边宽窄一致，缉线顺直，不毛出，不起涟形。

（3）做袋口：采用卷边缝，成品宽1.5～2 cm；装袋：先对位，再沿贴袋边沿缉0.15 cm的明线，把贴袋缉缝在主片上（图3-11）。

（4）荷叶与主片缝合。荷叶有3种形式：鸳鸯折、顺折、碎褶（图3-12）。

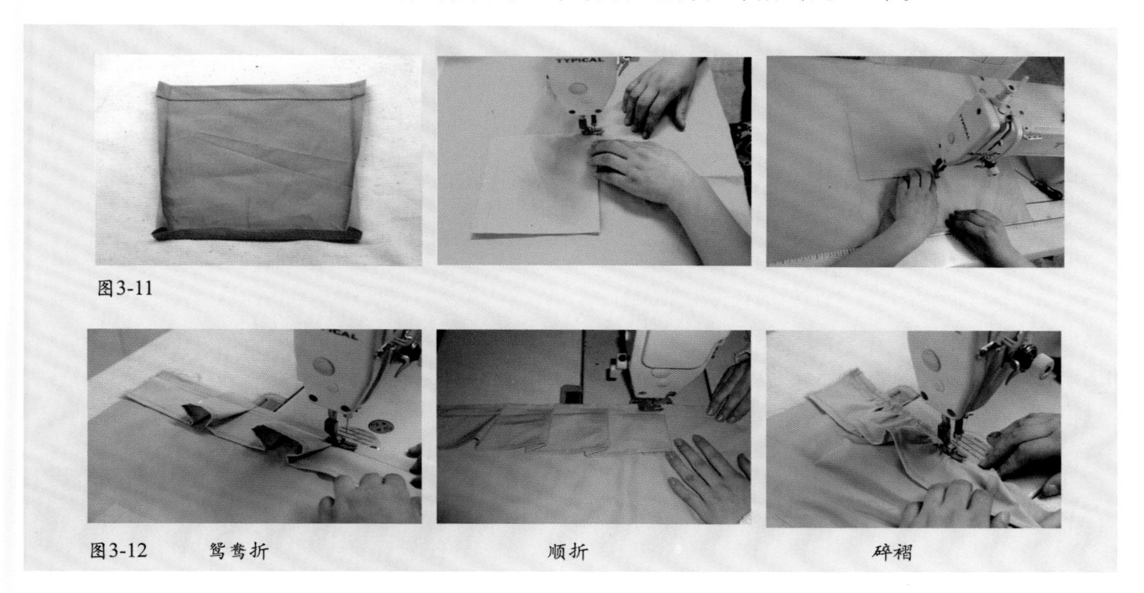

图3-11

图3-12 鸳鸯折 顺折 碎褶

此处以顺折为例进行讲解：折量约为2 cm，折裥间距约为4 cm。折裥应密度合适，均匀，美观。转角处，折裥应密集一些才能转圆，转顺。缝头0.6～1 cm，转弯处折一对以上折子（图3-13）。要求：缝头宽窄一致，转弯处左右对称，缉线圆顺。

（5）锁边（绞边）：把缝头往主片方向倒，在正面压缉0.1 cm或0.5 cm的明线（图3-14）。

装围裙带：将带子与主片缝合（图3-15）。

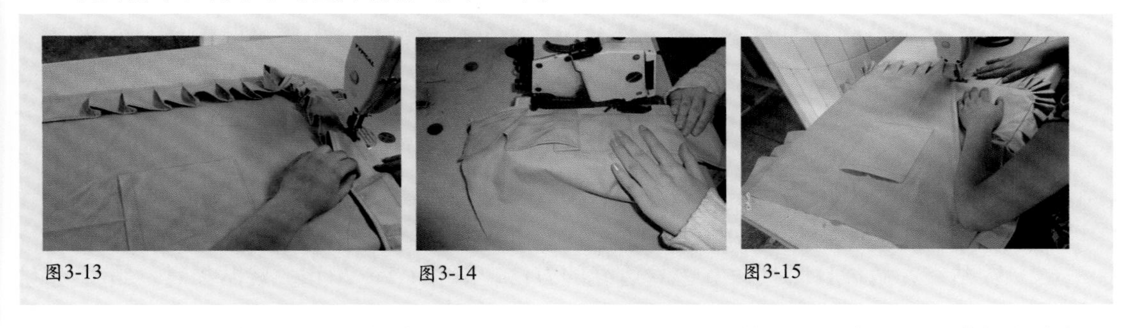

图3-13 图3-14 图3-15

对点：带子的中点与主片的中点相对应，主片两端与带子的缝合处在带子上做好相应位置的点（图3-16）。

先把带子与主片缝合，缝头0.5 cm。注意：带子的正面与主片的反面相叠，要求对点准确，缉线顺直（图3-17）。

再边做带子，边合主片（装带子）。要求宽窄一致，正反两面缉线均为0.1～0.2cm，不起涟形。

（6）检验：检查自己的作品是否符合质量要求，是否美观，线迹是否正常（图3-18）。

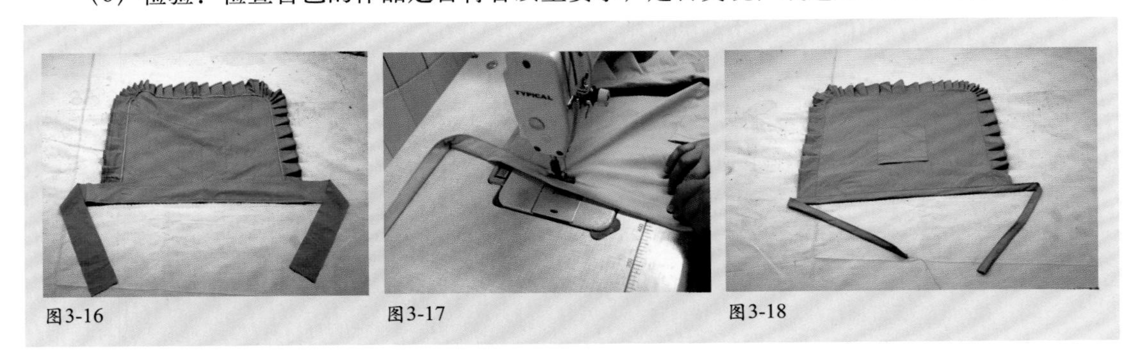

图3-16　图3-17　图3-18

设计制作一条围裙。

四、睡裤的缝制

1.材料准备

睡裤材料包括两片裤片、一个贴袋、一根橡筋（图3-19）。

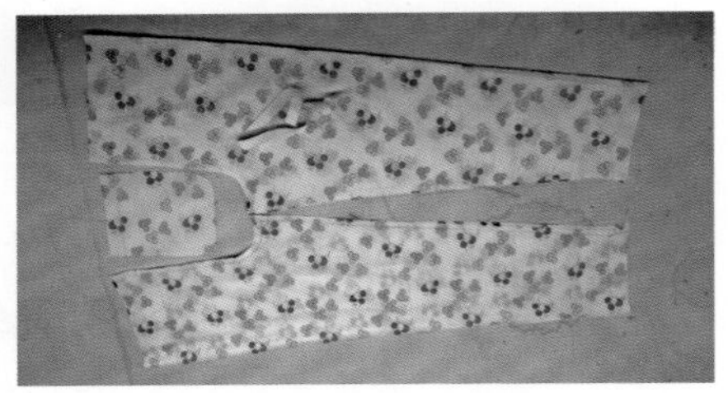

图3-19

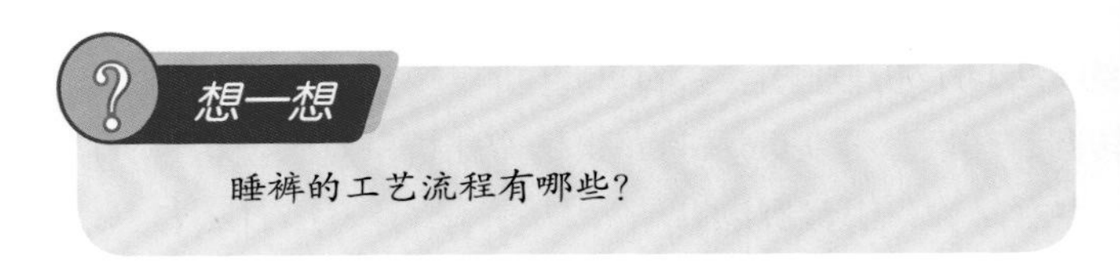

2.工艺流程

查片→做贴袋→缝合左右下裆缝→缝合前后裆缝→做脚口→做腰（装橡筋）→整烫→检验。

睡裤缝制的难点是缝合前后裆缝，腰部裤片的缝制（装橡筋）。

3.工艺分析及要求

（1）查片：检查裁片是否齐全，如有遗漏及时补上。

（2）做贴袋：做袋口时按做宽边卷边缝的方法，缝头1.5～2 cm。装贴袋时：缉缝线为0.15 cm，袋摆直、平，不起皱。要求：袋口宽窄一致，袋不歪斜，三边缉线顺直，宽窄一致。

（3）缝合左右下裆缝：用平缝的方式进行缝合。将前后裤片的正面相叠，缝头1 cm。要求：缉线顺直，无吃势现象，长短一致，左右对称，将缝好的左右下裆缝绞边（图3-20）。

（4）缝合前后裆缝：用平缝的方式进行缝合。要求：裆底“十”字缝对准，左右对称，最后将裆缝绞边（图3-21）。

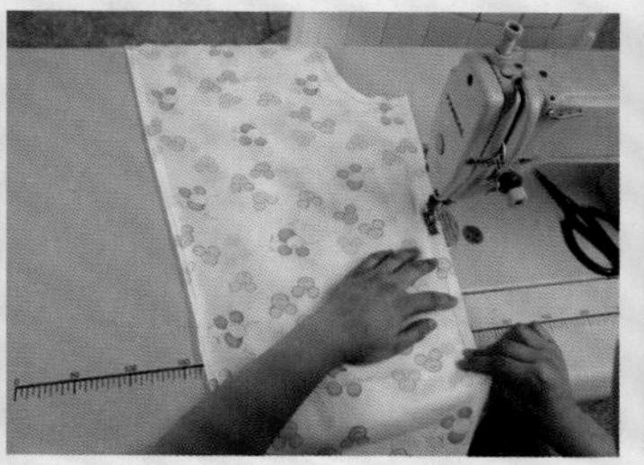
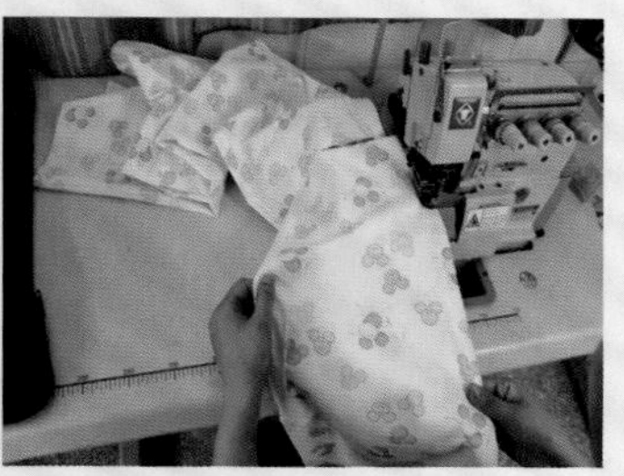

图3-20

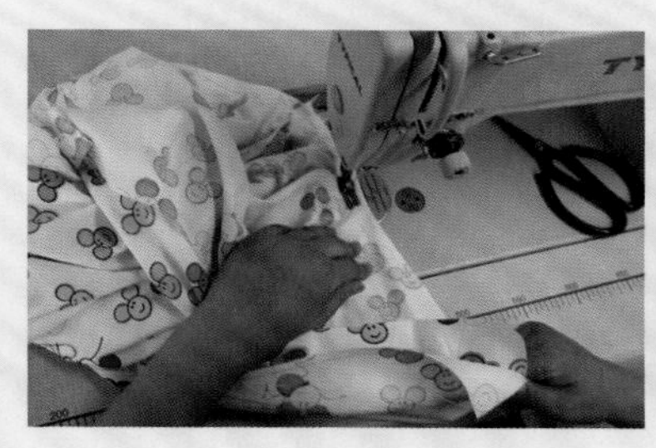
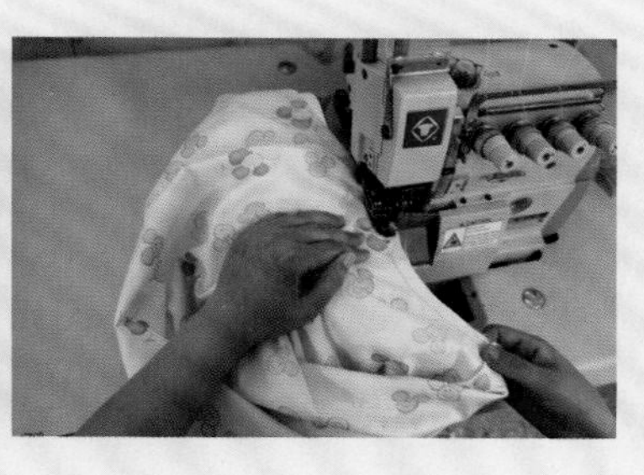

图3-21

（5）做脚口：与做宽边卷边缝的方法一样。要求：缉线宽窄一致、顺直，无毛出、无吃势、涟形，缝对准，倒来回针准确，成品宽度2～2.5 cm，缉线0.15 cm（图3-22）。

（6）腰部裤片的缝制（装橡筋）：先折转0.8 cm的缝头，再折转2.5 cm（2 cm宽橡筋）。把橡筋装在中间，留有松度，再缉0.15 cm清止口（图3-23）。要求：缉线不能缉住橡筋，不能出现扭曲、起皱等现象。把皱褶分布均匀，特别注意左右对称、皱褶相等。再在橡筋宽（腰宽）的中间用稀针缝一道线，作用是固定橡筋。

（7）检验：学生每做一道工序都需检验一次，合格后再进行下一道工序，成品后如有误差要及时修正（图3-24）。

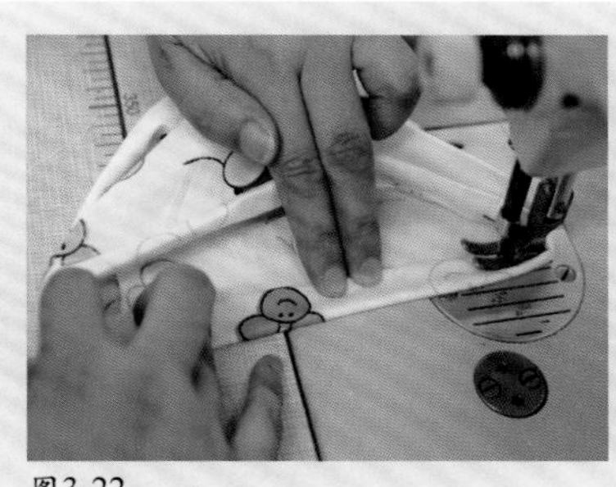

图3-22

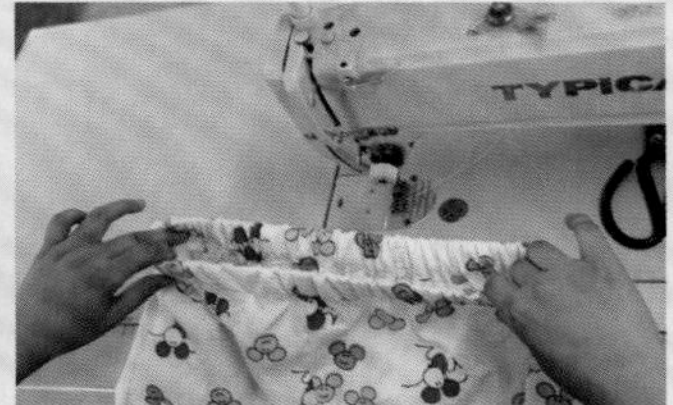

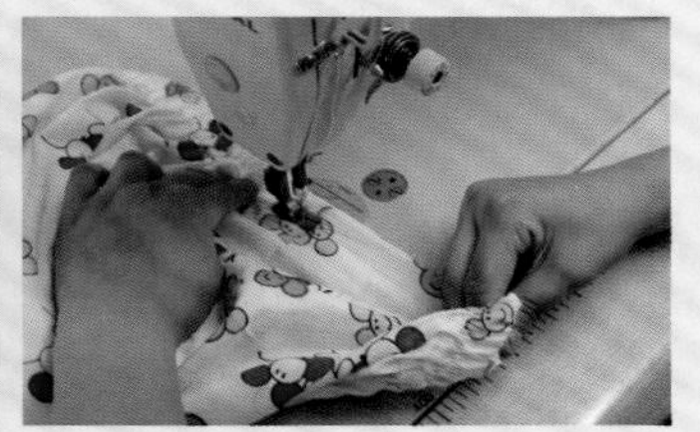

图3-23

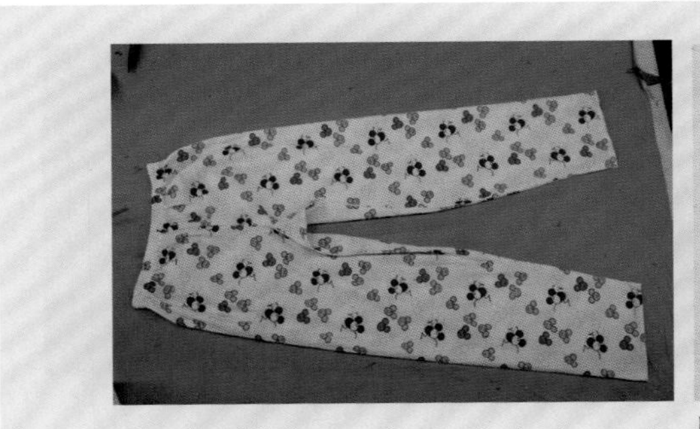

图3-24　睡裤

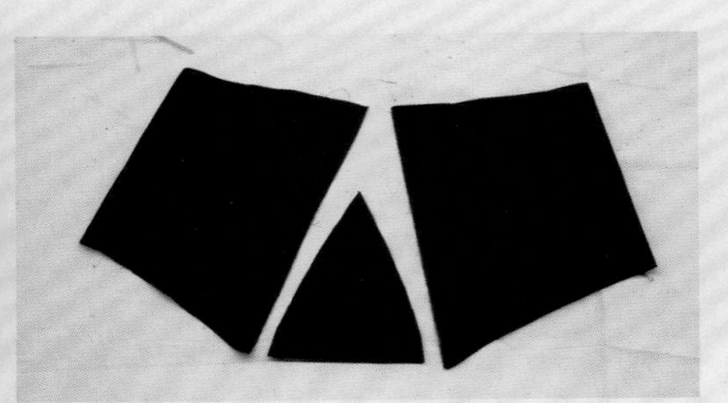
图3-25　三角裤裁片

五、三角裤的缝制

1.材料准备

三角裤的裁片分为三片，如图3-25。

2.工艺流程

查片→做腰口→做脚口→裆包左裤片→裆包右裤片→做腰（装橡筋）。

三角裤缝制的难点是做脚口和裆包裤片。

3.工艺分析及要求

（1）查片：检查裁片是否准确、齐全，眼刀是否准确，有无遗漏。

（2）做腰口：用卷宽边的方法进行。从腰口贴边线下量2～3 cm剪一眼刀，眼刀深0.8～1 cm。折转0.3～0.5 cm，缝缉0.1 cm的止口。左右对称缝纫。

（3）做脚口：按照做窄边的方法进行，即先折转缝头0.3 cm，再折转0.5 cm。缉0.1 cm清止口（图3-26）。要求：缉线顺直，宽窄一致，在弧线处无涟形，左右对称缝纫。

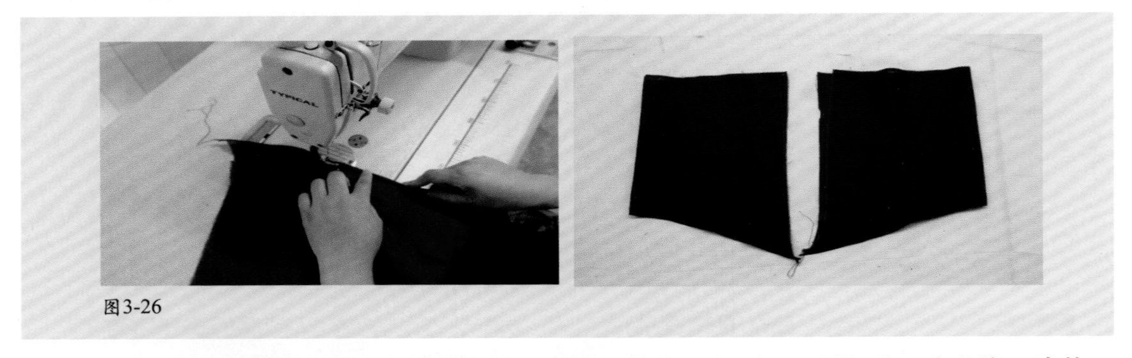

图3-26

（4）裆片包右裤片：明包缝。把裆片放下面，裤片放上面，反面相叠，先从脚口边的一点开始倒量（从裆片中心开始向上量）得到起点（图3-27）。裆片放出0.8 cm的缝头折转，缉0.1 cm。缉到裆片的中点将脚口的另一点接入，再向毛边方向坐倒，缉0.1 cm清止口（图3-28）。要求：缉线顺直，包缝无涟线，并且两条面线之间保持平行，间距0.6 cm。

（5）裆包左裤片：方法与裆包右裤片相同。不同之处在于：前边是从裆尖开始，而此处这道工序是从裤片的腰口开始，最后结束在腰口。裆尖折好，可以不缉住，但必须把毛边折进，缉第一道线时把毛边缉住，并且两条线平行，在此成一个菱形。要求：两条线明线顺直，裆尖平服，且裆尖角四条线成菱形。

（6）做腰（装橡筋）：先拼接好橡筋，再折转腰口1～1.25 cm，将橡筋放在中间，缉0.1 cm清止口（图3-28）。也可以先做好腰，再用钩针或锁针套入橡筋，最后固定（图3-29）。

（7）质量要求：腰口缉线宽窄一致，顺直，不能有弯曲现象。橡筋宽窄一致，皱折均匀，不能缉住橡筋。脚口宽窄一致，均为0.3～0.5 cm，缉线顺直，不能有毛出、漏缉现象，左右对称。外包缝正面双面线平行，宽窄一致，特别是裆片要根据弧线来完成，裆角要成菱形，不能有毛出现象（图3-30）。

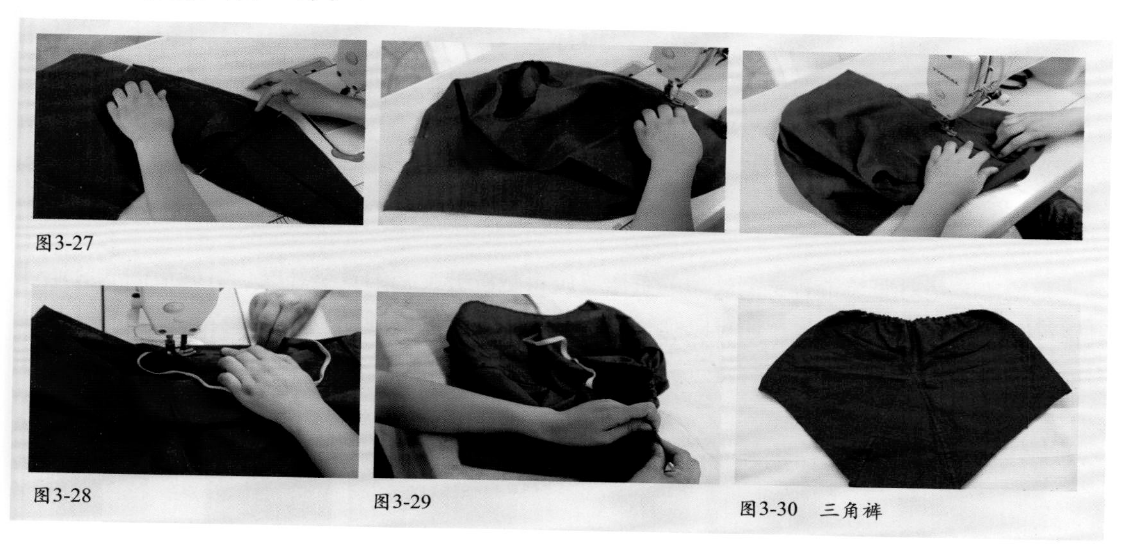

图3-27

图3-28

图3-29

图3-30　三角裤

想一想

围裙、袖套、睡裤、三角裤的缝制分别用了哪些基本缝？

练一练

做4条三角裤。要求：缉线宽窄一致，不起皱，不起涟形，无毛出现象。

学习任务四
熨烫工艺

[学习目标] 通过学习，让学生掌握熨烫的基本要领，了解熨烫定型五要素，学会最基本的熨烫技法和黏合衬的熨烫工艺。

[学习重点] 让学生掌握熨烫的基本要领，并通过熨烫工艺训练提高学生的兴趣。

[学习课时] 4课时。

熨烫工艺是对服装进行定型处理的重要手段，是机缝工艺的重要补充。机缝后的服装通过熨烫可以更平整更贴合人体，还可以弥补机缝工艺的不足，俗话说“三分缝，七分烫”就是这个道理。熨烫工具主要有熨斗、烫包、烫台和长烫凳等（图4-1）。

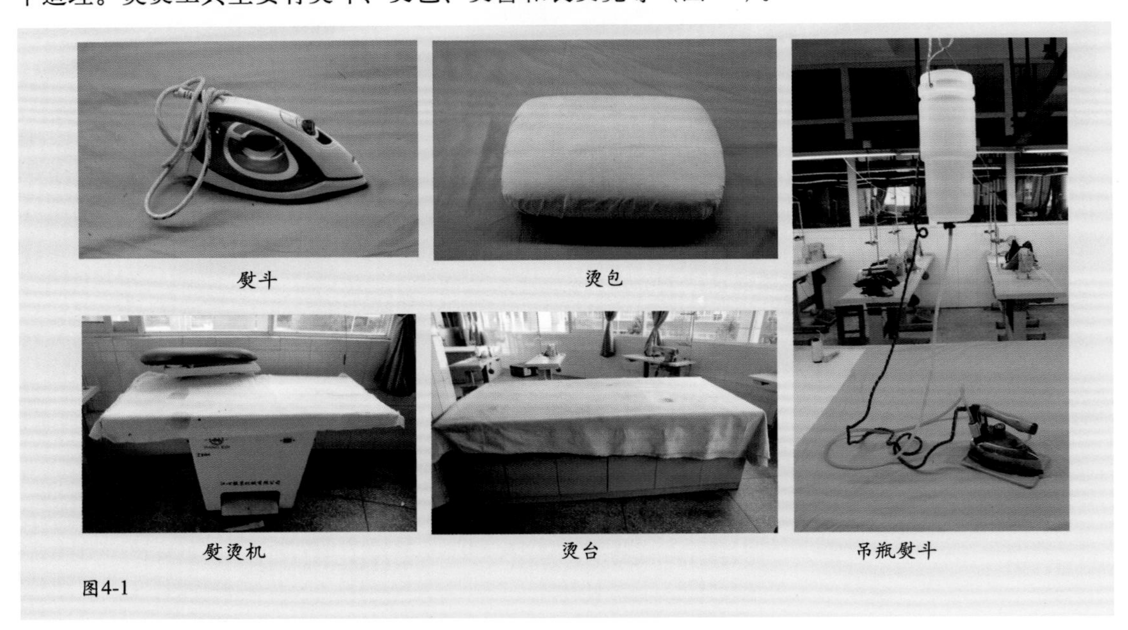

图4-1

一、熨烫的基本要领

首先要正确掌握各种面料的熨烫温度和熨斗在各种面料上允许停留的最长时间，以免烫坏面料。为使服装达到最佳定型效果，也可以试烫。

熨烫服装必须在烫台上熨烫，并使用相关的熨烫工具。

熨烫服装时，一般在服装反面熨烫。如果在正面熨烫，必须盖上烫布，还要注意熨斗的清洁，避免烫脏面料。

右手拿熨斗，左手按住需熨烫的部位，根据需要配合操作。

熨烫服装时，熨斗的移动要有规律，根据熨烫要求移动，不能随便拉伸缝料，用力要适度。熨烫部位不同，需采用不同的熨烫技法。

二、熨烫定型五要素

（1）温度：不同的面料，有不同的熨烫温度，只有达到相应的温度，才能让它变形。否则，要么不能定型，要么烫坏面料。

（2）湿度：熨烫服装时，一般需要水蒸汽；这样温度更均匀，可以使面料更柔软，定型效果更好。注意：烫某些面料和粘合衬时必须干烫。

（3）施力：熨烫服装时，施力要均匀、适度。

（4）时间：熨烫服装时，应根据不同面料的特点来把握，熨斗在面料上的停留时间起到加固定型的作用。

（5）冷却：熨烫服装后，必须让它完全冷却才能移动，否则定型效果不好。

三、几种最基本的熨烫技法

1.平缝熨烫

左手在前分开衣片的缝份，右手拿起熨斗；左手后退，熨斗尖前后运动（图4-2）。要求：分开缝后无伸缩现象，面料平挺。平缝熨烫用于一般的平缝定型，还包括拔烫平缝和归烫平缝两种技法，将在以后的任务中学习。

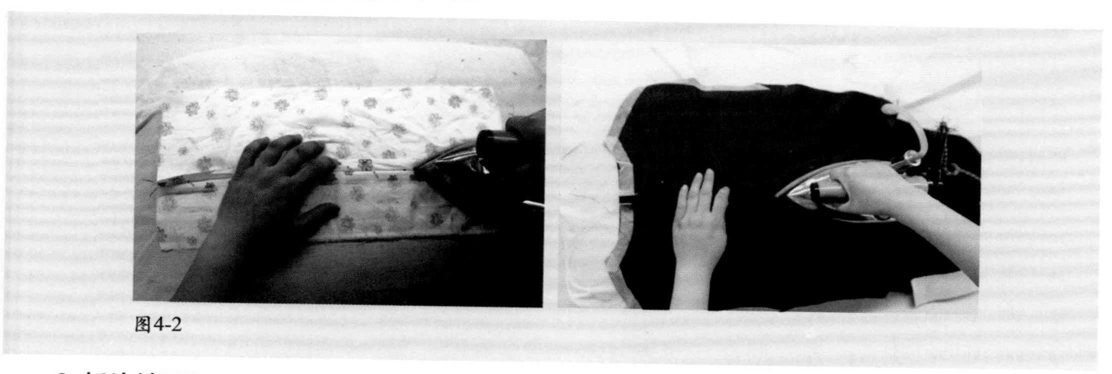

图4-2

2.折边缝熨烫

折边缝熨烫是指对折边缝定型的熨烫技法，根据折边缝的造型可以分为直形熨烫、弧形熨烫、圆形熨烫。

（1）直形熨烫：一只手将直形折边缝按所需宽度边折转边后退，另一只手用熨斗尖按照折转的缝份向前运动，再稍微施力用熨斗来回熨烫（图4-3）。

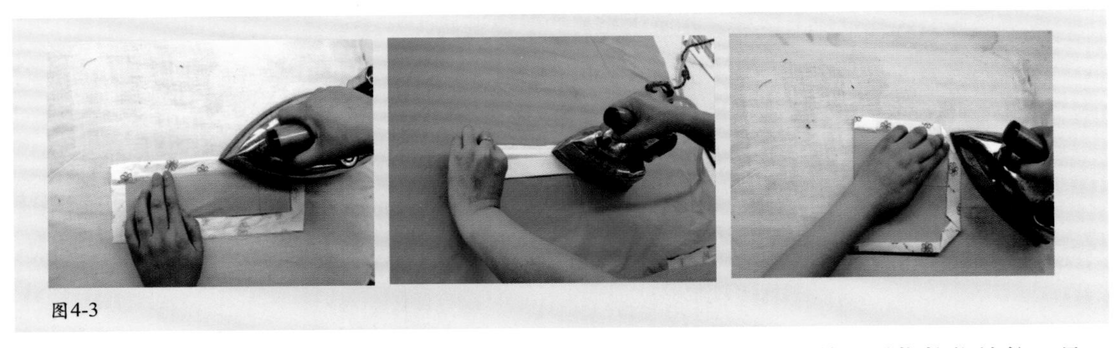
图4-3

（2）弧形熨烫：一只手将弧形折边缝按所需宽度边折转边后退，并用手指按住缝份，另一只手用熨斗尖先在弧形缝份处熨烫，熨斗右侧再顺着弧形缝份压住折边上口，让上口弧形归缩（图4-4）。

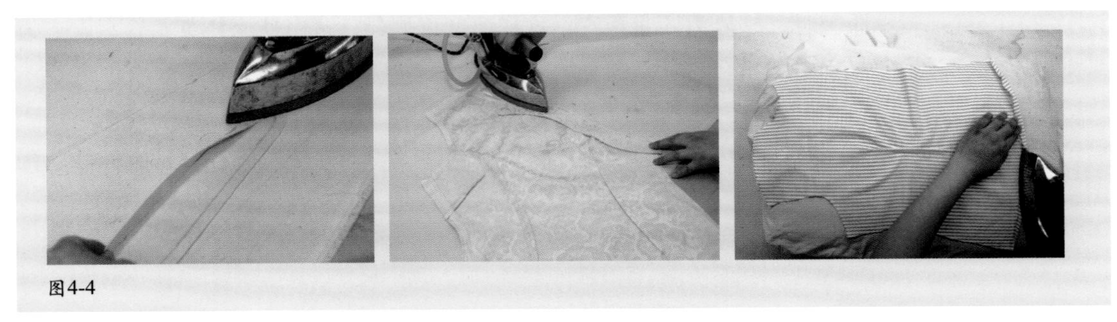
图4-4

（3）圆形熨烫：在熨烫前，可以在圆形衣片周围用稀针缉一道线，也可以直接用净样板包烫；熨烫时，先把平直的地方烫煞，再扣烫圆角，用熨斗尖的侧面将圆角处的缝份上口往里归拢，让熨烫线条圆顺、无棱角（图4-5）。

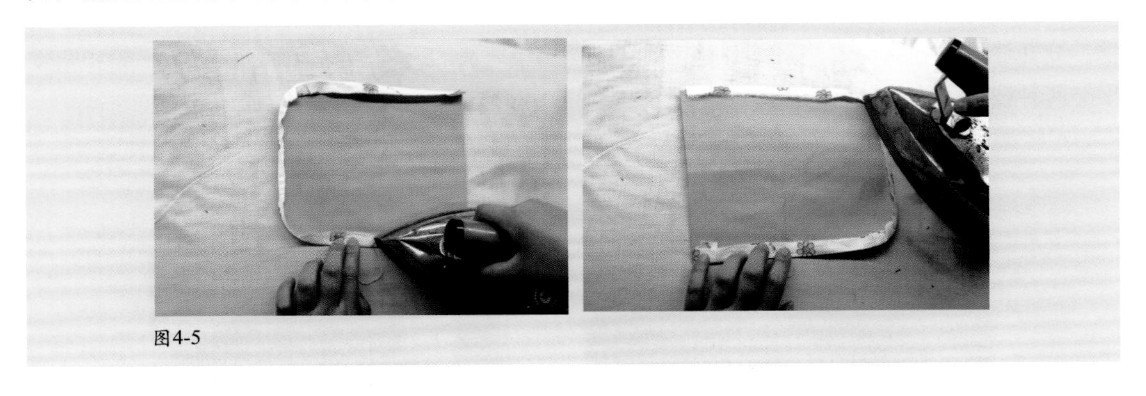
图4-5

3.归

用蒸汽熨斗熨烫，左手向衣片需要归拢的地方推进，右手拿起熨斗向着归拢的方向，先外后内做弧形运动，用力熨烫，使衣片平整，让熨烫部位缩短（图4-6）。

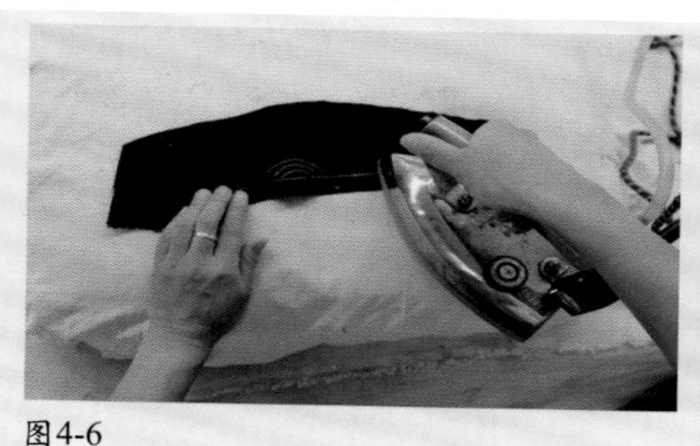
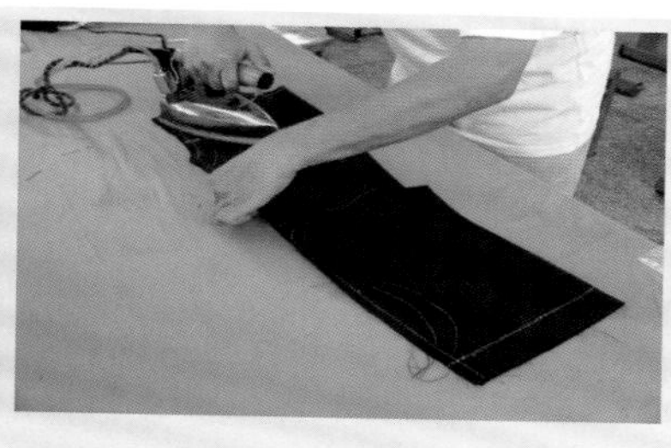

图4-6

4.拔

用蒸汽熨斗熨烫，左手拉住衣片需要拔开的地方，右手拿起熨斗向着拔开的方向由里向外做弧形运动，用力熨烫，使衣片平整，让熨烫部位伸长（图4-7）。

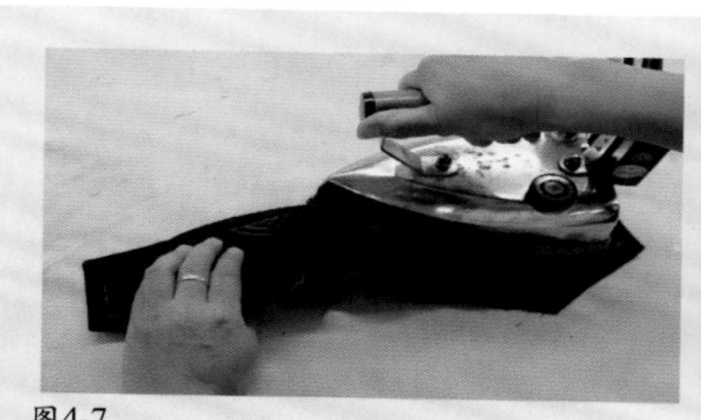
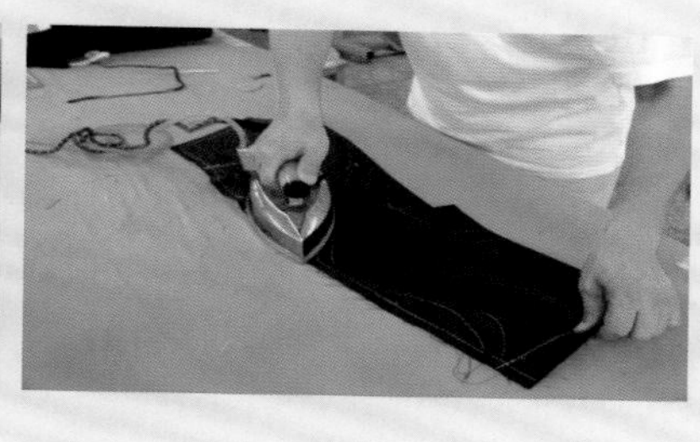

图4-7

试一试

练习实际操作中几种最基本的熨烫技法。

四、粘合衬的熨烫工艺

粘合衬的作用：加固服装、为其定型、使其挺括。

粘合衬的选用：根据面料的性能、颜色、厚薄来选用。例如，用一块淡粉色的薄布来做一件女衬衫，就需要选用同色或白色的薄衬。

1.粘合衬的粘合效果

粘合衬的粘合效果是由粘合温度、粘合压力、粘合时间决定的（图4-8）。

（1）粘合温度：不同的面料和粘合衬，有不同的粘合温度，只有达到它的温度，才能使粘合衬粘胶完全融化。温度过高会烫坏面料；温度过低粘合衬粘合效果不好，容易起壳。

图4-8

（2）粘合压力：粘粘合衬时，先把面料摆正，使面料的反面朝上，再把粘合衬有粘胶的一面叠在上面，用熨斗从面料的边沿开始向前压烫，熨斗不能来回移动，熨斗印痕要接上，中间不能有空隙，施力要均匀、适度。

（3）粘合时间：粘粘合衬时，熨斗需要在面料上停留合适的时间，才能达到预期效果。

2.熨烫粘合衬的注意事项

（1）面料粘上粘合衬后，会变得平服，无起壳、气泡、烫黄等不良现象，颜色也会变深。

（2）衣片要求对称熨烫，即合面烫，保证衣片不变形。

（3）面料粘上粘合衬后，必须冷却后才能移动。

知识链接

熨 斗

熨斗是服装熨烫的主要工具。中国汉代已有熨斗，又称“火斗”，为装炭火的勺形物。近代熨烫是烙铁和以炭为热源利用风箱催温的炭熨斗（俗称炭火轮）。20世纪50年代起，使用电熨斗较为普遍。50年代后期，中国第一代“三领机”研制成功，用于衬衫领的粘合和弧定型；英国发明以热压方式粘合可熔性衬布的专用粘合机。现在，粘合机已发展成能控时、控压、控温的滚压和平压式两种，成为与缝制新工艺配套的新型熨烫工具。对半成品和成品的熨烫，目前已应用模压、充气、多工位回转等蒸汽熨烫机和衣片归拔机。一套西服蒸汽熨烫设备可完成熨烫衣袖、衣身、立体整形等12种最终熨烫和分缝、归拔等18种中间熨烫，使产品干燥、烫迹定型、无亮光。现代熨烫新设备、新工艺，极大地提高了产品的熨烫质量。

熨烫的作用有：

①平整：消除织物褶皱。

②整纬：矫正织物染整工艺中形成的纬向丝绺歪斜，使织物复原，以利裁剪、缝制。

③预伸缩：防止衣片在缝制中因受热而产生伸缩现象。

④变形：利用织物可塑性，将织物局部变形，促使衣片形态由直变弧或由弧变直，以便加工出合体的成衣。

⑤整形：对成衣外形进行修改整理，弥补工艺操作中的不足，使外观平挺、贴服、不外翘。

实践篇

SHIJIANPIAN

[综　　述]

本篇选取了20多款传统经典服装进行现场制作，并全过程拍摄，从实物和制作中选出形象直观且最能反映操作规程和步骤的照片，使教与学能够身临其境，达到最佳教学效果。

[培养目标]

①掌握各类服装的工艺流程。

②掌握各类服装的缝制技巧。

③掌握各类服装的工艺要求。

[学习手段]

认真听老师讲解，仔细看老师示范，亲自动手制作，再反复练习，特别注重操作规范。

学习任务五
裙装缝制工艺

[学习目标] 通过学习，让学生掌握裙装的工艺流程及各部位的缝制方法、质量要求。学会裙装的熨烫方法，为学习裙装款式变化打下良好的基础。

[学习重点] 掌握直裙的装拉链技巧及上腰方法。

[学习课时] 50课时。

一、直裙缝制工艺

1.款式特点

装腰，前腰收两个省，后腰收两个省。后中设分割线，上端装拉链，下端开衩（图5-1）。

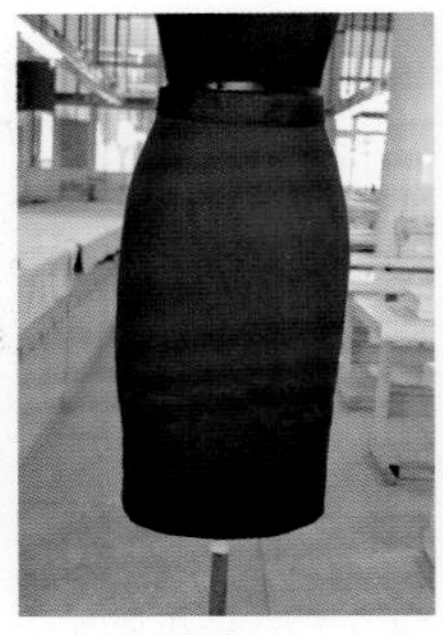

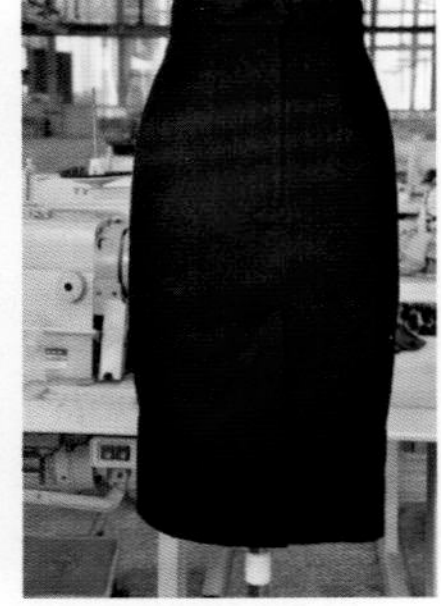

图5-1 直裙正面款式图 直裙背面款式图

2.成品规格

单位：cm

号型＼部位规格	裙长	腰围	臀围	腰宽
160/72B	68	73	98	3

3.材料准备及用料说明

（1）主件：前裙片1片，后裙片2片，腰面、腰里连口各1片（图5-2）。

（2）辅料：衬门、里襟衬、腰衬各1片，拉链1根，钩扣1副。

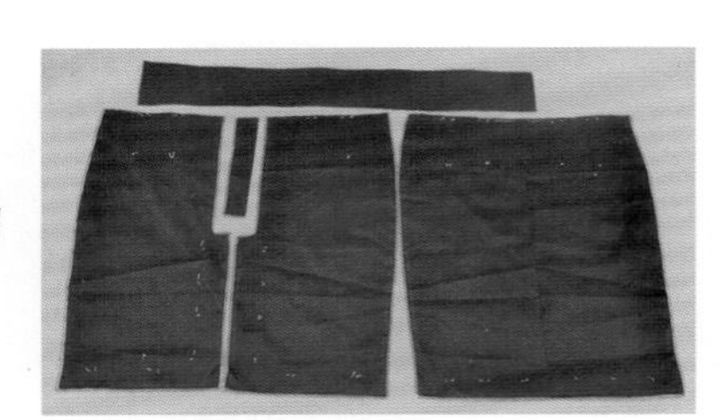

图5-2 直裙片主件及配件图

4.质量要求

（1）符合成品规格。

（2）腰头宽窄顺直一致，装腰无涟形，腰口不能松动，后开衩平服，长短一致。

（3）门里襟长短一致，拉链齿不能外露，开口下端封口要平服，门里襟不可拉松。

（4）整烫要烫平、烫煞，切不可烫黄、烫焦。

5.工艺流程

查片→烫衬→做缝制标记→拷边→收省、擦底边→缝合后中缝→装拉链→前后侧缝→做后衩→做腰头→装腰头→底边绷三角针或底边缉线→整烫→检验。

直裙缝制的重点是上拉链，难点是装腰头。

6.缝制过程

（1）查片：检查裁片是否齐全、准确，粉印、眼刀是否到位。

（2）烫衬：后开口及开衩部位粘无纺衬，腰头粘树脂衬。

（3）做缝制标记。裙片的省份、下摆及后开衩部位打线丁（图5-3）。

图5-3　打线丁

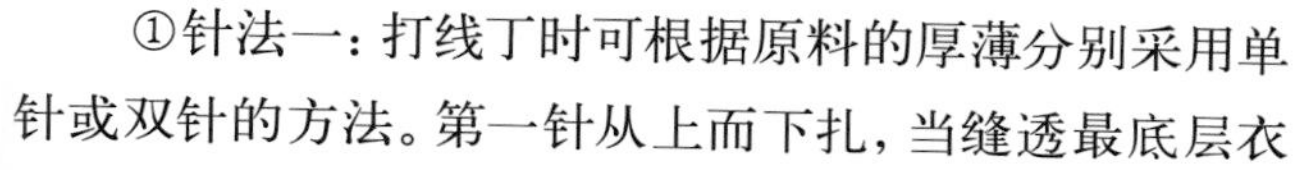

①针法一：打线丁时可根据原料的厚薄分别采用单针或双针的方法。第一针从上而下扎，当缝透最底层衣料时，立即向上挑缝，同时将针拔出，如此连续缝。缝完后先将表面的线剪断，留线头0.6 cm，然后将上层衣片掀起，把线拉开0.3～0.4 cm,由中间剪断。为使线丁牢固，可用手轻拍线绒头，使线头散开即可。每针针距0.3～0.4 cm，针码密度一般以4～6 cm为宜（擦针和绷针方法与打线丁的方法相同，只是缝合不剪开）。

②针法二：为使线丁不易脱落，可以2针为一单元，每2针一组进行操作，然后再剪开。

（4）锁边：裙片除腰口以外都用锁边机锁边，里襟条对折锁边。

（5）收省：按缝制标记将裙片正面相对，由上至下缉缝省道，熨烫省道。将前裙片的省量倒向中心方向，后片省量倒向后中方向，进行烫煞（图5-4）。

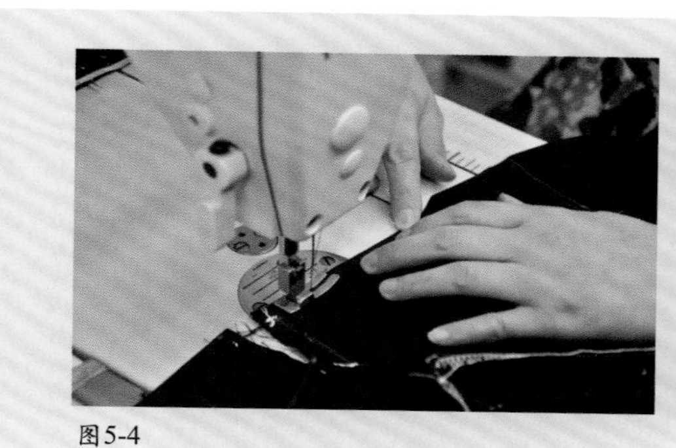

图5-4

（6）烫省缝、归拔裙片：将裙片上的省缝向中心方向烫倒，至省尖位置时，用手向上推着省尖熨烫，以免这个部位的纱向变形。裙片侧缝要归拢，使侧缝尽量形成直线。

（7）合后中缝:自开口止点向下缝合两个后裙片，缝至开衩转弯距边缘1 cm的位置（图5-5）。

（8）做后衩。裙底边向反面折烫3 cm,要求后衩顺直整齐。封后开衩底部：门襟沿底边宽3 cm横封，里襟沿1 cm缝份直封（图5-6）。

（9）装拉链：先缝右半边，正面朝上，盖过拉链齿，从拉链底端开始缉线1 cm,再缝左半边，左裙片、拉链、里襟共三层一起沿拉链齿边缉0.1 cm的清止口（图5-7）。

图5-5

图5-6

图5-7

试一试

练习上拉链。

（10）封口：封口缉线2～3道,缉在缉线重合处（图5-8）。

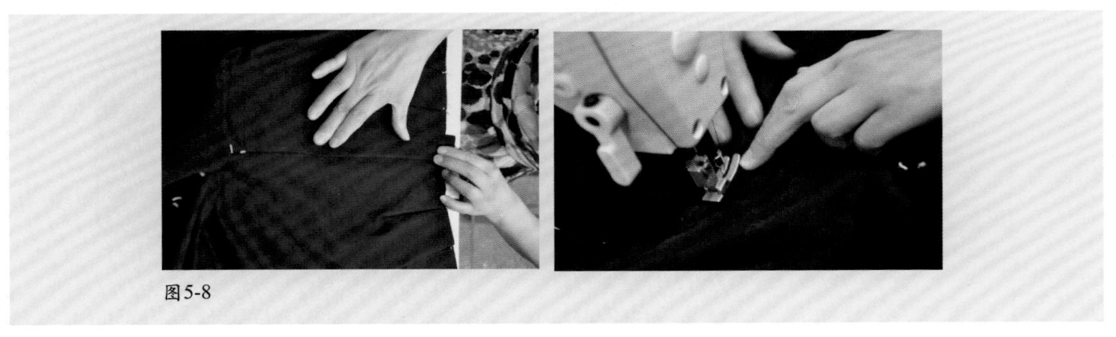

图5-8

（11）缝合侧缝、劈缝、下摆包缝：将裙前后片正面相对，腰口平齐，从腰口缉至底边（图5-9）。

（12）做腰头：

①烫腰衬：在腰面的反面粘一层无纺衬（图5-10）。

②扣烫腰面：先将腰头的上口沿腰衬向下熨烫，再按腰衬的宽度扣烫（图5-11）。

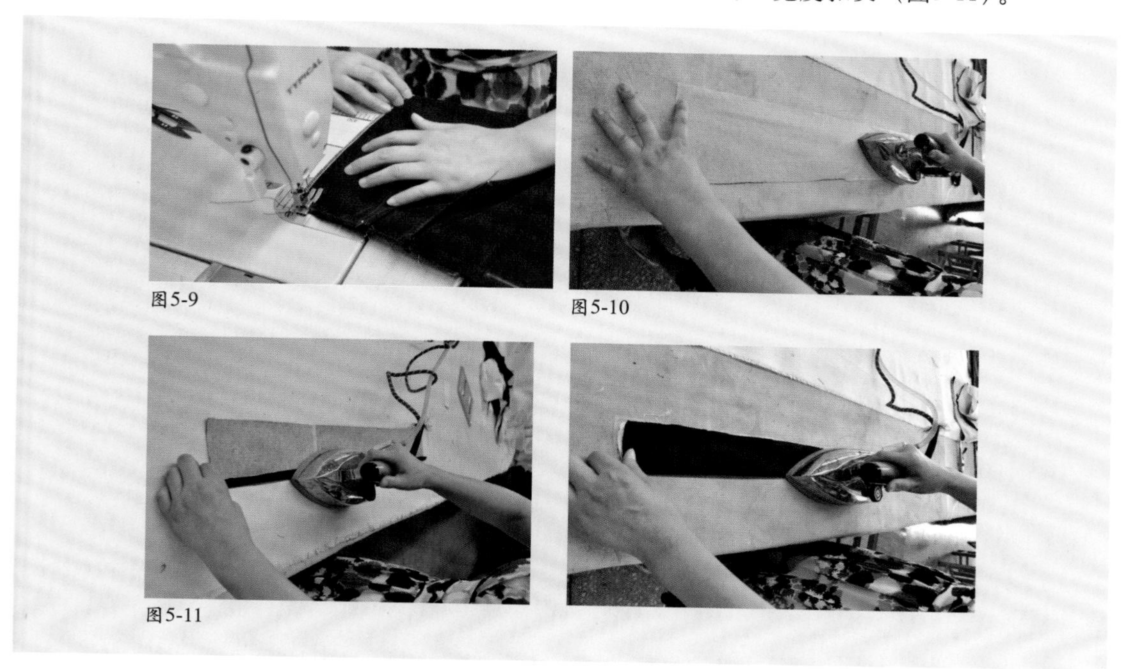

图5-9

图5-10

图5-11

③扣烫腰下口：将烫腰下口修剪后，缝份包实、烫平，使腰里多出0.1 cm，为装腰漏落缝做准备（图5-12）。

（13）绱腰头：确定腰部的对裆标记，将腰头与裙身正面相对。由后中缝开始离腰衬0.1 cm处做腰头（图5-13）。

（14）封腰头：将腰面腰里按腰衬对折，离腰衬0.1 cm缉线并对缝份进行修剪。翻腰头，然后固定腰里（图5-14）。

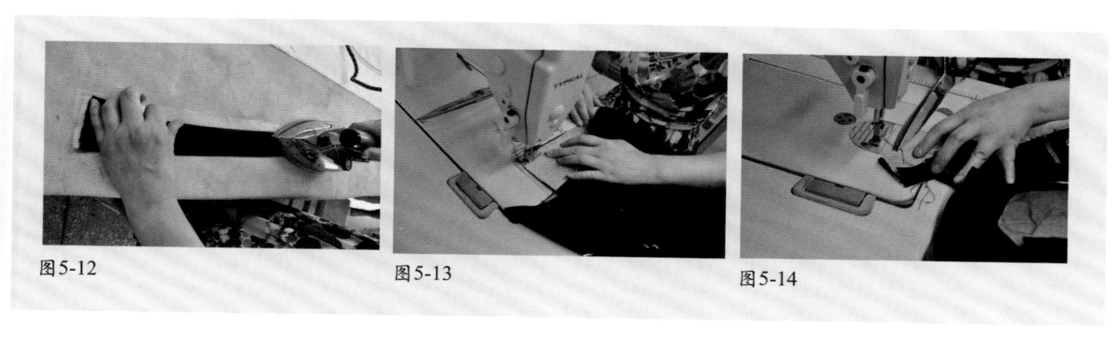

图5-12

图5-13

图5-14

练习装腰。

知识链接

1. 底边贴边绷三角针

用途：主要用于贴边、拷边后的固定，如脚口的缝制，也可用作装饰。

针法：起针将线结藏在折边里，然后将针插入距毛边约0.7 cm的位置，第二针向后退挑衣料反面1~2根布丝，第三针与第一、二针呈斜三角形。如此循序退步操作，第三针针距0.7 cm。

要求：三角大小要相同，角与角相距0.7 cm，拉线松紧要适宜，以免正面起针窝。

注：如果三角针第一针与第三针针距小一点，第二针稍长，针迹呈X形，则可用于固定商标。

图5-15

2. 裙的款式变化

裙的款式变化如牛仔裙（图5-15）。

（15）底边绷三角针（图5-16）。

（16）钉裙钩：在腰头门里襟处装上钩袢。裙钩装在门襟腰头居中位置，离止口0.5 cm处，裙袢装在里襟腰头居中，平齐里襟右侧缝里口（图5-17）。

（17）整烫：烫平、压薄裙贴边。熨烫时熨斗不要超过贴边宽，以免正面出现贴边印痕。烫平侧缝、省、腰面、腰里。把裙子摆平，前后裙片都要烫一遍。

（18）检验：检验方法可对照本节质量要求进行。

图5-16

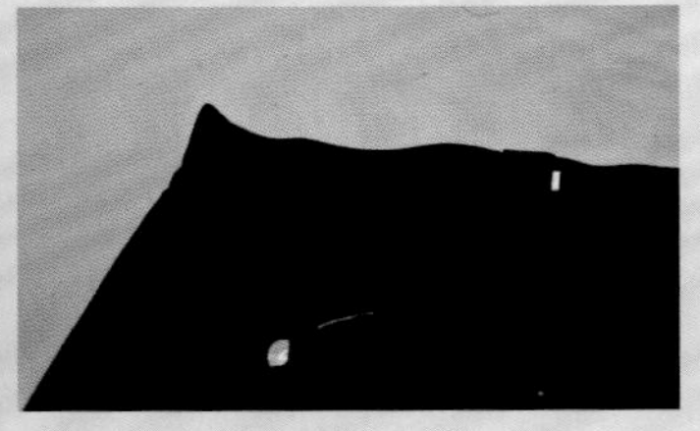

图5-17

试一试

按160/72B的号型做一件直裙。

学习评价

学习要点	我的评分	小组评分	教师评分
学会直裙的制作工艺（25分）			
掌握直裙的制作流程（20分）			
掌握直裙的制作质量要求（25分）			
重点掌握装腰、装拉链工艺（30分）			
总　分			

二、斜裙缝制工艺

1.款式特点

装腰头，两片裙，右侧或后中位置开门。装拉链，裙身呈波浪形（图5-18）。

图5-18 斜裙款式图

2.成品规格

单位：cm

号型 \ 部位 规格	裙长	腰围	腰宽
160/66A	70	68	3

小知识

简便、独特的裁剪方法使斜裙充满动感与活力，制作成品要保留其特有的风格。斜裙款式变化很多，有独片裙、两片裙、四片裙、六片裙等，裙身可长可短、可大可小。

3.材料准备及用料说明

（1）主件：前裙片1片，后裙片1片，腰面、腰里各1片。

（2）辅料：腰衬1片，隐形拉链1根，钩扣1副。

4.质量要求

（1）腰头宽窄顺直一致，装腰无涟形，腰口不能松口。

（2）波浪起伏均匀，拼缝处不能有起吊现象。

（3）门里襟长短一致，拉链齿不能外露，门里襟均不可拉还，开门下端封口要平服。

（4）底边卷边缉线要平服，不能起涟。

（5）整烫要烫平、烫煞，切不可烫黄、烫焦。

5.工艺流程

查片→烫衬→做缝制标记→拷边→缝合前后侧缝→装拉链→做腰头→装腰头→底边绷三角针或底边缉线→整烫→检验。

斜裙缝制的重点是装腰头，难点是底边缉线。

6.缝制过程

（1）查片：检查裁片是否齐全、准确，粉印、眼刀是否到位（图5-19）。

（2）烫衬：在腰、装拉链处进行熨烫。

（3）做缝制标记：在裙片腰口中点、裙摆中点、装拉链的位置做缝制标记。

（4）缝合前后侧缝：前后侧缝缝合时，上下片丝绺不能有层势和拉还，否则就会产生起吊现象。

（5）装隐形拉链：

①在装拉链的贴边部位反面粘上衬，衬从开门止点处向下延伸1 cm，裙片正面相叠，用长针迹沿开门止口边缉线，缉线延伸至开门止点2 cm处，之后用正常针迹缉线（图5-20）。

②将缝份分开烫倒，将隐形拉链反面向上居中放在贴边上，贴边内垫上厚纸，用手擦针将拉链固定在贴边上。

③将长针迹固定的开门止口缉线拆除，并将拉链拉开。缝合时将拉链卷曲的齿拨直，使齿呈竖立状态，然后靠齿根缉线，缉至开口止点处（图5-21）。

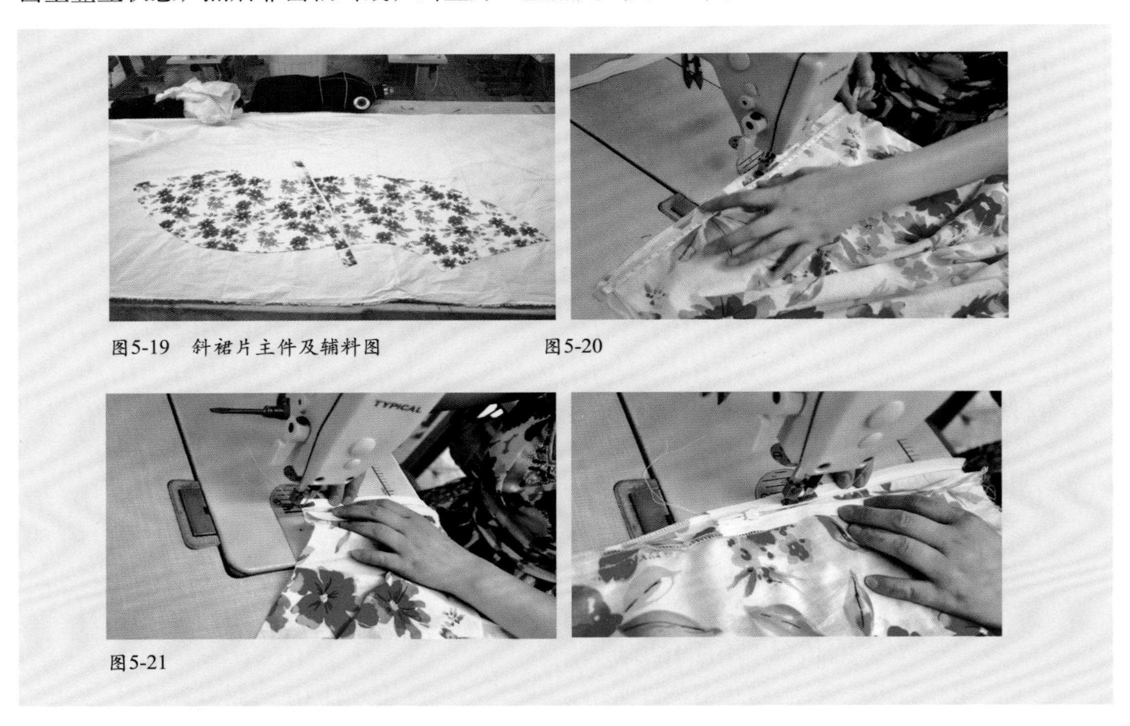

图5-19　斜裙片主件及辅料图

图5-20

图5-21

④拉链拉上，翻到反面，把开门止口下的2 cm空缺缉线补上。并将开口止点以下2 cm缝合，缝合时将拉链的头拉出来并固定。

⑤把固定拉链的线拆除，装好隐形拉链的后开门连腰片（图5-22）。

图5-22

（6）装腰：装腰头方法与直裙装腰头的方法相同。装喇叭裙腰头要考虑到喇叭裙的波浪，因为喇叭裙的波浪与装腰头密切相关。在腰口处向上拎一把就会出现波浪，所以上腰前在腰口处等距离做好提缝标记，将有提缝标记的部位稍微拉开，在装腰时拎上多缝进一些(俗称“拎一把”)，这样会使波浪均匀。缝制时向上提得越多，波浪越明显。为便于吊挂，上腰时可以在裙腰两侧缝处反面分别装进0.7 cm左右宽的丝带作吊袢（图5-23）。

（7）底边绷三角针或底边缉线：由于喇叭裙下摆大，底边呈弧形，所以贴边不能太宽。用归烫扣缝方法将贴边上口弧形归缩烫平，用三角针绷住，如用机缉注意不要起涟，缉时用锥子把归缩部位推进（图5-24）。

图5-23

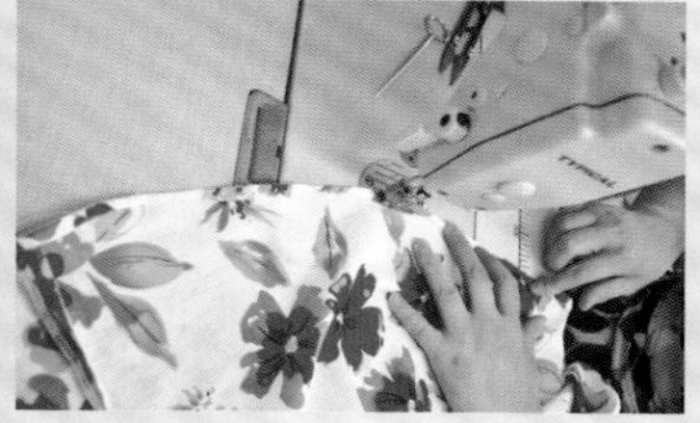

图5-24

图5-25

（8）钉裙钩：在腰头门里襟处装上钩袢。裙钩装在门里襟腰头居中，离止口0.5 cm处，裙袢装在里襟腰头居中位置，平齐里襟右侧缝里口（图5-25）。

（9）检验：检验方法可对照本节质量要求进行。

1.练习上隐形拉链。

2.练习斜裙底边缉线。

知识链接

斜裁技术的由来

玛德莱奴威奥耐夫人(Madeleine Vionnet,1876—1975)是与夏耐尔同时被作为现代设计原点的另一位设计师。她的最大奉献是创造了“斜裁”这种史无前例的裁剪技术，作为布料的斜丝特性裁剪出十分柔和的适合女性体形的服装，强调动的美感，那多样的悬垂衣褶和波浪，套在脖子上的三角背心式的晚礼服，前后开得很深的袒胸露背式晚礼服，尖底摆的手帕式裙子，装饰艺术风格的刺绣等独具匠心的创意都展现了她独特的设计天赋。她不喜欢宣传自己，十分重视技术保密，创作时从来不画设计图，直接运用各种质感和各种性能的纤维材料在立体模型上造型。为了便于斜裁，她第一个定织了双幅宽的皱绸。

练一练

按160/66B的号型做一件斜裙。

学习评价

学习要点	我的评分	小组评分	教师评分
学会斜裙的制作工艺（25分）			
掌握斜裙的制作流程（20分）			
掌握斜裙的制作质量要求（25分）			
重点掌握装腰、装隐形拉链、斜丝(LU)处理工艺（30分）			
总　分			

三、连衣裙缝制工艺

1.款式特点

腰围剪接式(中腰剪式)短袖连衣裙，领型为无领式鸡心领，上衣前片侧缝处收侧胸省，前后腰节收腰省。裙子为六片裙，右侧缝装拉链，位置在袖窿深线下至臀高线之间（图5-26）。

小知识

连衣裙是指上衣与裙子连接在一起的服装。连衣裙可分为腰围剪接式与腰围无剪接式两种。腰围剪接式按剪接位置的不同又可分为低腰、中腰、高腰等，而腰围无剪接式可分为收腰式、扩展式（胸部以下向外扩展）、直腰式等。

图5-26 连衣裙正面款式图 连衣裙背面款式图

2.成品规格

单位：cm

号型 \ 部位/规格	裙长	胸围	领围	腰围	肩宽	袖长	前腰节长	裙长	胸高位
160/84A	109	92	36	74	39	22	39	70	24

3.材料准备及用料说明

（1）主件：前后中裙片各1片，前左右侧裙片各1片，后左右侧裙片各1片，前后领圈贴边各1片，前后上衣片各1片（图5-27）。

（2）辅料：前、后领圈贴边粘合衬各1片，隐形拉链1根。

图5-27 连衣裙裙片主件及配件图

4.质量要求

（1）符合成品规格。

（2）领圈形状端正，贴边缝缉平整，不可拉还。

（3）装袖层势均匀，两袖前后准确对称。

（4）前后裙片开刀缝要和上衣片腰节省对齐。

（5）装拉链要平服，拉链齿不能外露，摆缝处的拉链腰节要对齐。

（6）整烫时，既要烫平，又不能烫焦烫黄。

5.工艺流程

查片→烫衬→做缝制标记→裙片拼缝→衣片收省→缝合肩缝→装领圈贴边→缝合腰节缝→装袖→合摆缝→装拉链→卷袖口、裙下摆→整烫→检验。

短袖鸡心领连衣裙缝制的重点是装领圈贴边，难点是装袖。

6.缝制过程

（1）查片：检查裁片是否齐全、准确，粉印、眼刀是否到位。

（2）烫衬：烫衬部位为前后领圈贴边。

（3）做缝制标记的部位：前衣片侧胸省、腰节省、后衣片腰节省、袖片对肩刀眼。

（4）裙片拼缝：前后裙片的侧片和中片缝合，缉0.8～1 cm，开始和末尾处缝好来回针，上下片不能有起皱现象，然后拷边（图5-28）。

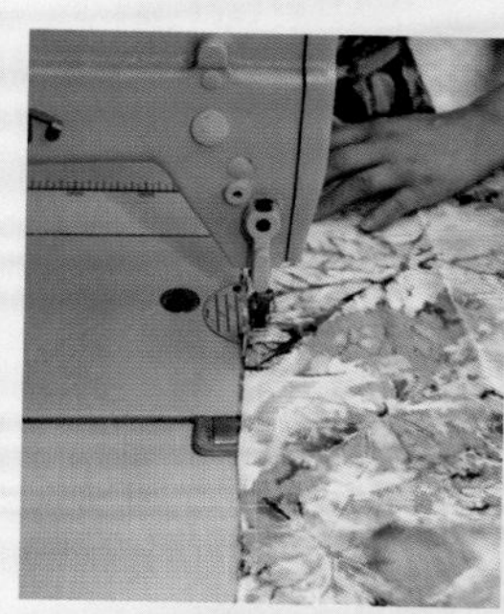
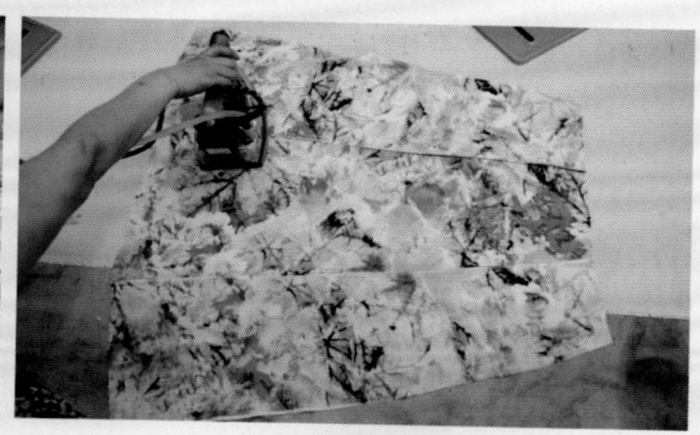

图5-28

（5）前、后衣片收省：缉侧胸省要对准上下层刀眼标记，正面相叠，由于侧胸省靠底边的一条省缝丝绺较斜，所以缉时要将丝绺比较斜的省缝放在下面缉，右边由省根缉向省尖，左边由省尖缉向省根。省尖缉尖，不可出现细裥（图5-29）。

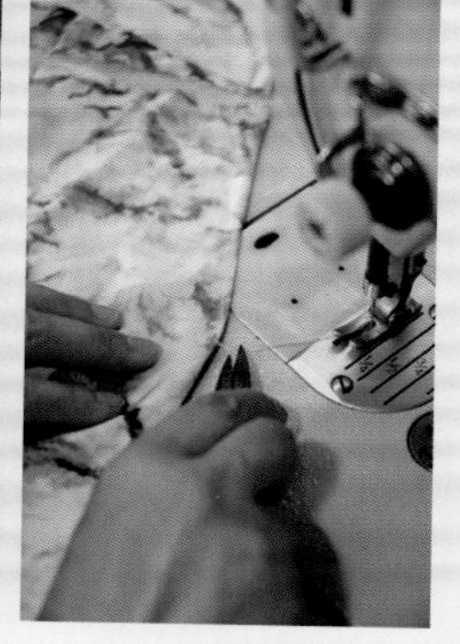

图5-29

（6）合肩缝：前肩上、后肩下，正面相对合缉，缝头0.8 cm，缝好后肩缝拷边（图5-30）。

（7）做前领圈贴边。

①前后领圈贴边拼接后丝绺放顺、放正、烫衬、拷外口边（图5-31）。

②前、后领贴边与领圈正面相对，将横开领的肩缝两角折平翻转，前后领圈平齐烫平，止口缉线0.6 cm（图5-32）。

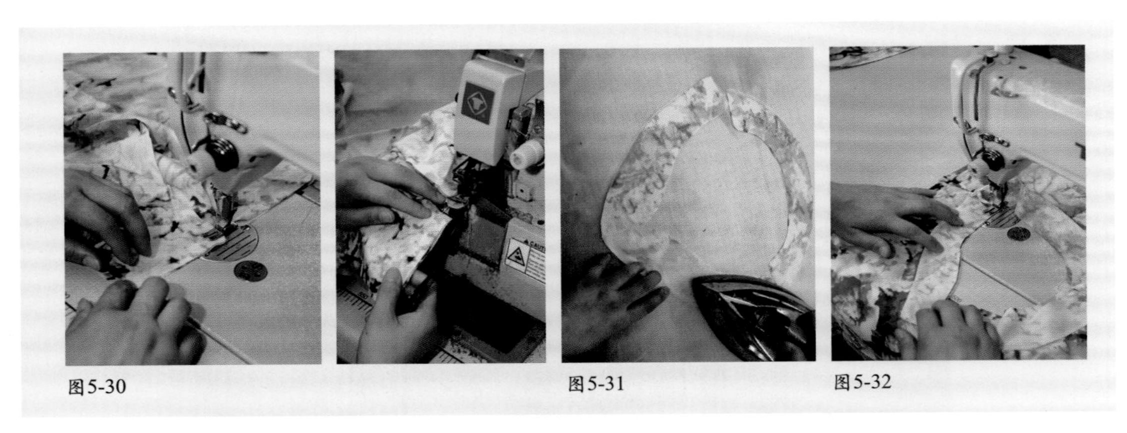

图5-30　　图5-31　　图5-32

③打前、后领贴剪口，鸡心夹角放刀眼，不能剪断缉线（图5-33）。

④缉领贴压线，止口均匀，辑线0.1 cm，翻转烫平（图5-34）。

⑤拴结（图5-35）。

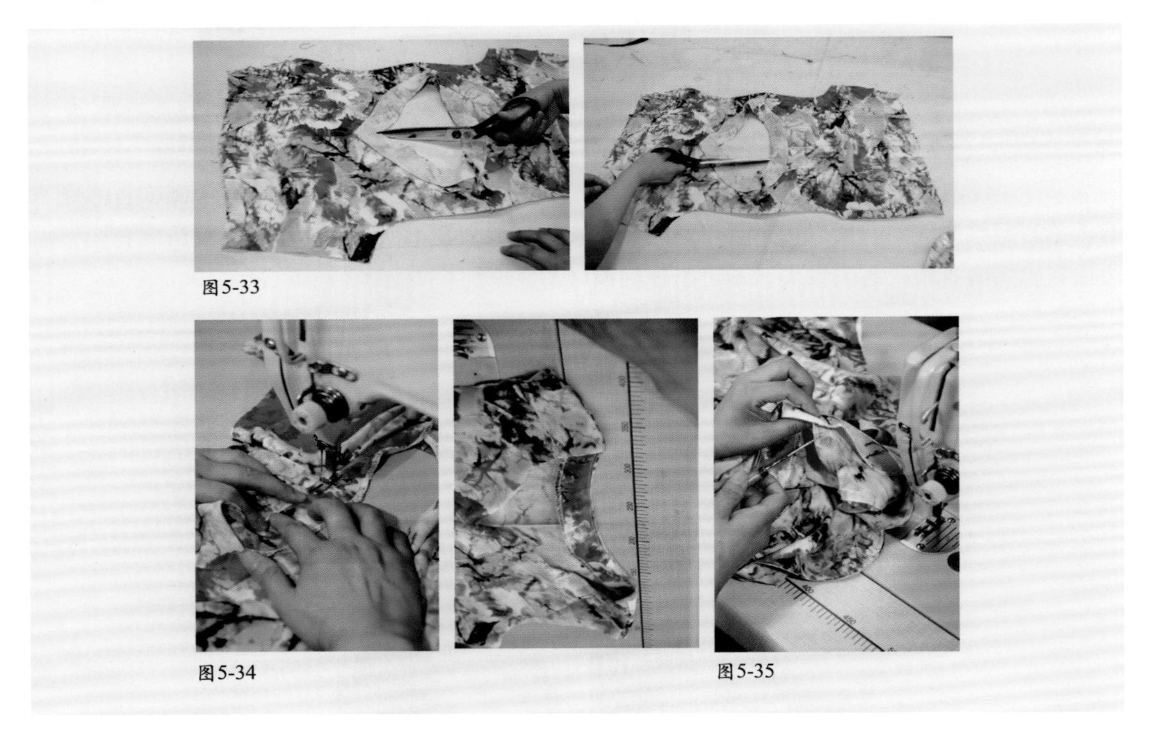

图5-33

图5-34　　图5-35

（8）缝合前后腰节缝：衣片在上裙片在下，正面叠合，衣片的腰节省对准裙片的拼缝，缝缉1 cm，腰节处最好拉一条牵带，以防横缉线拉断，然后锁边（图5-36）。

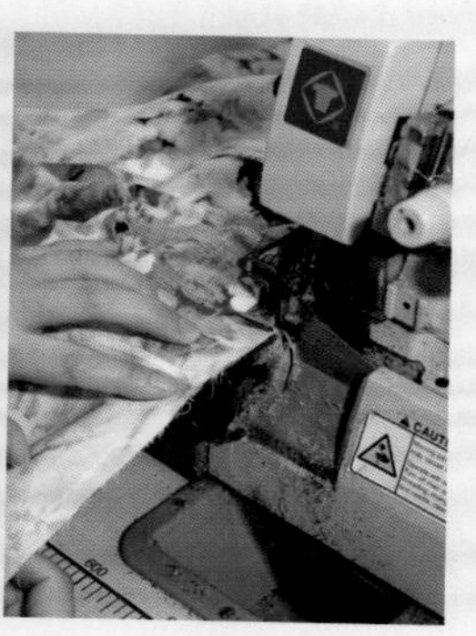

图5-36　拷边

（9）装袖：袖子放下层、大身放上层(也可以袖子放上层、大身放下层，便于掌握袖子的吃势)正面相叠，袖窿与袖子放齐，袖山头眼刀对准肩缝缉线0.8～1 cm，然后拷边（图5-37）。

（10）缝合袖底缝、裙侧缝：前后衣片重叠，正面相合，前后腰节缝对齐，左侧从裙摆缝底边至袖窿到袖口，起落手缉来回针。右侧从袖口到袖窿下4～5 cm处缝合，缉来回针。按拉链长度空出位置，合缉至裙摆底边，缉来回针，两侧拷边，拉链处前后缝头分开拷边（图5-38）。

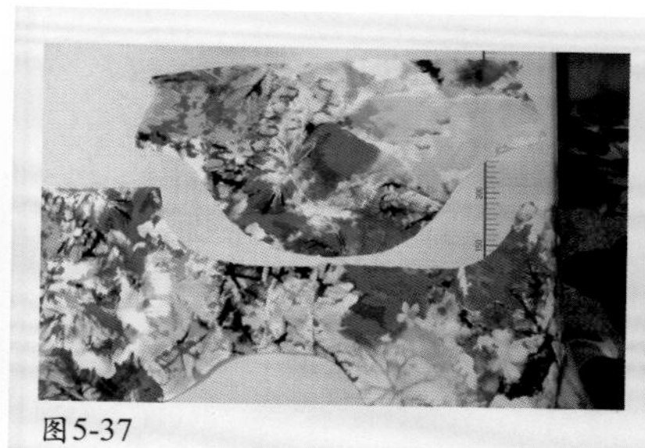

图5-37

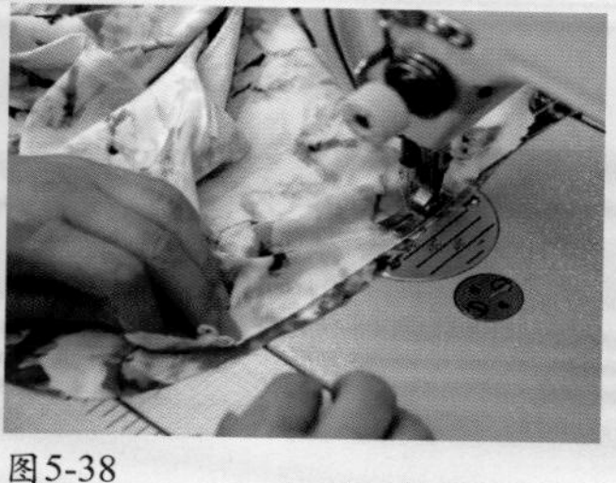

图5-38

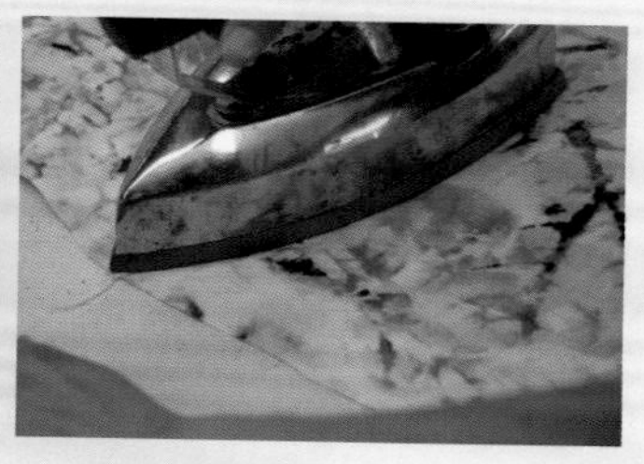

（11）装隐形拉链：具体方法与装斜裙隐形拉链相同（图5-39）。

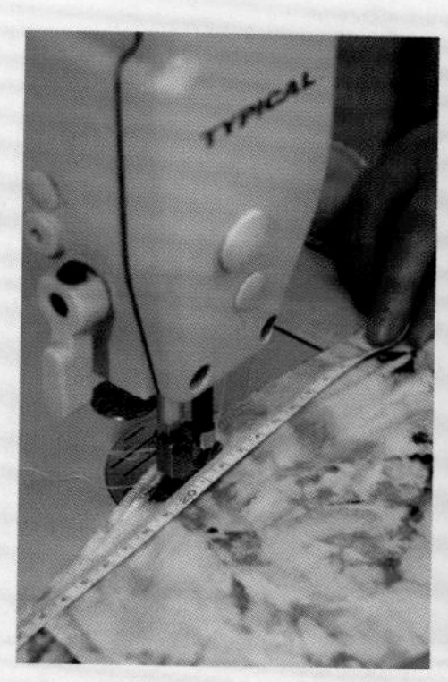

图5-39

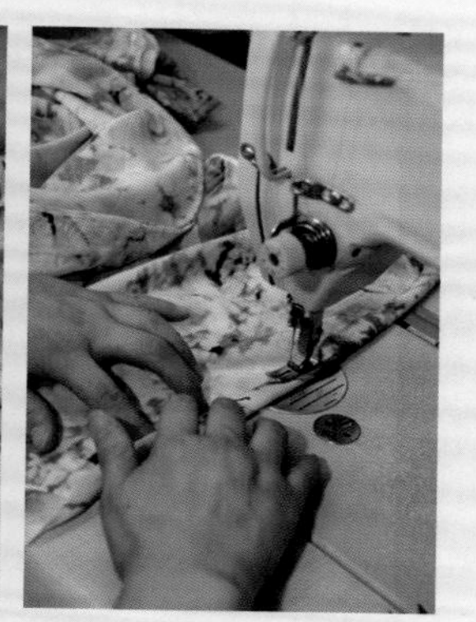

图5-40

（12）卷袖口、裙下摆的贴边：其方法根据面料而定，薄料车缉，厚料绷三角针（图5-40）。

（13）整烫：把前片摆平，先烫领圈、省缝，然后烫拼缝、袖口边、裙摆边。

（14）检验：检验方法可对照本节质量要求进行。

练一练

1. 练习领的贴边。
2. 练习装袖。
3. 按160/84A的号型做一条连衣裙。
4. 试对连衣裙款式进行变化后编写工艺流程，并为变化款式设计工艺方案。

知识链接

1. 制作荷叶边

（1）做标记（前裙中间位置）将两条横丝面料重叠后对折，中间也打剪口。

（2）做荷叶边。将荷叶边正面和裙正面相对，从拼接缝起线，缉线1 cm，边缝线把荷叶边多余的量做成褶（图5-41）。

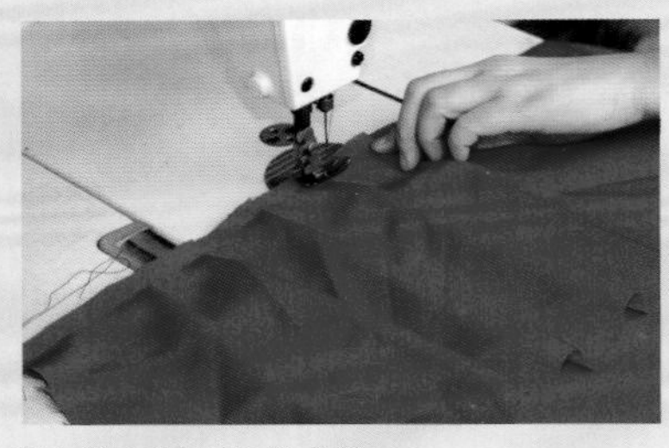

图5-41　荷叶边款式图

2. 方领短袖褶裥连衣裙缝制工艺

（1）方领短袖折裥连衣裙正面、背面款式图（图5-42）。

（2）连衣裙裙片主件及配件图（图5-43）。

图5-42　连衣裙变化正面及背面款式图

图5-43

(3) 装前后领圈贴边。把前后领圈贴边缉缝在方领口处（图5-44）。

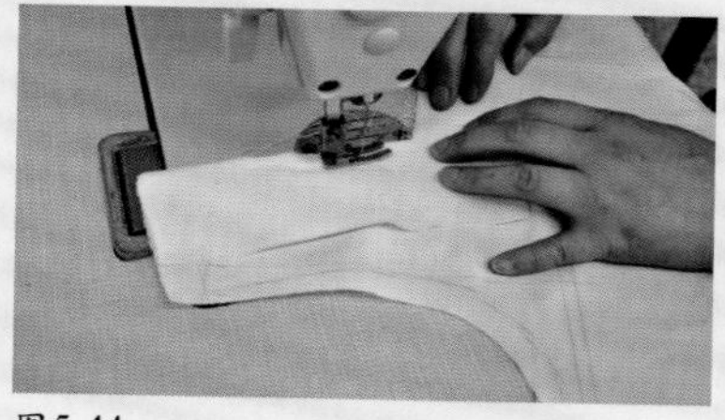

图5-44

(4) 从前后领口贴边剪口，转角处放刀眼（图5-45）。

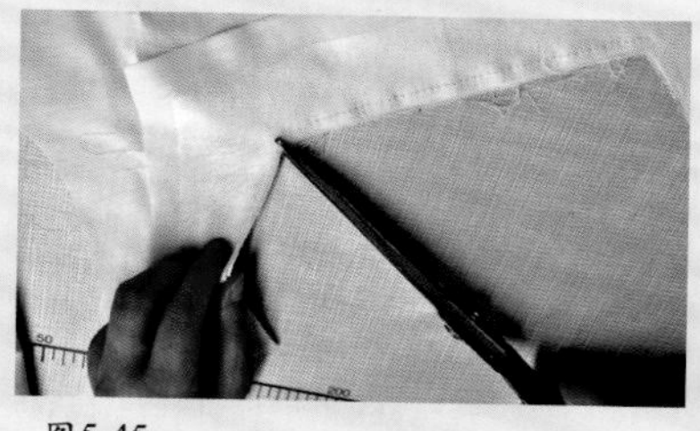

图5-45

(5) 熨烫前、后领口贴边，最后缉线（图5-46）。

(6) 领口贴边成品（图5-47）。

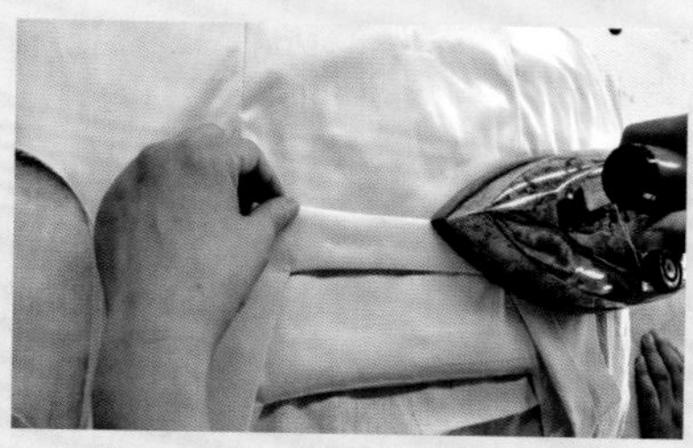

图5-46

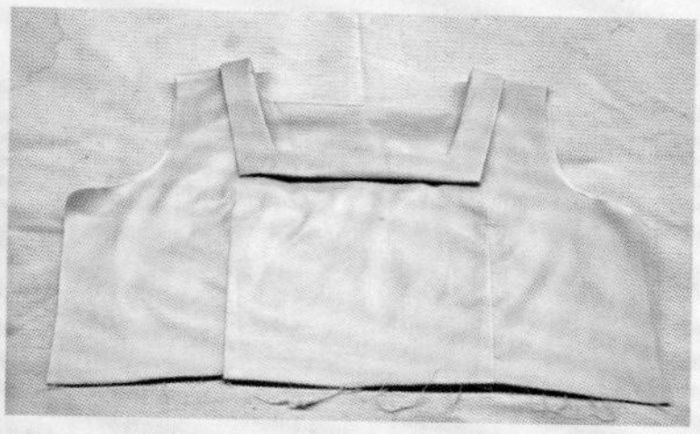

图5-47

3.高腰长裙

(1) 高腰长裙成品（图5-48）。

(2) 此款裙臀部至腰相连，臀部以下收褶裥，裙身较长，用已学工艺就能完成。

图5-48

学习评价

学习要点	我的评分	小组评分	教师评分
学会连衣裙的制作工艺（25分）			
掌握连衣裙的制作流程（20分）			
掌握连衣裙的制作质量要求（25分）			
重点掌握各种领型、袖型的处理工艺（30分）			
总　分			

四、旗袍缝制工艺

1.款式特点

立领，无袖，偏襟，钉琵琶纽三粒，前身收侧胸省及腰省，后身收腰省，开摆衩，领头、领圈偏襟、袖口、摆衩、底边均滚边（图5-49）。

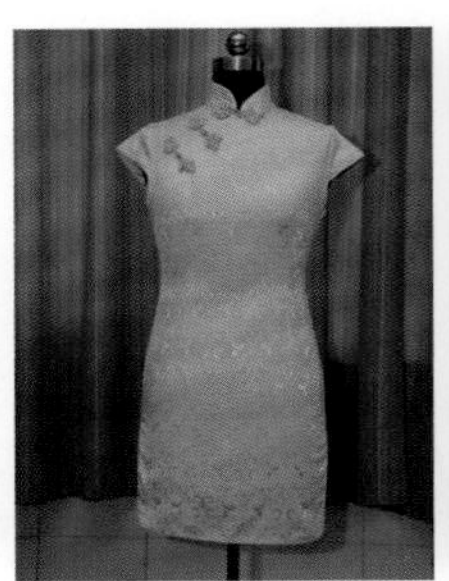
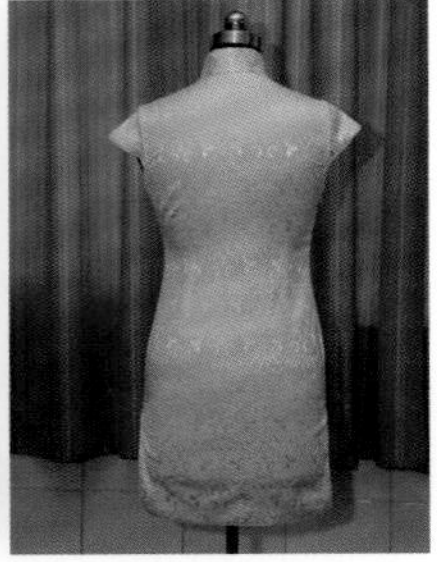

图5-49　正面款式图　　背面款式图

2.成品规格

单位：cm

部位 规格 号型	衣长	胸围	领围	肩宽	腰围	臀围	前腰节长	胸高位
160/84A	108	90	34	39	70	96	39	24

3.材料准备及用料说明

（1）主件：前衣片1片，小襟1片，大、小襟贴边各1片，后衣片1片，领面、里各1片，袖2片（图5-50）。

（2）辅料：领面、里衬各1片，牵带若干，滚条若干，盘扣3对，领钩1副。

图5-50　旗袍主件及辅料图

4.质量要求

（1）符合规格要求。

（2）领头两边圆顺对称，装领两端平齐。

（3）滚边宽窄一致，顺直平服。

（4）开衩平服，长短一致。

5.工艺流程

查片→烫衬→做缝制标记→缉、烫省→归拔→敷牵带→烫包缝条→做小襟、大襟和开襟部位→合肩缝→滚边→做、装领→合摆缝→滚袖窿→钉盘扣→钉领钩→整烫→检验。

旗袍缝制的重点是归拔和滚边，难点是装领。

6.缝制过程

（1）查片：检查裁片是否齐全、准确，粉印、眼刀是否到位。

（2）烫衬：领、斜门襟。

（3）做缝制标记：前、后衣片，腰节线，臀围线，开襟止点，开衩位，前后领圈中心，胸省位，腰省位。

（4）收省：按省位标记缉省，缉腰省时要缉成橄榄形，使之与人体的起伏变化相吻合（图5-51）。

（5）烫省：腰省向前后中心线方向烫倒，胸部烫出胖势，腰部拔宽，使省缝平服、不吊紧。侧胸省向上烫倒并烫实，省尖要烫散。有时也可根据需要将省缝居中分开烫，居中处要缝针使其固定。有的面料喷水熨烫会留有水渍，因此不能喷水（图5-52）。

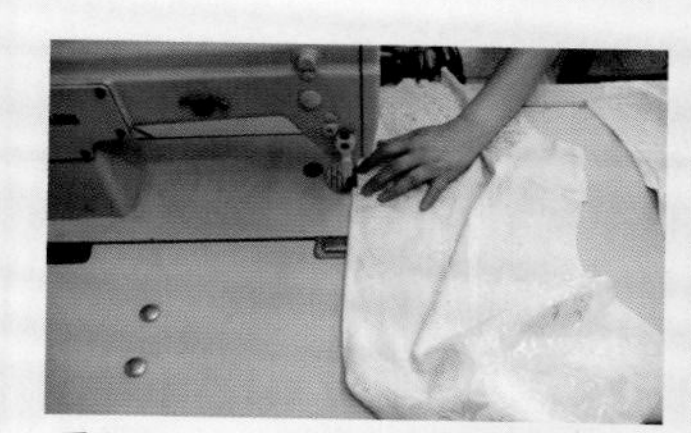

图5-51

图5-52

（6）归拔：传统的旗袍仅靠腰节摆缝造型很难达到合体，改良后的旗袍针对体型特征进行收胸省、腰省、肩省等。但由于前、后片中线均不能裁开造型，所以还不能使衣片完全贴合人体，只有通过归拔进一步造型，使衣片与体型特征完全贴合（5-53）。

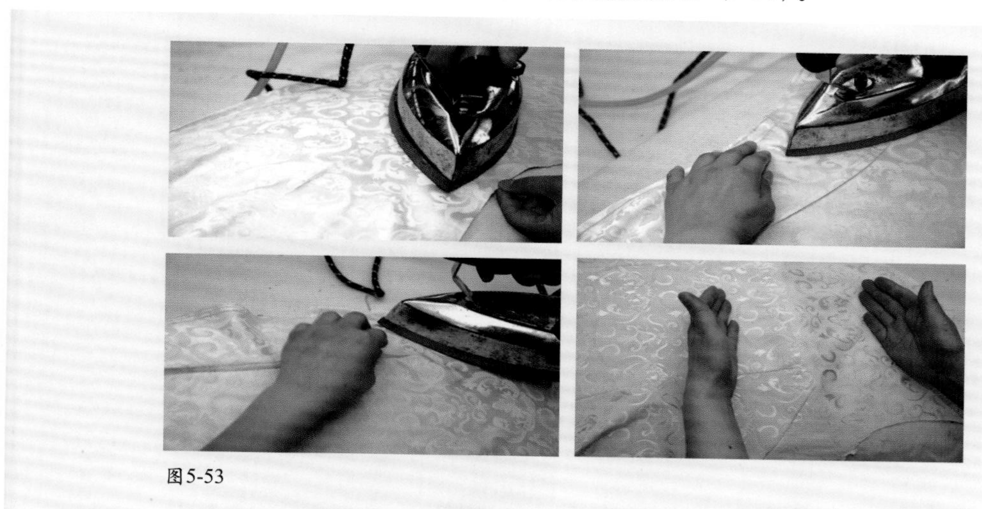

图5-53

（7）敷牵带：用宽1.2 cm左右的薄型直料粘合牵带，需敷牵带部位以净缝居中粘贴，敷牵带的松紧要符合归拔要求。

①前片牵带敷在开襟一边，开襟上口是斜丝绺容易还口，所以要敷牵带。开襟摆缝处从袖窿开始沿摆缝粘到开襟止点以下1.2 cm处（5-54）。

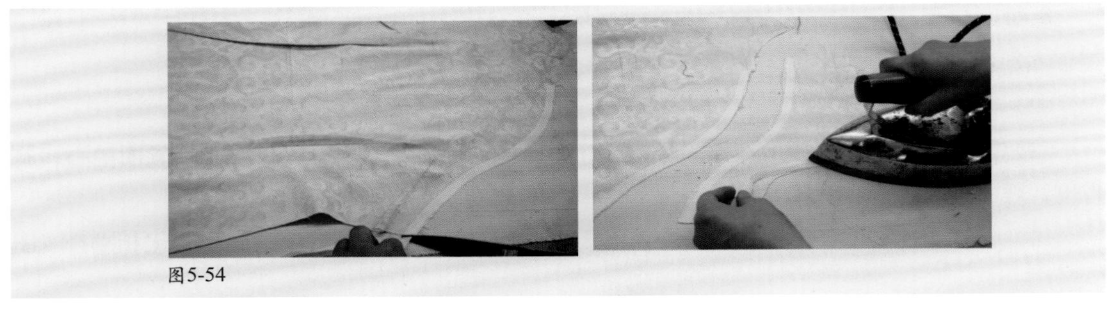
图5-54

②后片牵带敷在摆缝处，从袖窿开始沿摆缝粘贴到开衩口（图5-55）。

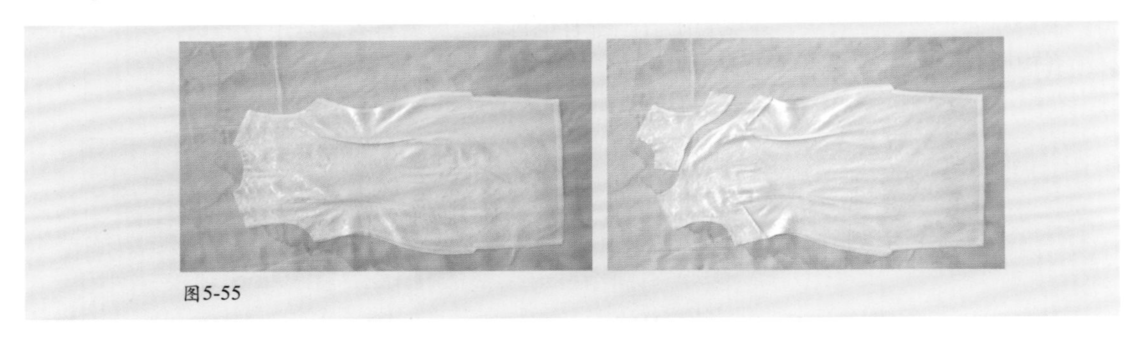
图5-55

（8）烫包缝条：包缝条的作用是将毛缝包光，在没有夹里遮盖毛缝的情况下，这样处理比拷边看上去更协调、美观。需要包缝条的部位有肩缝、摆缝，所取包缝条的长度丝绺与所包部位的长度丝绺基本一致，包缝条宽度为3.5 cm左右，先将包缝条一边毛缝扣光，扣转缝份0.8 cm（图5-56）。

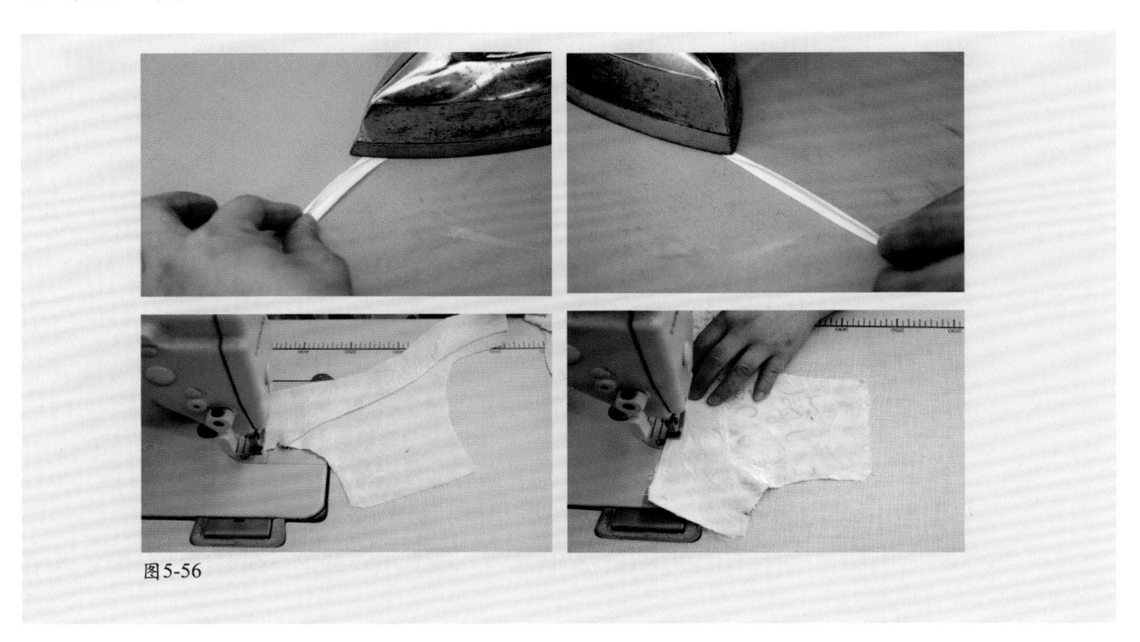
图5-56

（9）做小襟、大襟开襟部位：

①缉小襟贴边，小襟里口缉上贴边。

②烫小襟贴边，将缉好的小襟贴边缝份向小襟方向扣转，缉线坐进0.1 cm进行熨烫，然后贴边翻转，贴边止口向里烫进0.1 cm（图5-57）。

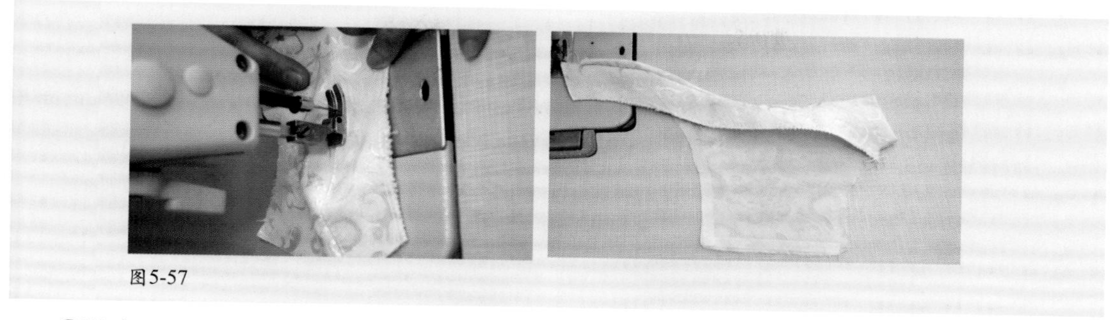
图5-57

③贴边里口缝头扣光，绖上小襟。

④做大襟:大襟衣片和贴边两层对齐，缝份0.8 cm车缉一道，缝合大襟，在有弧度的地方打好剪口，把缝份扣烫倒向大襟面，然后熨烫整理（图5-58）。

图5-58

（10）滚边：滚边有大襟开襟部位、开衩部位，底边、领圈、袖口、领头等部位。滚边应根据合理的顺序先后穿插进行。本款旗袍滚边宽度0.4 cm左右（图5-59）。

滚边方法：滚条缉上衣片后，反面要扣光，如是三层滚、四层滚衣片，毛缝也要沿缉线翻转做光，然后将扣光的滚条包转包足，用手工针缝线固定在大身缉线里侧。三层滚、四层绖牢在大身翻转的缝头上，此处以三层滚为例（图5-60）。

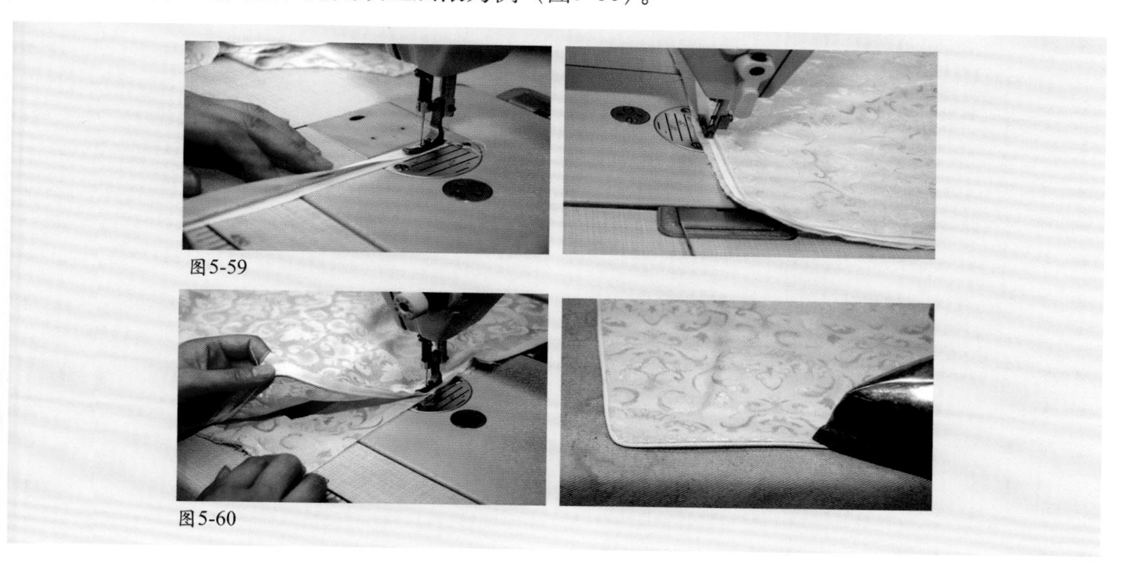
图5-59

图5-60

练习滚边。

（11）合肩缝，上袖：将后衣片放在下层，正面向上，前衣片放在中层与后衣片正面相对，肩缝对齐，包缝条放上层，反面向上。毛口一边与肩缝对齐后用接线固定后缉线，缉缝1 cm合肩缝、上袖（图5-61）。

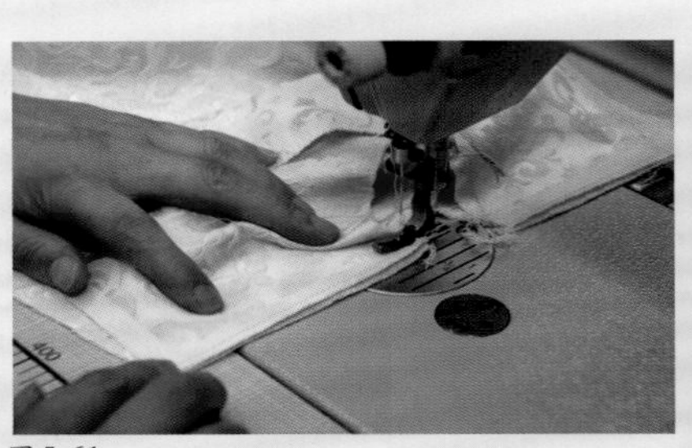
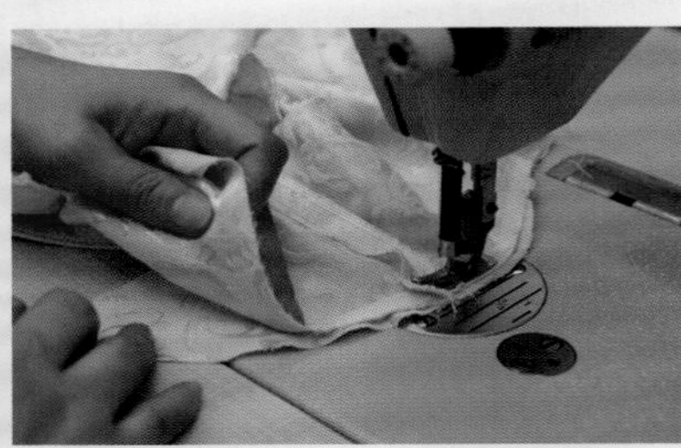

图5-61

（12）做、装领：

①烫衬要求：平服，不起泡（图5-62）。

②画领样用铅笔或画粉在领衬上画出净样（图5-63）。

图5-62

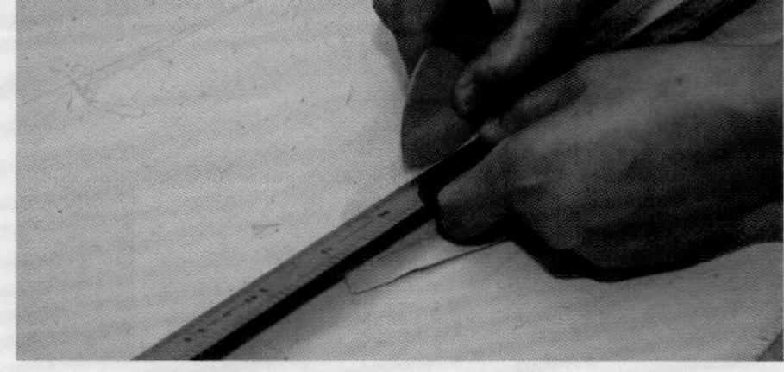

图5-63

③扣烫下领口，将烫好的领的下领口扣烫缝份0.7 cm（图5-64）。

④合领：缝合领里和领面，注意里外要均匀，领头圆角处放层势（图5-65）。

⑤装领位置（图5-66）。

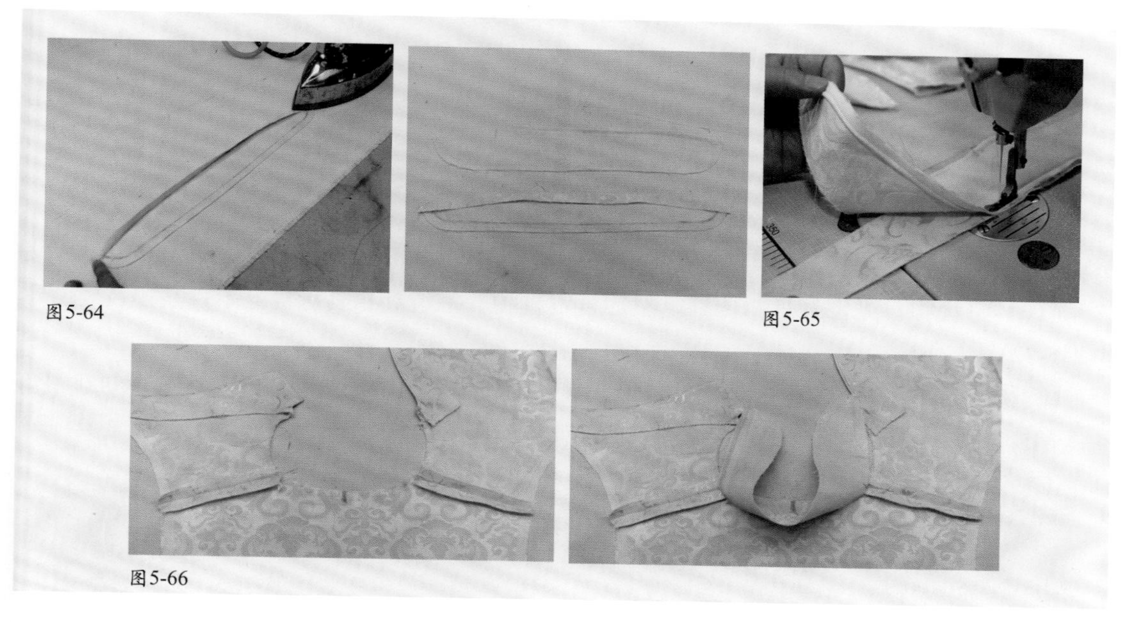
图5-64

图5-65

图5-66

⑥装领：领里与衣片的反面缝缉第一道线，领面与衣片压缉一道线（图5-67）。

⑦领成品（图5-68）。

（13）合摆缝。左侧开衩以上摆缝，后衣片在下层，正面向上，前衣片放中层，与后衣片正面相对摆缝对齐，包缝条放在上层反面向上。毛口一边与摆缝放齐，用线固定后缉线，缉缝1 cm，将缉好的摆缝包缝条向后衣片扣转烫平后，与后衣片擦牢后暗缲，同合肩缝工艺（图5-69）。

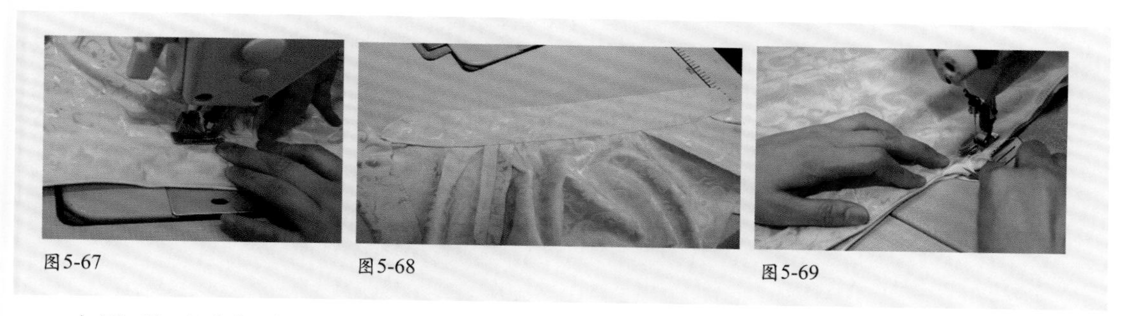
图5-67

图5-68

图5-69

右侧开衩以上摆缝。后衣片放在下层，正面向上，前衣片放中层与后衣片正面相对，摆缝放齐，开襟部位小襟与前衣片交叉5 cm左右后，替代前衣片与后衣片正面相对，包缝条放上层，反面向上，毛口一边与摆缝放齐，用线固定后缉线，缉缝1 cm。

由于右侧摆缝有开襟部位，所以不管摆缝开襟部位采用滚边还是装贴边，在开襟开衩止点都要处理平服。开衩处理高的摆缝，采用滚边的可以连续滚边至底边。

（14）装拉链（图5-70）。

（15）滚袖窿:方法同前，注意滚条接口处要包平服（图5-71）。

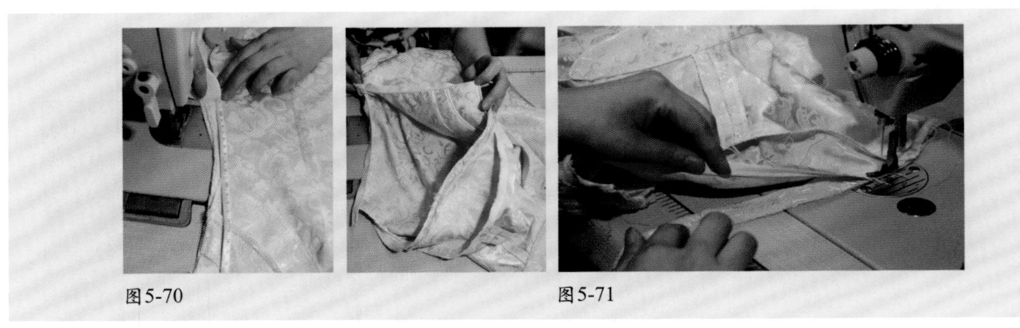

图5-70　　图5-71

（16）钉盘扣：先定好盘扣位置，然后再钉盘扣，每组盘扣要对称且不露线迹，要钉牢（图5-72）。

（17）钉领钩（手工）：有钩的一边钉在大襟的圆领角上，半弯的一边钉在小襟的圆领角上（图5-73）。

图5-72　　图5-73

（18）整烫：旗袍的整烫应根据不同的面料选用不同的熨烫方法，如丝绸面料不适宜喷水熨烫，而适宜在反面熨烫。主要熨烫部位是省缝、开衩和衣领部位。

（19）检验：检验方法可对照本节质量要求进行。

练一练

1.按160/84A的号型做一条变化款式的旗袍裙。

2.试对旗袍款式进行变化后编写工艺流程，并为变化款式设计工艺方案。

知识链接

旗袍的款式变化

旗袍是中国民族服装的经典之作，它以其典雅、高贵的神韵历久不衰，为女性所瞩目。旗袍独特的工艺除了滚边外，还有镶、嵌、茹、缕、雕、绣等各种装饰性工艺。旗袍的中式立领、大襟、花式盘扣、装饰工艺等元素也常常运用在现代服饰中，成为具有现代民族特色的中式服装，备受人们的青睐。

1.旗袍款式变化之一

外形概述：立领、装袖、前中钉一副琵琶纽。前身胸部分割，后身收腰省，后中装拉链，开摆衩，领头、袖口、摆衩底边均滚边（图5-74）。开襟部位（图5-75）。

图5-74

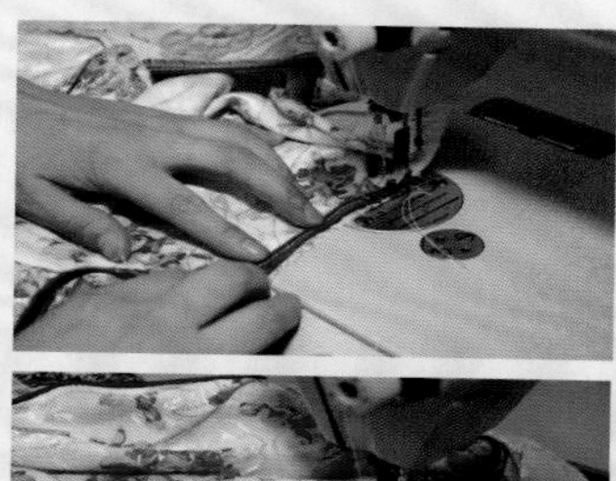
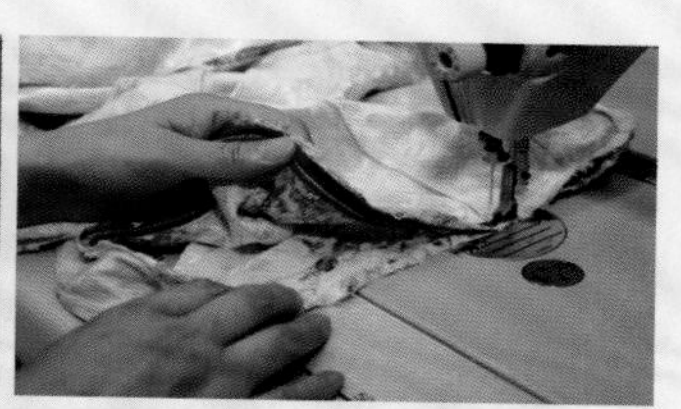
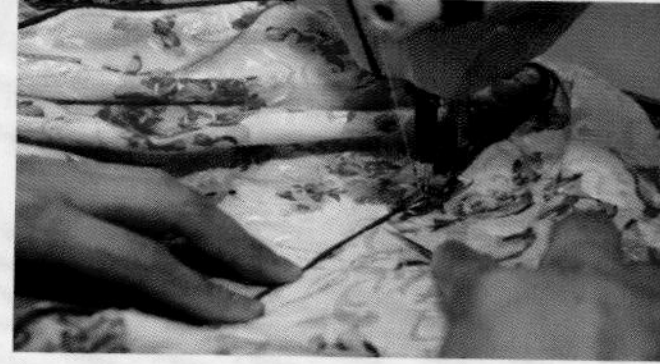

图5-75

2.旗袍款式变化之二

外形概述：立领、装袖、偏襟，侧缝处钉4副琵琶纽。前身收侧胸省及腰省，后身收腰省，后中装拉链，开摆衩，装夹里，领头、袖口、摆衩底边均滚边（图5-76）。

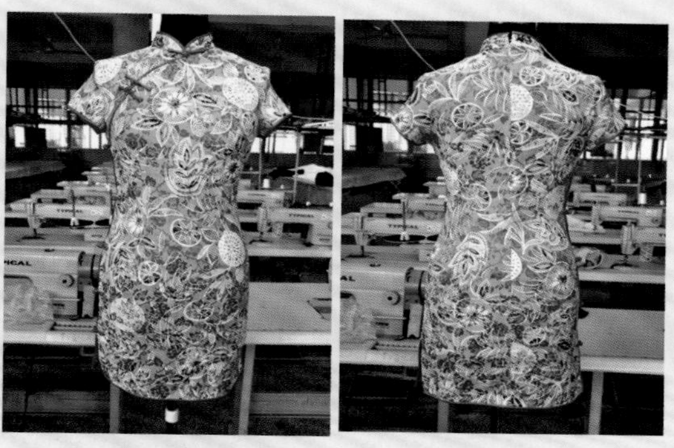

图5-76　旗袍的正面款式图和背面款式图

3.旗袍款式变化之三——中式短袖衫

外形概述：立领、装袖、偏襟，钉四副花式盘纽，前身收侧胸省及腰省，后身收腰省，后中装拉链，开摆衩。领头、偏襟、底边、袖口、均滚边（图5-77）。

图5-77 旗袍的正面款式图和背面款式图

学习评价

学习要点	我的评分	小组评分	教师评分
学会旗袍的制作工艺（25分）			
掌握旗袍的制作流程（20分）			
掌握旗袍的制作质量要求（25分）			
重点掌握归拔、滚边和装领的工艺（30分）			
总　分			

五、褶裥裙缝制工艺

1.款式特点

褶裥是裙装运用最多的一种装饰方法。褶的形式多种多样，有向一个方向折叠的顺裥；有从两边向中间折叠的暗裥，或由中间向两边折叠的明裥；也有规则的大小间隔裥；还有抽拢的细裥。这些裥可以运用在整个裙身，也可以运用在局部。褶裥不仅能起到美化装饰裙装的作用，同时还为穿着者活动带来了方便（图5-78）。

图5-78 褶裥裙款式图

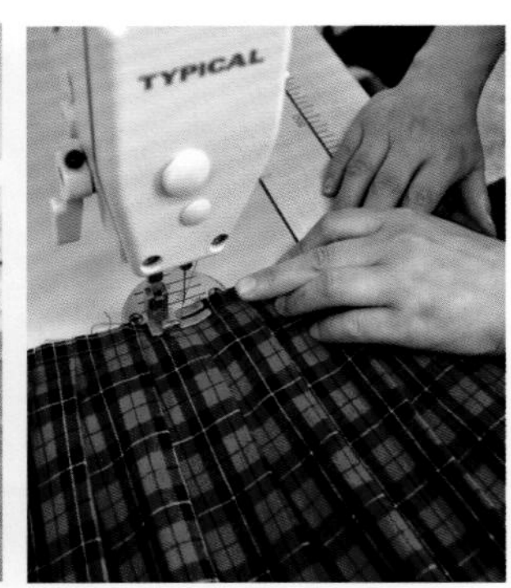

图5-79 向一个方向折叠的顺裥

2.缝制过程

这里介绍褶裥裙的缝制方法。掌握了褶裥的规律，其他形式的折翻，则可触类旁通，迎刃而解（图5-79）。

根据要求在裙片上画出褶裥的部位，如果是两块裙片拼接，应将两边的拼接部位均放在裥底拼接处，正好是一个裥的大小，再放一个缝。

下摆贴边折转，用线固定，用熨斗烫平，再用手工针绷三角针。在下摆两端略空开一段，以便缝合摆缝。

按褶裥的画线将一道道褶裥用手工固定后，烫平定型。注意臀围到腰围之间的褶裥要按线丁或画线烫成斜形，使臀围、腰围符合要求。

将裙片翻到正面，用手工将褶裥与褶裥攥牢，使裥面固定。臀围上部放在烫包上，盖水布烫出胖势。

右侧摆缝缝到装拉链处，装上拉链，由于有裥，所以拉链要装得比较靠里些。

为使裥在洗涤后容易定型，可在每一个裥的反面裥底缉0.1 cm止口固定。

3.褶裥裙局部变化

（1）褶裥裙款式（图5-80）。

图5-80 褶裥裙款式图

（2）缉褶裥：把前裙片按三个暗裥位置正面向里折转，并用手工接一道线，然后从腰口开始缉至暗裥封口处，起止位置固定（图5-81）。

（3）烫褶裥：将缉好暗裥的前裙片分开缝两边，固定后烫平，用熨斗烫褶裥，要求顺直、整齐、美观，富有立体感（图5-82）。

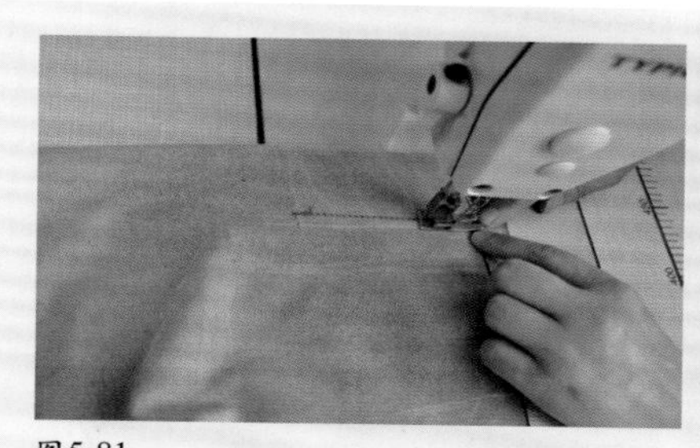

图5-81

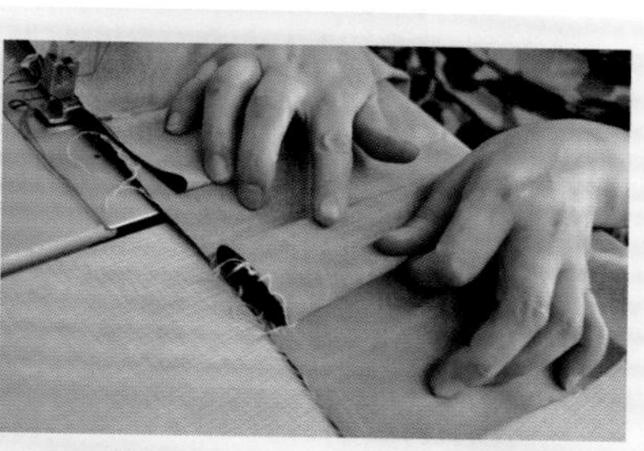

图5-82

（4）育克烫衬：拼接前后育克先进行育克烫衬（图5-83）。将育克下端与褶裥拼合1 cm，正面压0.6 cm，前后方法相同（图5-84）。

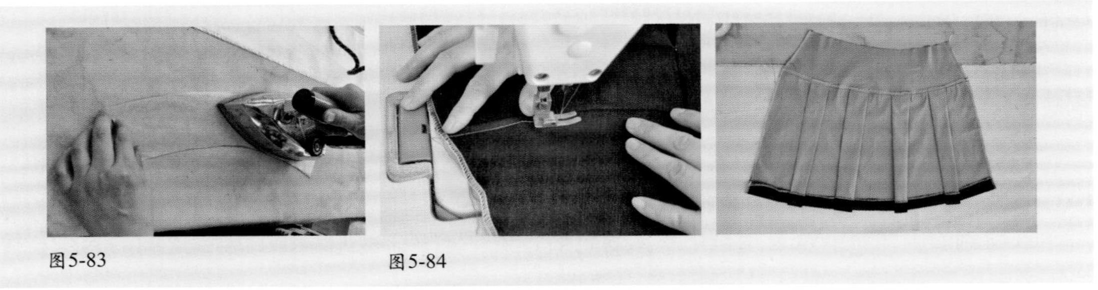
图5-83 图5-84

（5）绱腰里贴边：腰里贴边与腰身上口对齐，侧缝处预留2 cm，缉线1 cm,要求侧缝对齐，松紧一致（图5-85）。

图5-85

（6）绱拉链。更换隐形拉链压脚，将拉链的牙边对准左中缝线，由上至下开始缉缝拉链，缝合好拉链拉上后，应看不出拉链，表面平服，无高低、皱褶（图5-86）。

（7）封腰口：将腰口缝份向上，沿拉链边缉线，沿缉线翻出腰头（图5-87）。

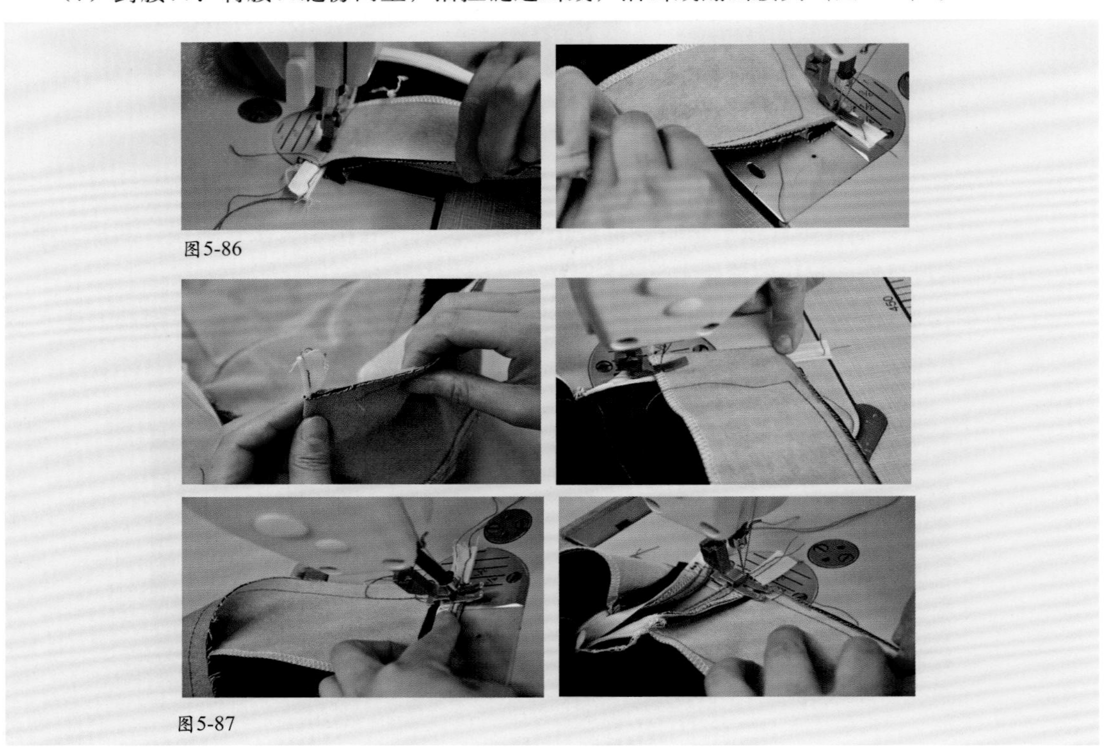
图5-86
图5-87

4.牛仔裙装门里襟和拉链

先将门襟贴边正面与左前裙片门襟正面相叠，缉线0.6 cm，缝头向门襟贴边方向坐倒，缉压0.1 cm的明线，将门襟贴边翻进，门襟止口贴边坐进0.1 cm，喷水烫煞（图5-88）。

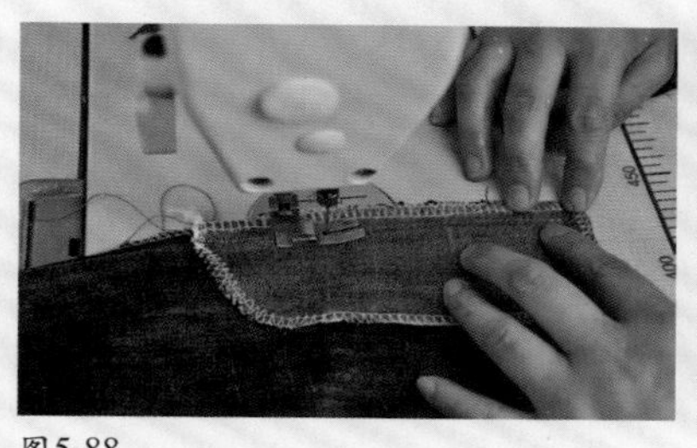

图5-88

再将拉链的一边缉0.1 cm固定在门襟条上，在正面门襟处缉0.1 cm+0.6 cm的双明线，双明线超过拉链铁结下1 cm处止（图5-89）。

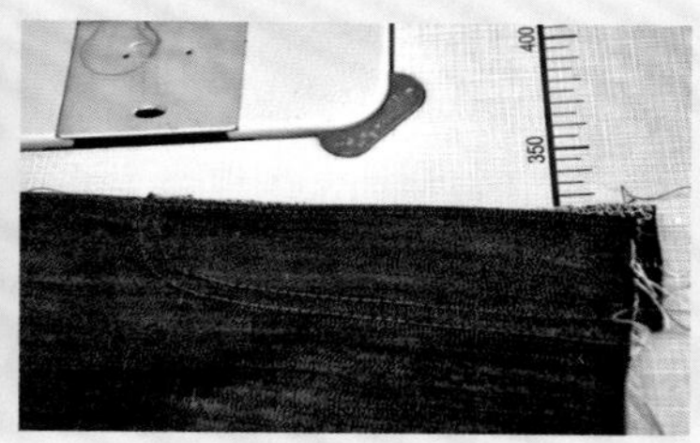

图5-89

最后将左裙片折进1cm的缝份，与里襟正面相对，拉链夹在中间，缉压0.1cm的明线，缉线至铁结下的缝份处止针，剪一刀口向左翻转缝份（图5-90）。

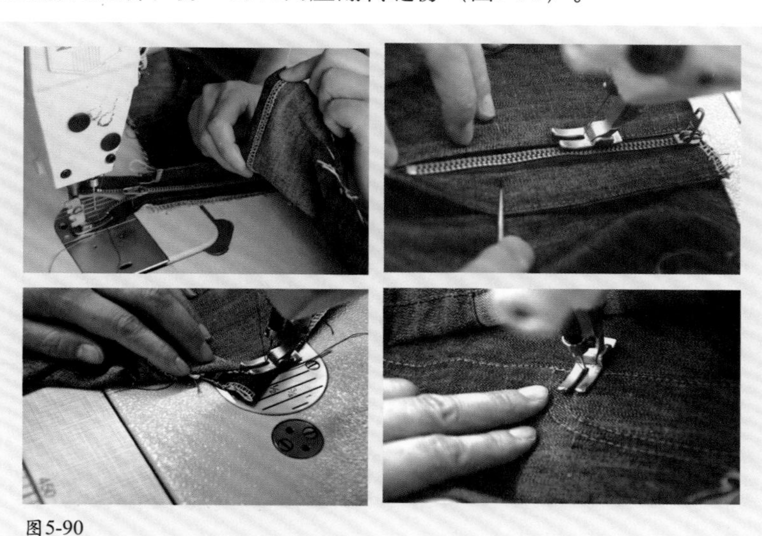

图5-90

5.节裙收吃势方法

节裙收吃势方法有手缝和机缝两种（图5-91）。

手缝收吃势方法：缝针后将缝线抽缩吃势均匀，根据需要布局，适用于呢类高档服装装袖（图5-92）。

机缝收吃势方法：先调稀针距、在装袖缝头外侧0.2 cm和0.5 cm处各缉一道线，然后用手工抽线形成吃势。一般用于薄料服装装袖， 也适用于袖口或裙腰抽缩（图5-93）。

再调稀针距，用右手食指轻轻地抵住压脚后端的裙片（有些料可不用线），使布料向前移动不畅，就会起皱，收拢，使之形成吃势，再根据需要用手调节一下各部位吃势的分布。适用于化纤、棉布类服装。

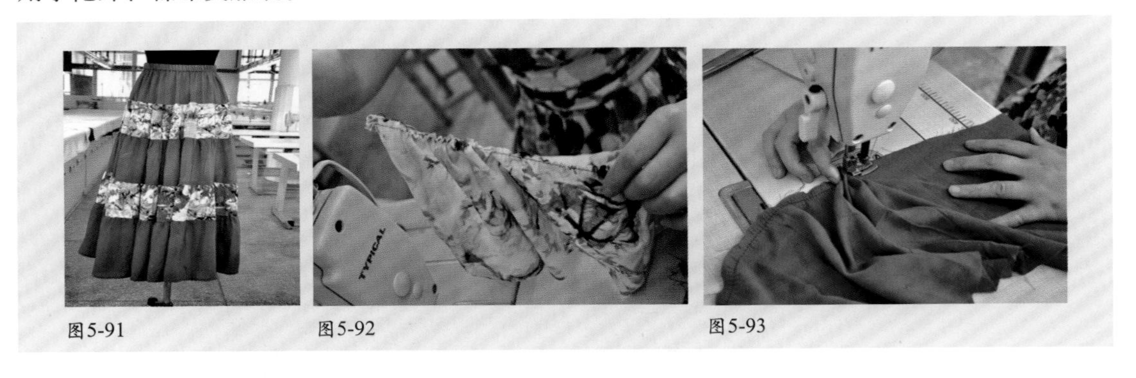

图5-91 图5-92 图5-93

6.收橡筋腰头

全腰头收橡筋的方法可以运用在裙子、裤子上，是一种最方便的解决腰臀之差的方法，操作也简易。此处以贴边宽4 cm（含扣转缝头），穿一根2.5 cm宽的粗橡筋腰头为例。

先将橡筋拼缝再把缝头分开，把橡筋放到裙腰口处，把贴边缝头扣转0.7 cm，贴边折转缉0.1 cm（图5-94）。

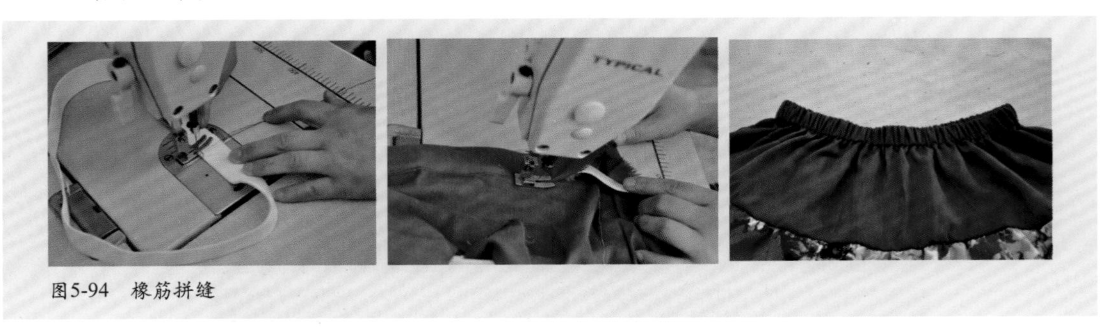

图5-94 橡筋拼缝

练一练

1.按160/84A的号型做一条变化款式的裙。

2.试对裙款进行变化后编写工艺流程，并为变化款式设计工艺方案。

知识链接

以下两款折裥裙都能用前面的方法完成制作（图5-95和图5-96）。

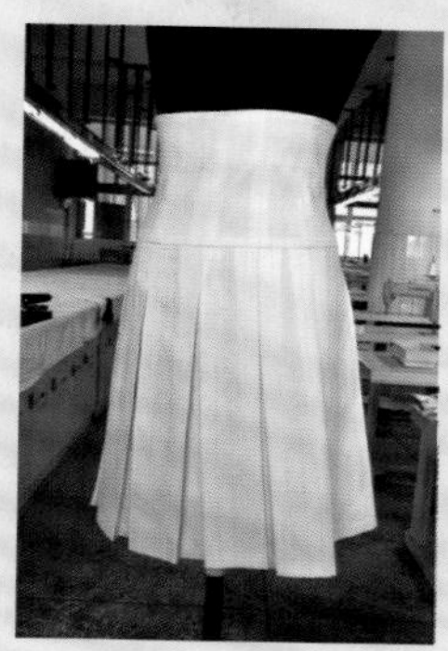

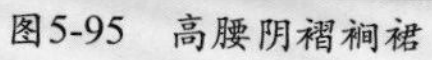

图5-95　高腰阴褶裥裙

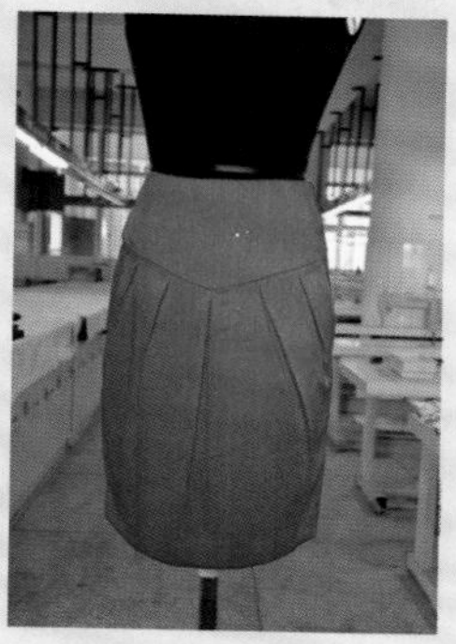

图5-96　连腰褶裥裙

学习评价

学习要点	我的评分	小组评分	教师评分
学会褶裥裙的制作工艺（25分）			
掌握褶裥裙的制作流程（20分）			
掌握褶裥裙的制作质量要求（25分）			
重点掌握折裥部位定位和折裥规律（30分）			
总　分			

学习任务六
裤装缝制工艺

[学习目标] 了解裤装的外形特点；熟悉裤装部件、零部件和成品规格；学会裤装裤片的归拔熨烫方法；掌握裤装的缝制工艺流程的基本技能及成品质量要求。

[学习重点] ①西裤前、后裤片归拔熨烫；
②侧缝直袋缝制；
③装拉链和腰头。

[学习课时] 30课时。

一、女西裤缝制工艺

1.款式特点

装腰，腰头装5根串带袢，前裆缝开门并装拉链，左右前裤片腰口反折裥各2个，袋型为侧缝直袋，左右后裤片腰口收省各2个，平脚口（图6-1）。

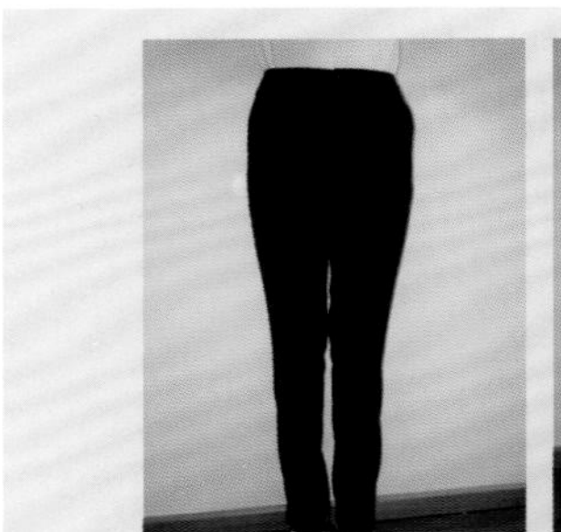

图6-1 女西裤款式图

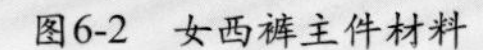

图6-2 女西裤主件材料

2.成品规格

单位：cm

号型＼部位＼规格	裤长	腰围	臀围	裆深	脚口	腰宽
160/66A	100	68	96	29	20	3

3.材料准备及用料说明

（1）主件：前裤片2片，后裤片2片，腰面、腰里1片，门襟1片，里襟1片，袋垫布2片，串带袢5根（图6-2）。

（2）辅料：腰衬1片，直袋布2片，拉链1根，纽扣1粒。

4.女西裤的质量要求

（1）符合成品规格。

（2）外形美观，内外无线头。

（3）腰头顺直，宽窄一致，明缉线宽窄一致，面、里平服，不涟、不皱、不反吐。

（4）串带袢长短、宽窄一致，位置准确、对称。

（5）直袋袋布和袋口平服，袋口高低、大小一致。

（6）门里襟长短一致，缉线顺直，封口处无起吊。

（7）前后裆缝、下裆缝无双轨线，十字缝对齐。

（8）锁扣眼、钉扣符合要求。

（9）整烫平挺，无焦、无黄、无极光、无污渍。

5.工艺流程

检查裁片→拷边→归拔裤片→做零部件（做直袋布、串带袢、腰头等）→缉后省→缝合侧缝→装侧缝直袋→缝合下裆缝→缝合前后裆缝→装门里襟和拉链→装腰头、装串带袢→手工（卷脚口贴边、锁扣眼、钉扣）→整烫→检验。

女装裤缝制的重点是侧缝直袋，难点是装拉链和腰头。

6.缝制过程

（1）检查裁片：

①检查裁片是否齐全，规格、色差、丝绺方向是否符合要求。

②缝制标记（打线丁）位置。前片：侧袋位、裥位、中裆位、脚口贴边；后片：省位、后裆缝、中裆位、脚口贴边。

打线丁方法：

①两片裤片正面相对：双股白色棉线沿净缝相距5 cm连扎2针（图6-3）。

②分开裤片正面0.3 cm（图6-4）。

③剪断扎线（图6-5）。

④修短上面一层线头，留0.1 cm（图6-6）。

（2）拷边（锁边、包缝）：

①前后裤片除腰口外均要拷边：侧缝、下裆缝、前后裆缝、脚口。

②袋垫、里襟：里口与下口。

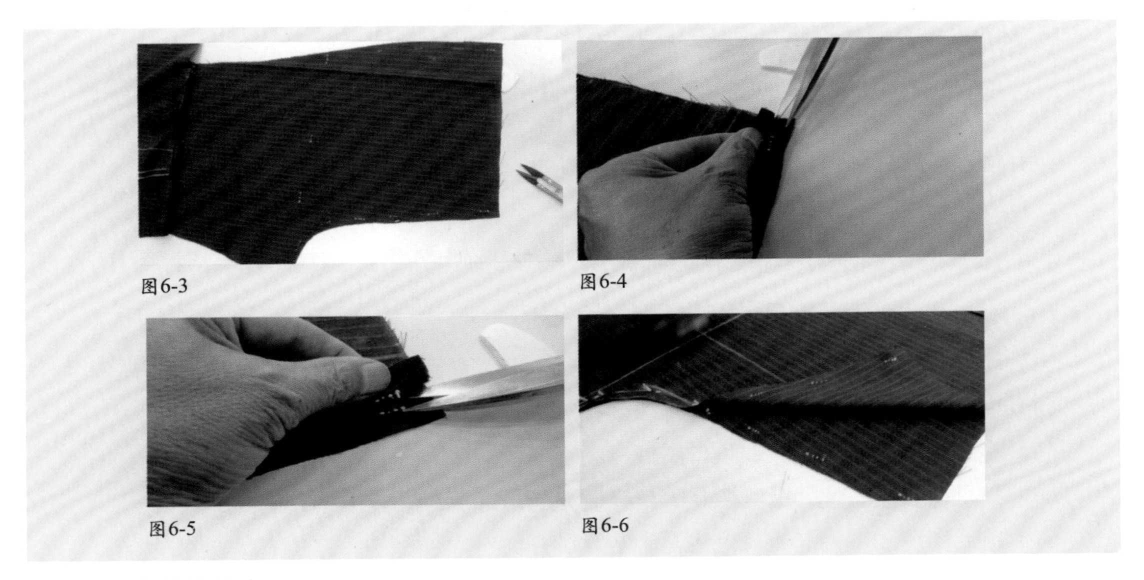
图6-3 图6-4 图6-5 图6-6

（3）归拔裤片：

①归拔前裤片。前裤片侧缝与裆缝对齐（图6-7）。

②侧缝、裆缝臀围线胖势归拢，侧缝、裆缝中裆处，凹势略微拔开，侧缝、裆缝烫成直线，烫迹线脚口至中档烫直，臀部略胖（图6-8）。

③归拔后裤片。后片收省，按省位尺寸，从腰口向省尖缉线，缉出省尖，踏空3针，省尖处留线头4 cm，打结后剪短（图6-9）。

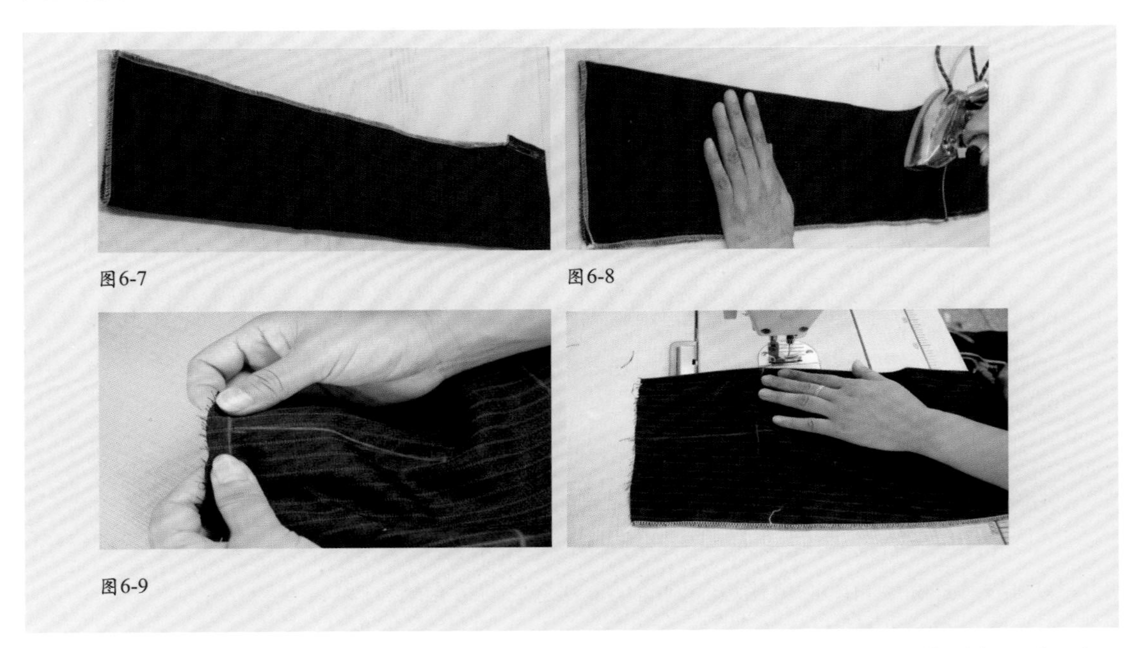
图6-7 图6-8 图6-9

归拔侧缝、裆缝臀围线胖势归拢，侧缝、裆缝中裆处，凹势拔开，使臀部凸起（图6-10）。

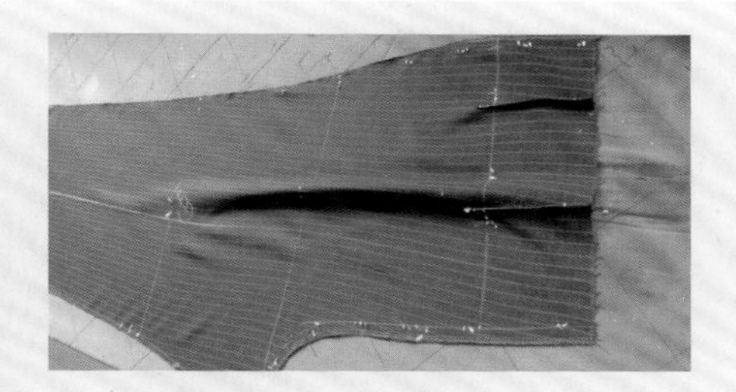
图6-10

后裤片侧缝与裆缝对齐，烫迹线脚口至中裆烫直，烫迹线中裆归拢（图6-11）。

图6-11

后裤片侧缝与裆缝对齐，侧缝、裆缝、臀围线凸势归拢，侧缝、裆缝中裆处凹势拔开，把丝绺推向臀部（图6-12）。

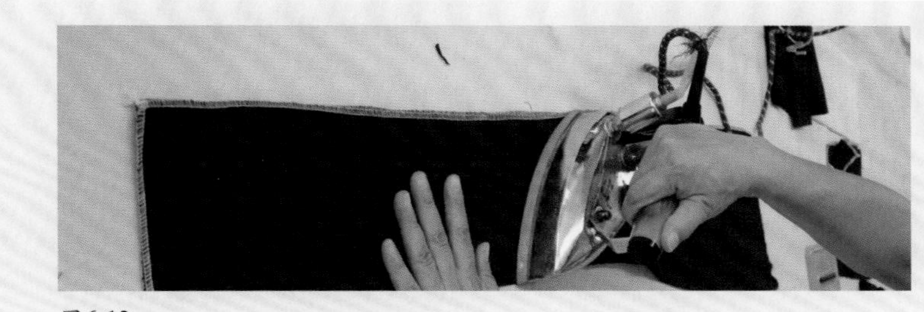
图6-12

翻转后裤片侧缝与裆缝对齐，烫迹线脚口至中裆烫直，烫迹线中裆归拢，把丝绺推向臀部，烫迹线臀围线处成曲线（图6-13）。

图6-13

（4）做零部件：包括直插袋、串带袢、腰头等。

①做直插袋：袋布和袋垫布（图6-14）。

②缉袋垫布。袋垫布正面向上，虚边与袋布下口对齐，在袋垫布锁边方缉在袋布上（图6-15）。

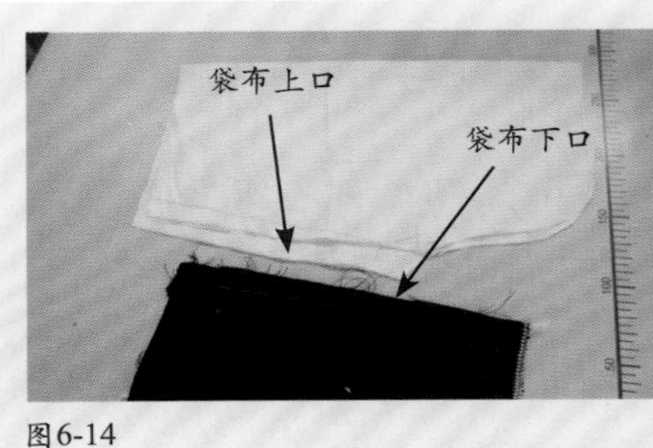

图6-14

图6-15

③缉好袋垫布的袋布反面（图6-16）。

④袋布正面相对（图6-17）。

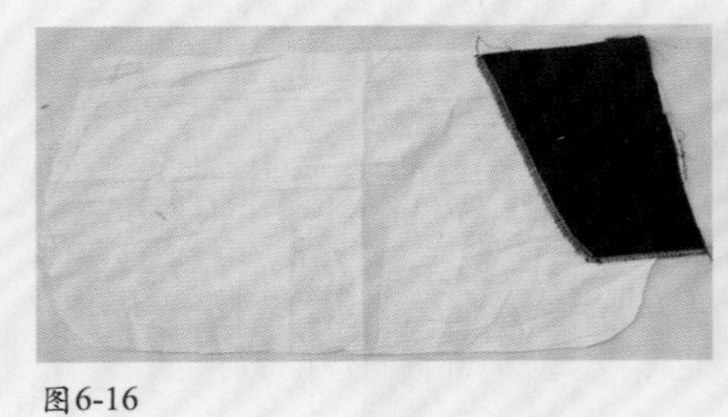
图6-16

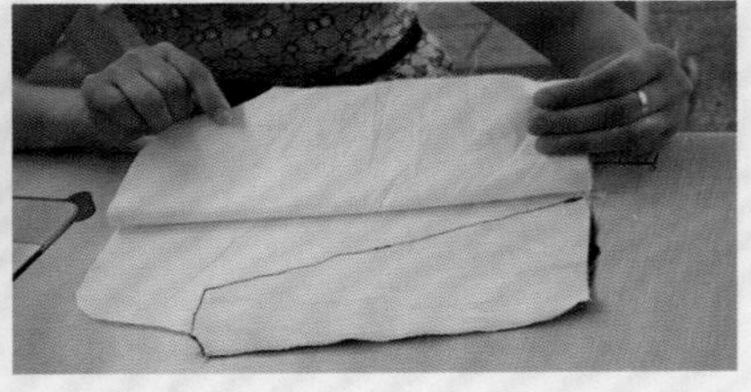
图6-17

⑤从袋口沿袋布和袋底边0.8 cm缉线（图6-18）。

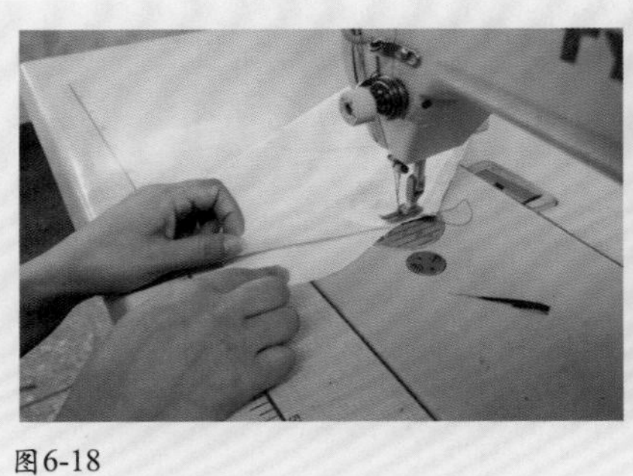
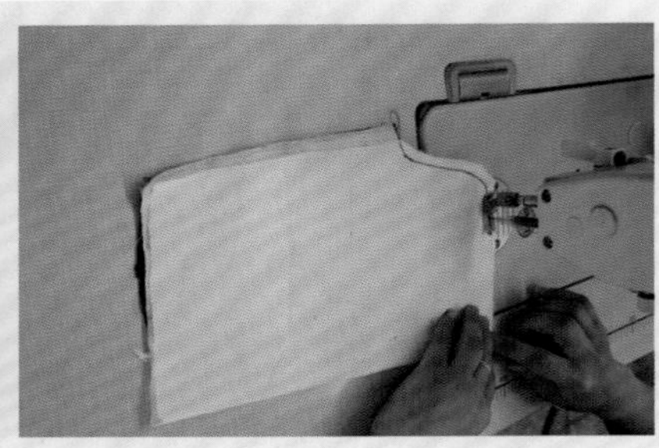
图6-18

⑥翻转袋布和袋底边（图6-19）。

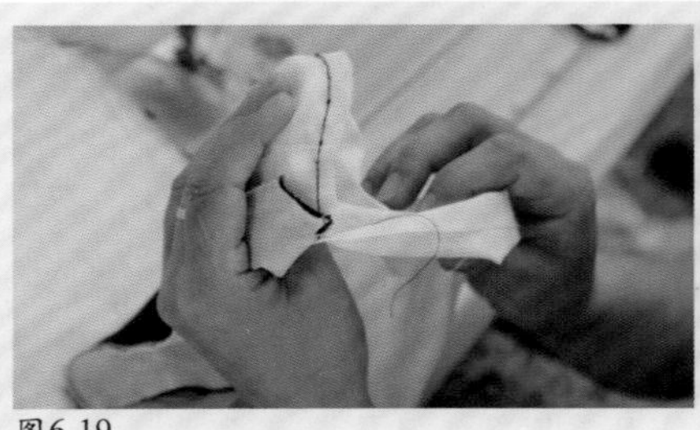

图6-19

⑦袋布正面，再沿袋布底边缉0.8 cm明线（图6-20）。

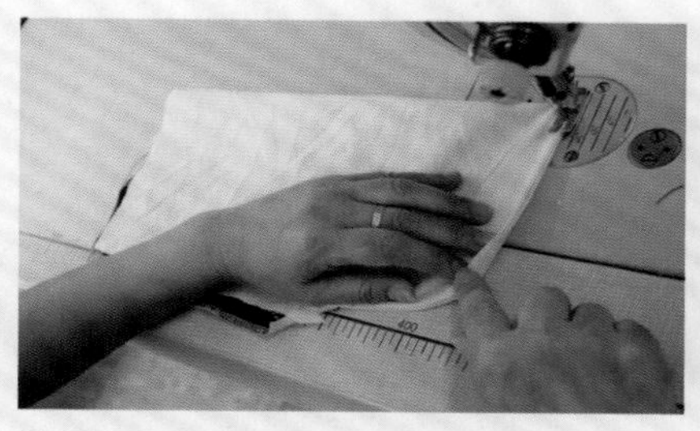

图6-20

⑧做串带袢。串带袢布反面相对对折，虚边折向里边，0.1 cm处缉线（图6-21）。

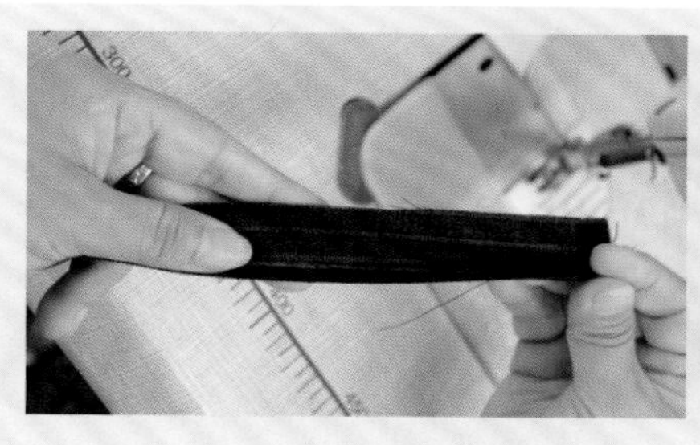
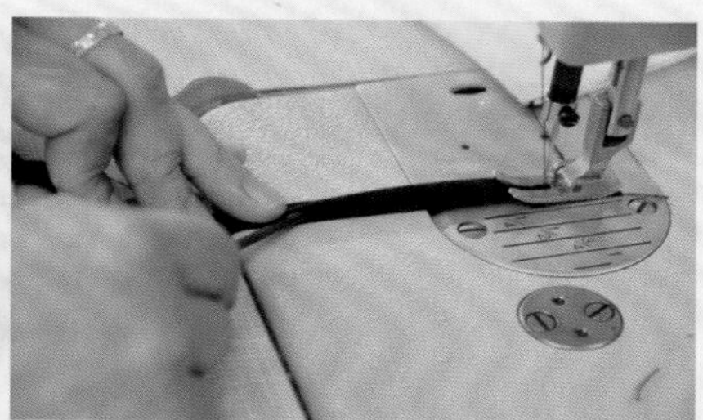

图6-21

⑨做腰头。腰布、门襟、里襟反面贴粘合衬（图6-22）。

图6-22

⑩扣折腰布里、面虚边，里布比面布略宽0.3 cm（图6-23）。

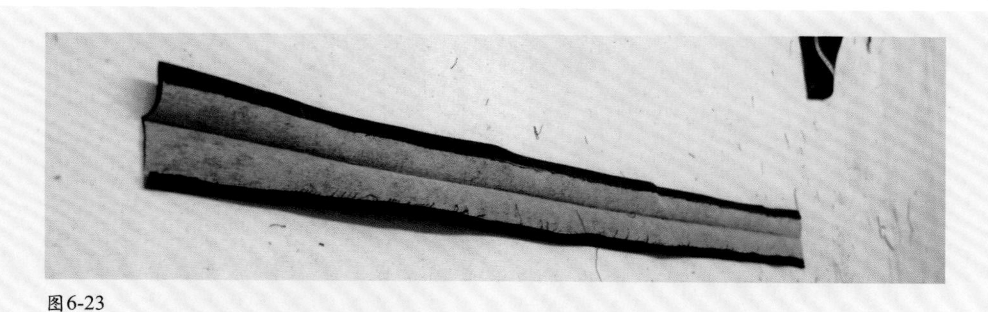

图6-23

⑪缉腰布两头，面布虚边折转，里布不折转（图6-24）。

图6-24

⑫翻转腰布两头，待用（图6-25）。

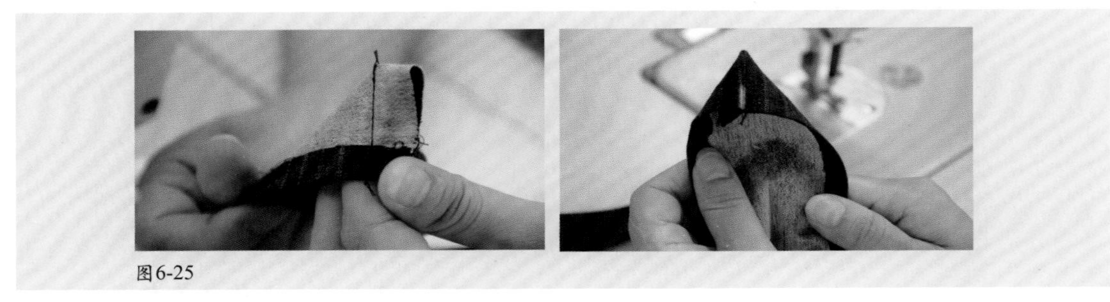

图6-25

（5）缝合侧缝：

①后裤片在下，前裤片在上，正面相对。右裤片从腰口开始向脚口缉线（袋口部位针距可适当调大），缉毛缝1 cm，左裤片从脚口开始向腰口缉线。缉线平缝，上下层松紧一致，起落打来回针（图6-26）。

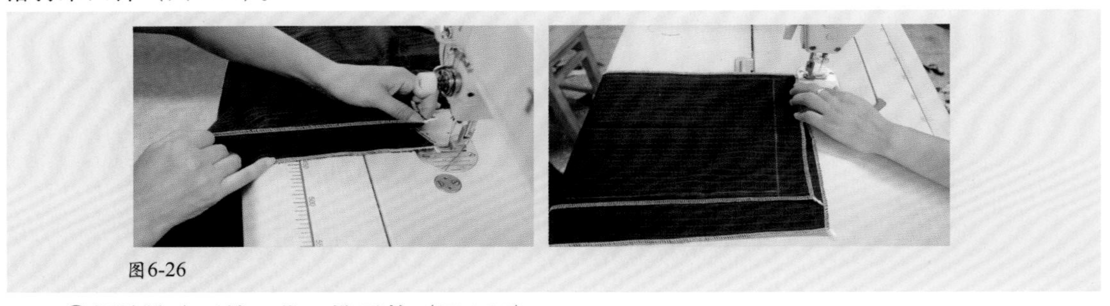

图6-26

②侧缝烫分开缝，袋口烫平整（图6-27）。

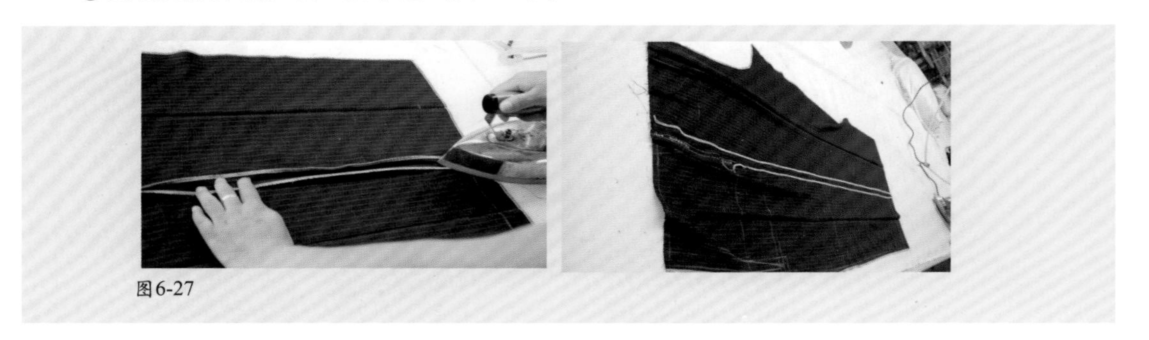

图6-27

（6）装侧缝袋：

①缉袋布上口，前裤片正面向上，上袋布正面与前裤片侧缝袋口净线放齐，沿前裤片袋口拷边线搭缉一道（图6-28）。

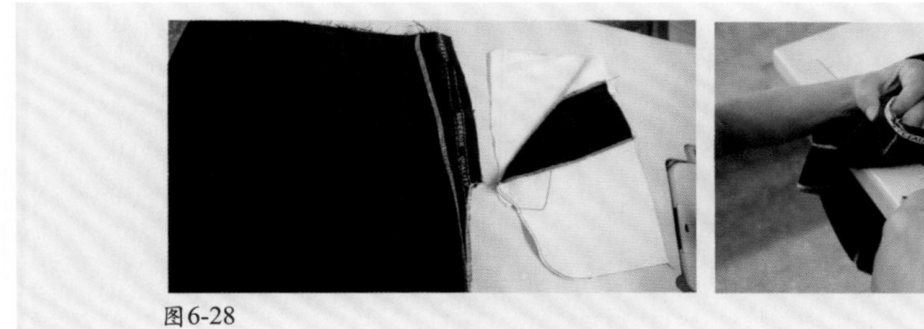
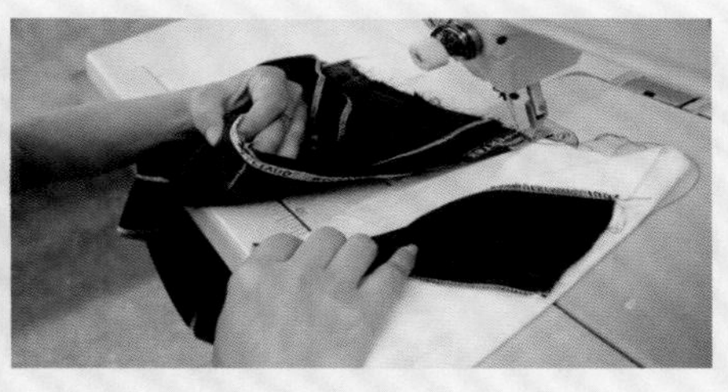
图6-28

②翻转，前裤片正面向上，在前裤片袋口距止口0.7～0.8 cm缉线明线。同时缉住袋布（图6-29）。

③翻转，裤片反面向上，袋布下口搭在后裤片侧缝袋口上（图6-30）。

图6-29

图6-30

④袋布下口与后裤片侧缝袋口对齐，侧缝净线向外0.1 cm处缉线（图6-31）。

⑤翻到裤片正面，侧缝袋口上下横向略斜回针加固，加固线1.1～1.3 cm。左、右侧袋口大小、明线宽度、加固线斜度、长度要一致（图6-32）。

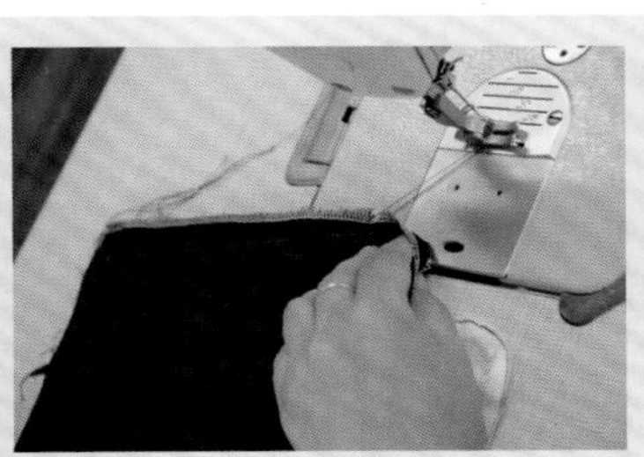
图6-31

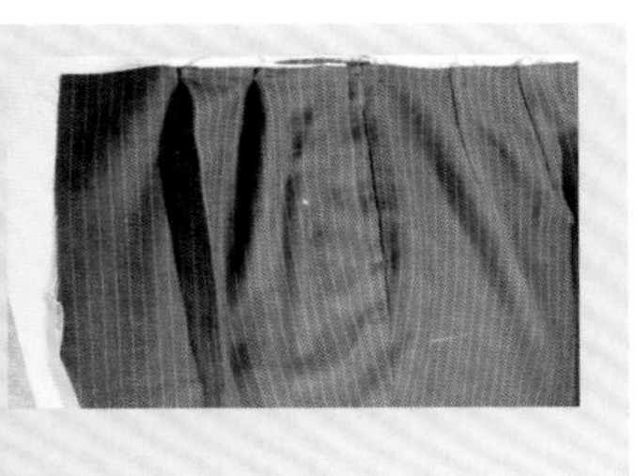
图6-32

想一想

怎样装女西裤的侧缝直袋？

（7）缝合下裆缝。后裤片在下，前裤片在上，正面相对。右裤片从脚口开始向裆缝缉线。左裤片从裆缝开始向脚口缉线，缉毛缝1 cm，缉线平缝，上下层松紧一致，起落打来回针，缉线后分缝烫平（图6-33）。

图6-33

（8）缝合上裆缝：

①前、后裤片分别正面相对，前裤片从腰口向下预留装拉链位置（图6-34）。

②从腰口向下预留装拉链位置，向后片缉线缝合上裆缝，左右裤片裆缝对准（图6-35）。

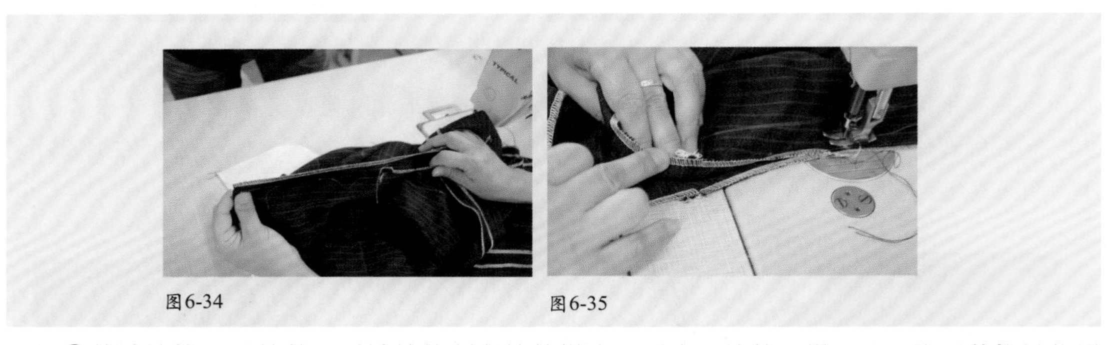

图6-34　　图6-35

③前裆缝按1 cm缝份，后裆缝按预留缝份缉线。再分开缝份，缉0.1 cm线至装拉链位置（图6-36）。

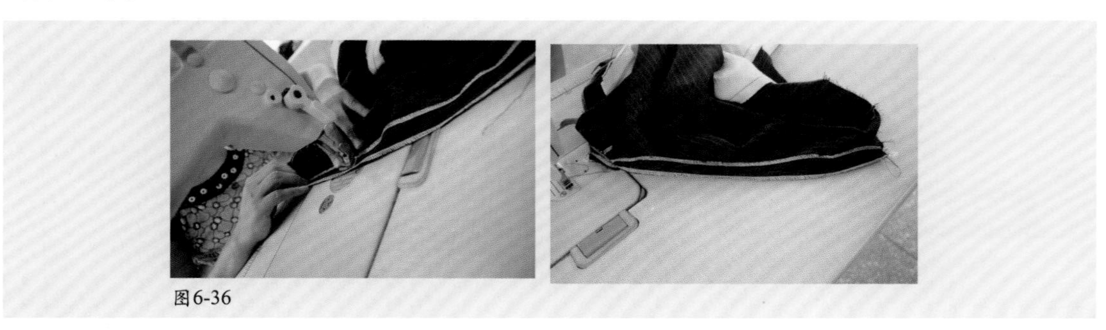

图6-36

（9）装门里襟和拉链：

①拉链和里襟（图6-37）。

②缝合拉链和里襟（图6-38）。

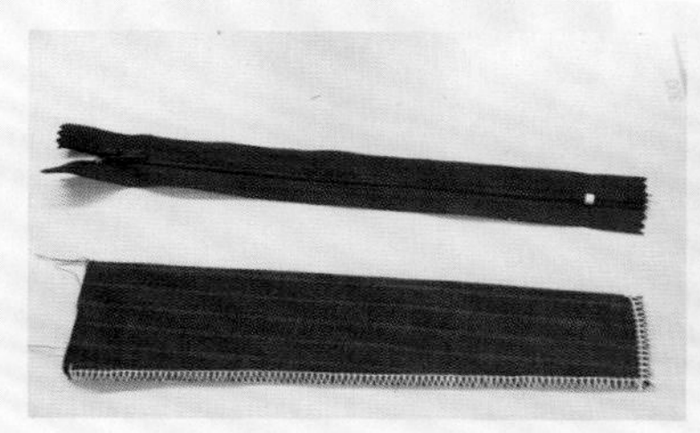

图6-37

图6-38

③缝合门襟，左前片预留装拉链位置与门襟正面相对缝合，缝份0.8 cm（图6-39）。

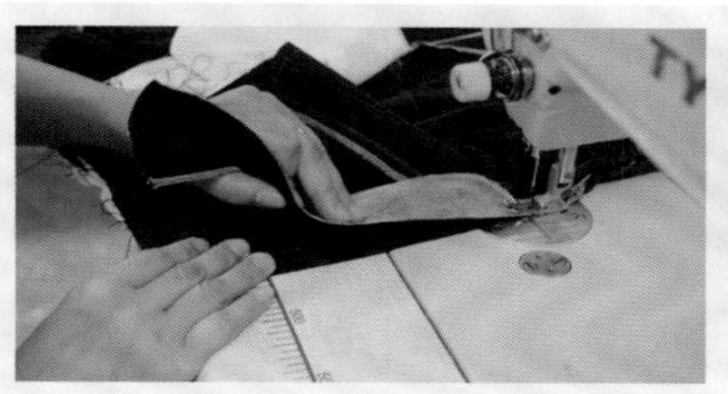

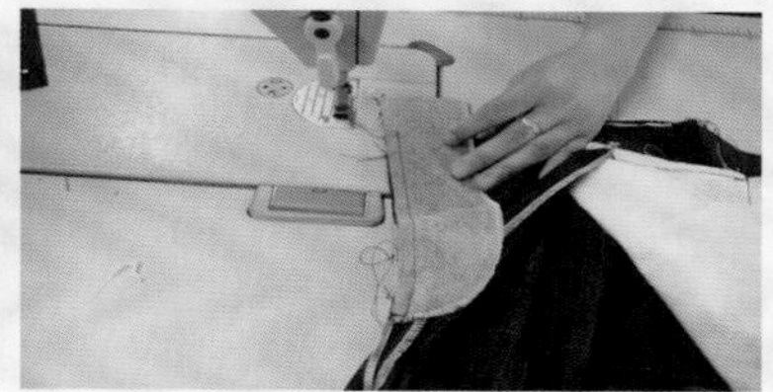

图6-39

④翻转，门襟距止口0.1 cm处缉线（图6-40）。

图6-40

⑤里襟在下，右前片预留装拉链位置，折转0.8 cm盖住里襟和拉链1 cm，缉0.1 cm线（图6-41）。

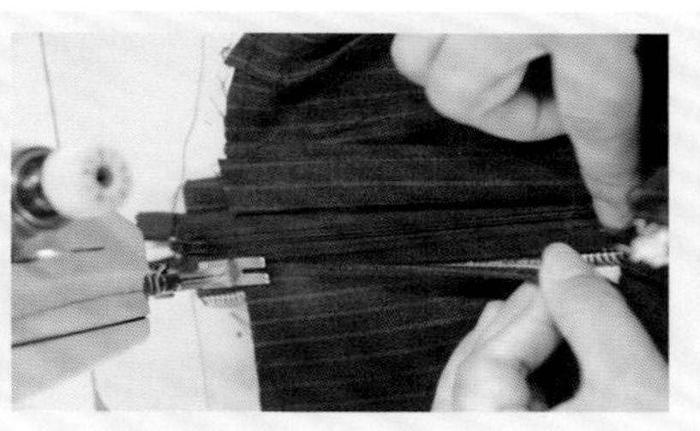

图6-41

⑥门襟里襟对位，门襟盖过里襟0.4 cm，翻转，把拉链另一边缉在门襟上（图6-42）。

图6-42

⑦把缉好拉链的门襟缝合在左裤片上（图6-43）。

⑧门襟盖过里襟0.4 cm，在小裆处把里襟固定在门襟上（图6-44）。

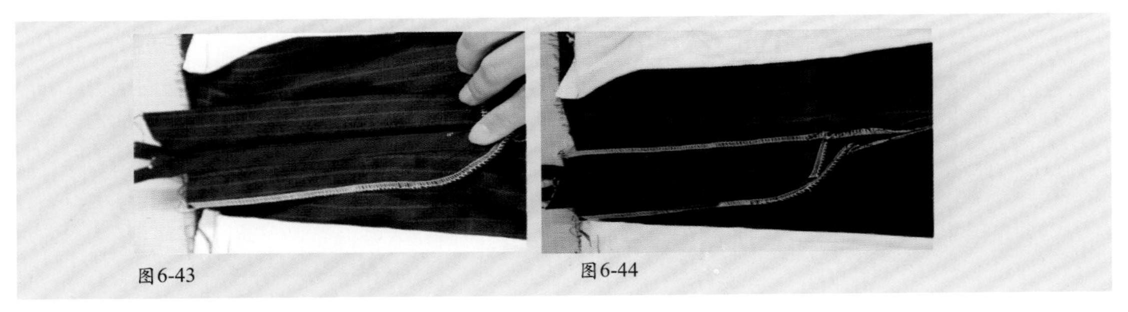

图6-43　　图6-44

⑨装好拉链的门襟（图6-45）。

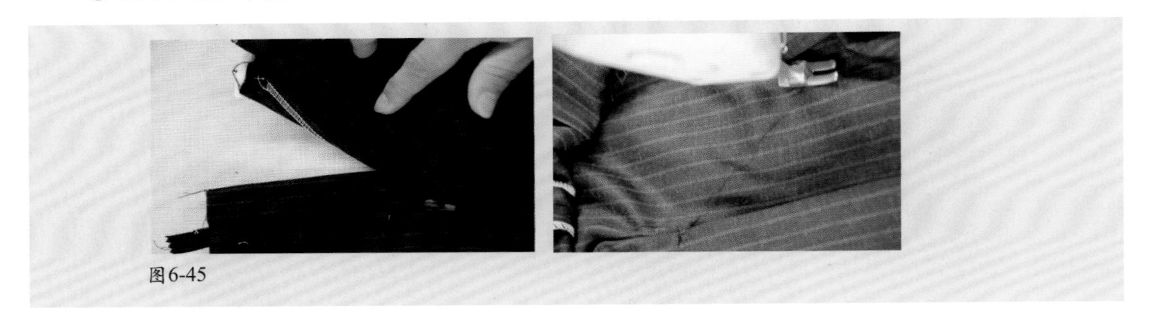

图6-45

知识链接

女裤有前开襟和侧开襟，开襟又分为门襟和里襟。前开襟的西裤（男女相同），门襟一般在左边，里襟一般在右边。但欧版女裤前开襟相反，门襟一般开在裤右边。

（10）绱腰头、装串带袢：

①将腰布按裁剪比例做好，把腰面的粉线对准裤片腰节对应位置，腰面在上，腰里在下，裤片夹在其中，缝份0.8 cm，从门襟开始向里襟方向缉线0.1 cm（图6-46）。

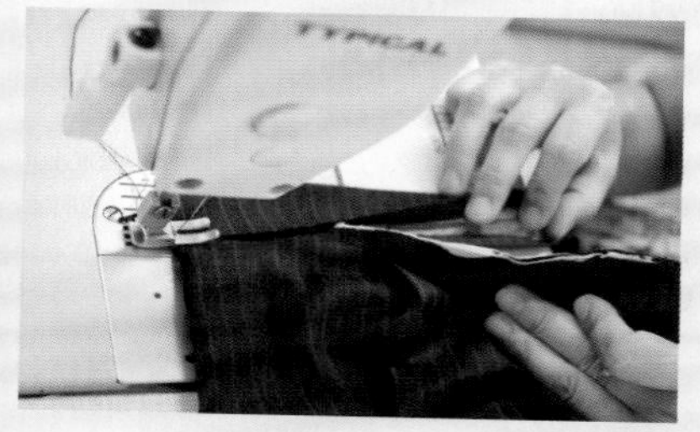

图6-46

②装腰头时，串带袢需预先放在串带袢位置。在前片第一个裥位上各放一个前串带袢，后裆缝上放一个后串带袢，前串带袢与后串带袢的中间左右各放一个串带袢（图6-47）。

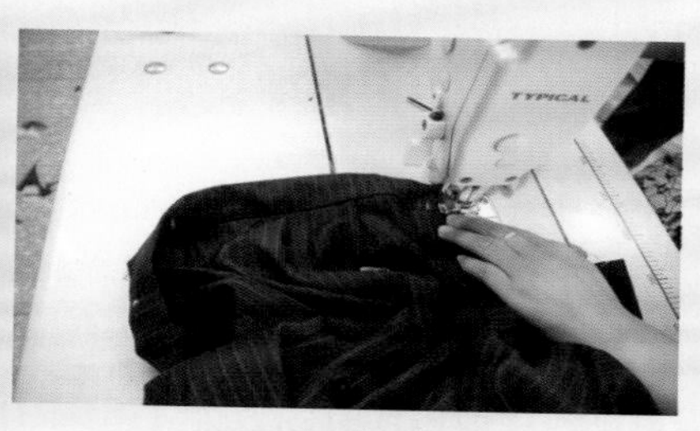

图6-47

③固定串带袢，串带袢在腰缝下2 cm处固定，再向上翻折，上端距腰口0.5 cm处缝份扣折，摆正（图6-48）。

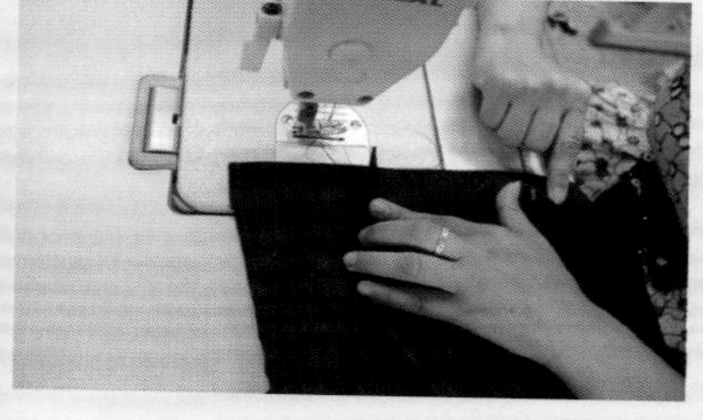
图6-48

④沿裤腰0.2 cm处车缉一圈，到串带袢位置时用来回针将其固定（图6-49）。

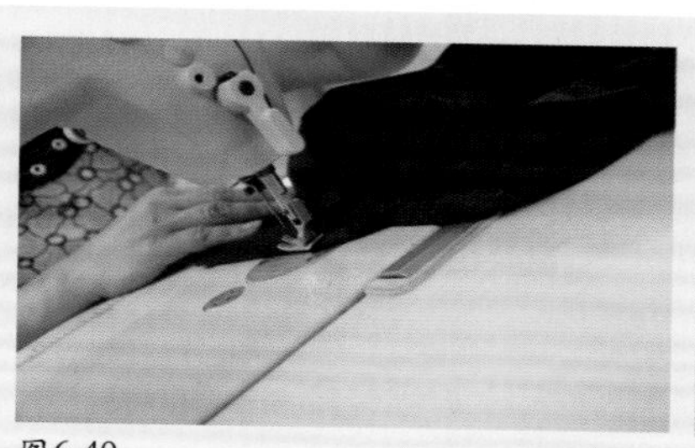

图6-49

⑤装腰后效果（图6-50）。

（11）手工挑脚口边：卷脚口贴边，由下裆缝起针，沿脚口贴边用三角针挑一周（图6-51）。

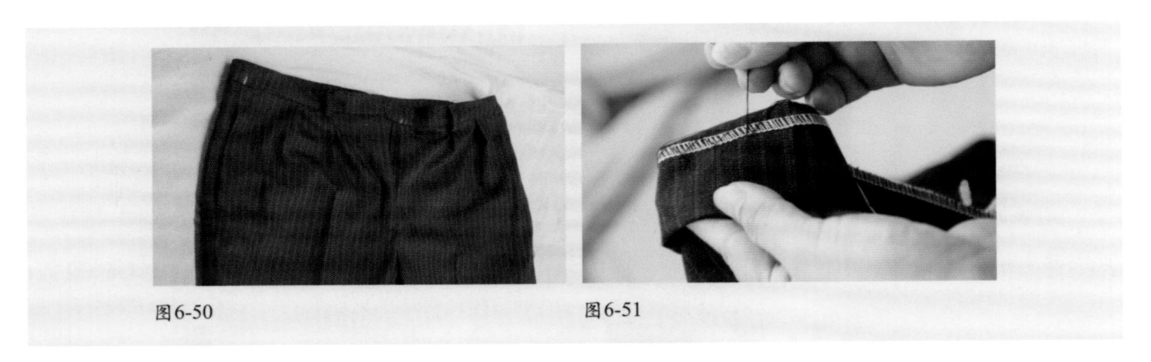

图6-50　　图6-51

（12）整烫：

①整烫前先将所有线头剪净。

②裤子反面将侧缝和下裆缝分开烫平。

③将裤子正面的裤腰、褶裥、串带袢、门襟、里襟烫平（图6-52）。

④前、后烫迹线烫成归拔时的效果（图6-53）。

（13）锁眼钉扣：

①腰头上锁圆头横扣眼1只，眼大1.5 cm。

②钉扣可以放在整烫之后，门襟上口盖过里襟里口线0.3 cm处，在腰头和门襟扣眼位置对应的里襟上钉纽扣。

（14）检验：检验过程与方法可对照本节的质量要求进行。

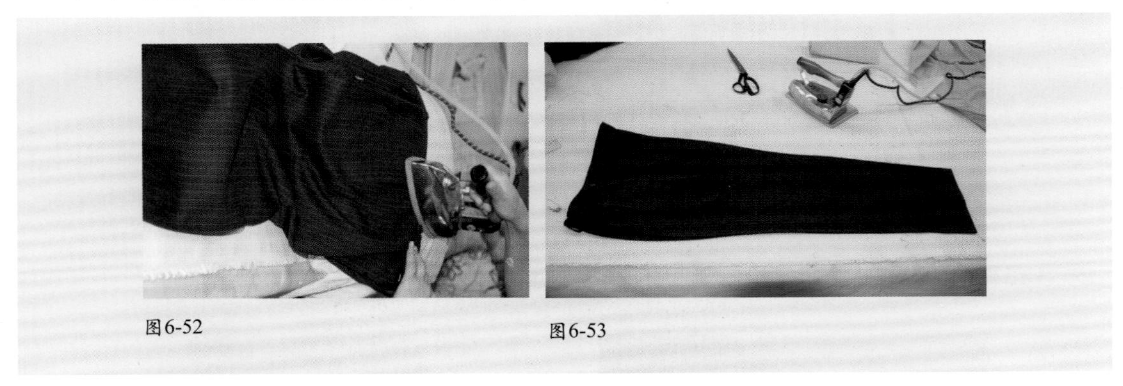

图6-52　　图6-53

练一练

按165/70A的号型做一条女西裤。

学习评价

学习要点	我的评分	小组评分	教师评分
学会女西裤的制作工艺（25分）			
掌握女西裤的制作工艺流程（20分）			
掌握女西裤的质量要求（25分）			
重点掌握装腰、装拉链、斜插袋工艺（30分）			
总　分			

二、男西裤缝制工艺

1.款式特点

裤腰为装腰头，串带袢7根，前开门，门襟装拉链，前裤片腰口反裥左右各2个，侧缝斜插袋左右各1只，后裤片腰口收省左右各2个，左右各1个双嵌线袋，平脚口（图6-54）。

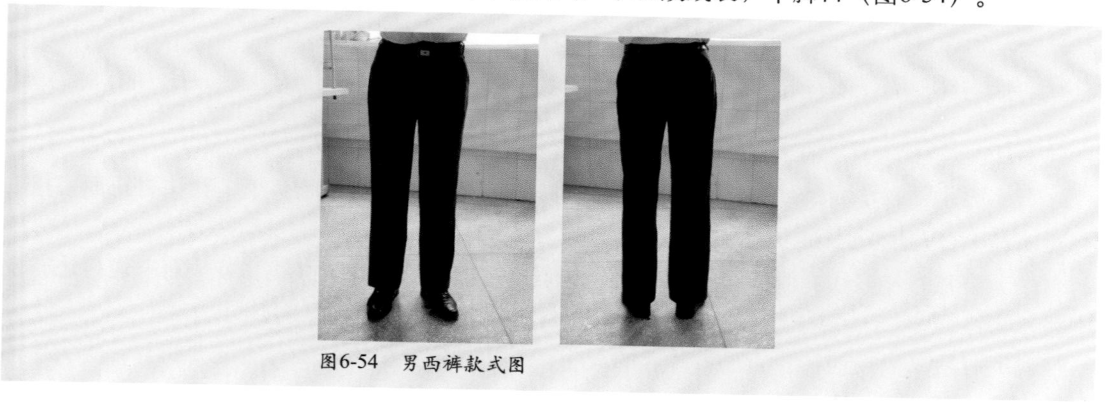

图6-54　男西裤款式图

2.成品规格

单位：cm

号型＼部位＼规格	裤长	腰围	臀围	裆深	中裆	脚	腰宽
170/74A	103	76	100	28	22	21	4

3.材料准备及用料说明

（1）主件：前裤片2片，后裤片2片，腰面2片，串带袢7根，门襟面1片，里襟面1片，侧缝斜插袋袋垫布2片，后袋嵌线布2片，袋垫布2片，后脚口里贴脚条2片。

（2）辅料：膝盖绸2片，腰里1片，腰衬1片，门、里襟衬各1片，侧缝袋和后袋袋口衬4片，后袋嵌线衬2片，侧缝袋布2片，后袋布2片，拉链1根，裤钩1副，纽扣1粒。

4.质量要求

（1）符合成品规格。

（2）外形美观，内外无线头。

（3）门里襟缉线顺直、平服，长短一致，封口处无起吊。

（4）做、装腰头顺直，串带袢整齐、无歪斜，左右对称。

（5）侧袋和后袋袋口平服，后袋四角方正，袋角无裥，无毛出。

（6）前后裆缝，下裆缝无双轨线，十字缝对齐。

（7）锁扣眼，钉扣符合要求。

（8）整烫符合人体要求，烫煞无极光。

5.工艺流程

做缝制标记→拷边→收省→归拔裤片→做零部件（串袋袢，门里襟，腰头）→装膝盖绸→开后袋→做、装斜插袋、缝合侧缝→缝合下裆缝→缝合前后裆缝、装门里襟拉链→装串带袢和腰头→门襟缉线、封小裆→手工→整烫→检验。

男西裤缝制的重点是开后袋，难点是装门里襟和拉链。

6.缝制过程

做缝制标记（打线丁）和拷边收省归拔前后裤片的方法。男西裤缝制任务。

打线丁起什么作用？打线丁的部位有哪些？

（1）腰头：腰头面料反面粘塑脂粘合衬，腰头里料用去用成品腰头里，腰头里正面搭接在腰头面料上口，缉0.1 cm明线（图6-55）。

（2）袋垫布和嵌线：侧袋的袋垫布里口和下口拷边，后袋的下嵌线和袋垫布一边拷边，上嵌线不拷边。

（3）收省（同女西裤）：后裤片省的大小、长短、位置要缉准确，省缝要缉顺，省尖要缉尖。

（4）做零部件（串带袢、门里襟、腰头）：

①做串带袢（同女西裤）：串带袢宽0.8～1 cm，沿两边各缉0.1 cm止口一道。

②做门襟、里襟（同女西裤）：门里襟面反面粘衬，外口拷边。里襟面与夹里正面相叠，外口缉一道0.6 cm线。将里襟外口的止口毛缝扣转、烫平，翻出，外口夹里坐进0.1 cm，盖水布喷水烫平。可在外口缉0.1～0.2 cm止口，然后里口一起拷边。

想一想

1.装门里襟和拉链的方法是什么？

2.怎样装好腰头、压好腰头？

（5）装膝盖绸衬：膝盖绸衬用于前裤片，上与腰口齐，下至中档下20 cm处，横丝绺，光边在下方，略宽松（图6-56）。

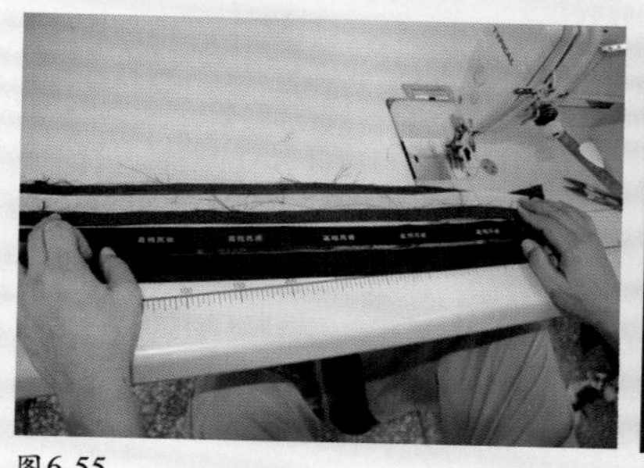
图6-55

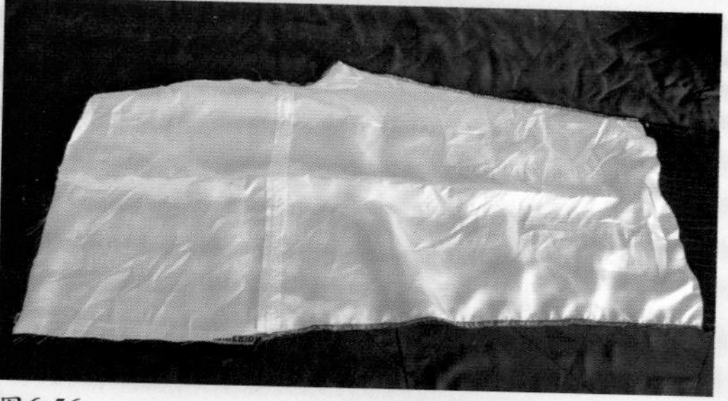
图6-56

（6）开双嵌线后袋：

①将反面粘有粘合衬的嵌线布与后裤片正面相叠，对准裤片口袋位置，在开口位两边各缉两道0.5 cm宽的平行线，平行线两端回针必须在原针脚上（图6-57）。

②开袋口，沿嵌线布两道线中间剪开，离平行线两端0.7 cm，预留两端三角（图6-58）。

练习单嵌线后袋的开袋。

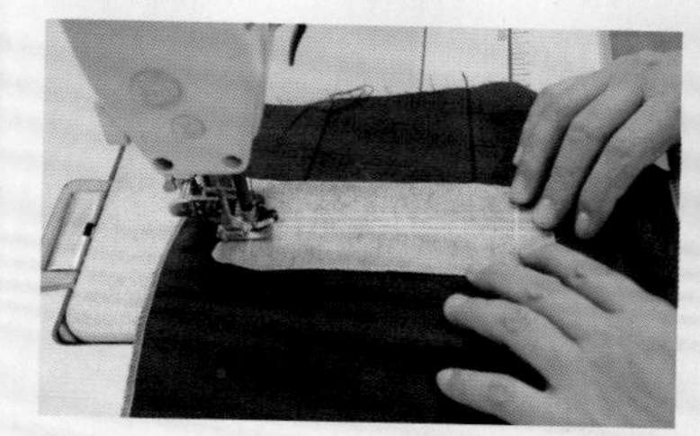
图6-57

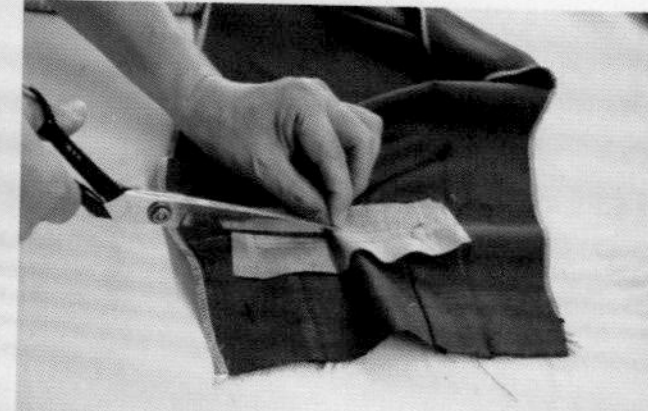
图6-58

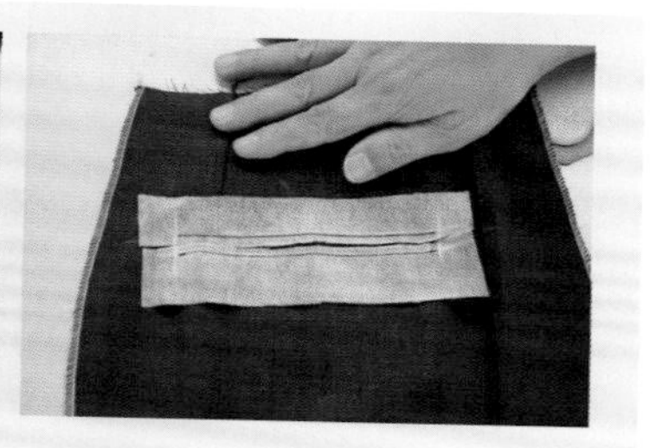

③后片后袋正面（图6-59）。

④后片反面平行线两端剪三角，不能剪断缉线，要留1～2根丝绺（图6-60）。

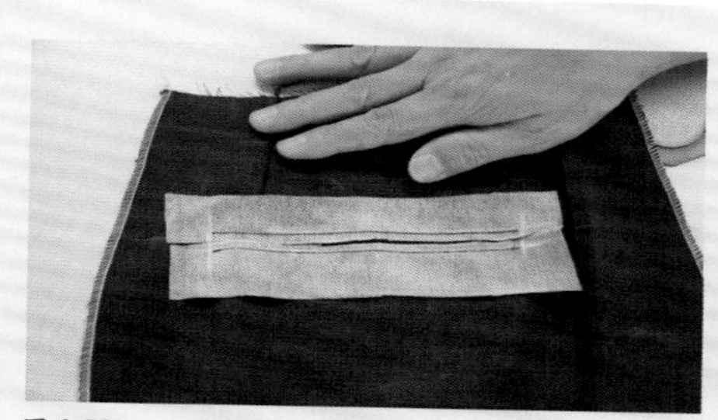
图6-59

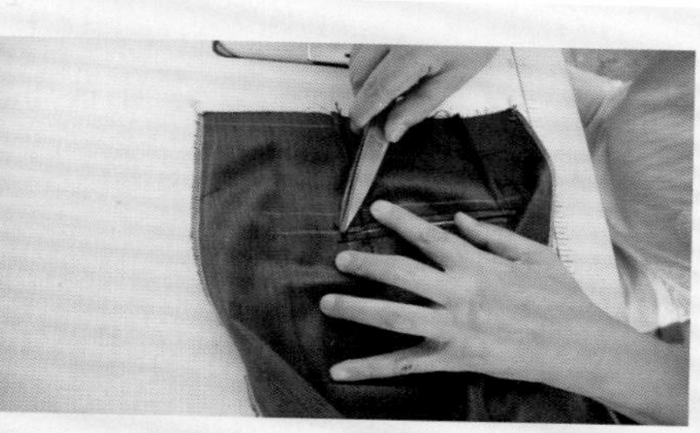
图6-60

⑤后片后袋一端的三角（图6-61）。

⑥反面折烫双嵌线（图6-62）。

图6-61　　图6-62

⑦装后袋下口袋布固定嵌线，将袋布下口对齐后袋下口嵌线（图6-63）。

图6-63

⑧缉后袋下口嵌线、袋布，翻转裤片，反面沿后袋下口嵌线缉线，同时把袋布缉在后袋下口嵌线上（图6-64）。

图6-64

⑨缉后袋袋垫布，将袋垫布拷边的一边放下面，未拷边一边离袋布口以下5～6 cm，袋垫布正面朝上，放在袋布上，两边对齐，距拷边一边0.5 cm缉线。

⑩缉后袋上口嵌线、袋布，翻转,袋布与腰口平齐，再翻转，袋布在下，反面沿后袋上口嵌线缉线，同时把袋布缉上（图6-65、图6-66）。

知识链接

有的斜插袋可在前片斜袋口装贴边，并形成嵌线状以增加装饰感，方法如下：

1. 裁配袋口

因袋口装嵌线，所以裤片斜袋口位置比实际袋口缩进0.4 cm（嵌线宽度取0.4 cm），并放出1 cm

缝份，其余部分修去，同时前袋布袋口也放出0.6 cm。

2.缉袋布及袋口贴边

后袋布拉开，前袋布与裤片反面相叠，袋口贴边与裤片正面相叠，都平齐裤片袋外口，三层一起缝合。在贴边的嵌线部位可粘上牵条，以增加嵌线的饱满度。

3.缉袋口明线

缝份均向裤片坐倒，若要减少厚度，可把袋布一层缝份留0.15 cm后其余修去，或袋布直接与贴边拼接，袋口贴边折转，坐出嵌线宽度0.4 cm烫平，并在正面袋口位置缉0.1 cm清止口，同时把嵌线固定，其他步骤均同前面所介绍的方法。

（7）做斜插袋、缝合侧缝：

①做袋，将侧袋上口按设计要求缉在前片平齐腰口的反面烫衬的侧缝上（图6-66）。

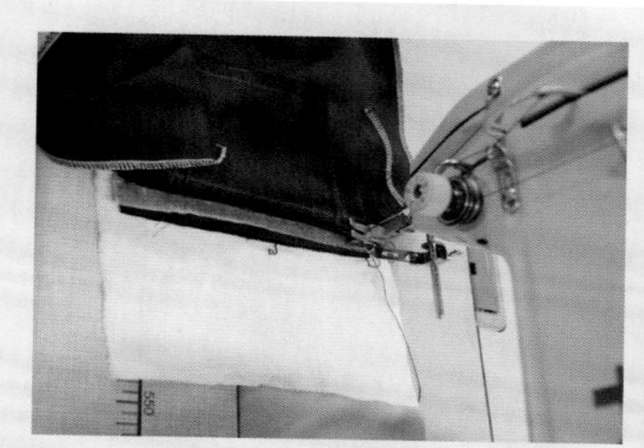

图6-65

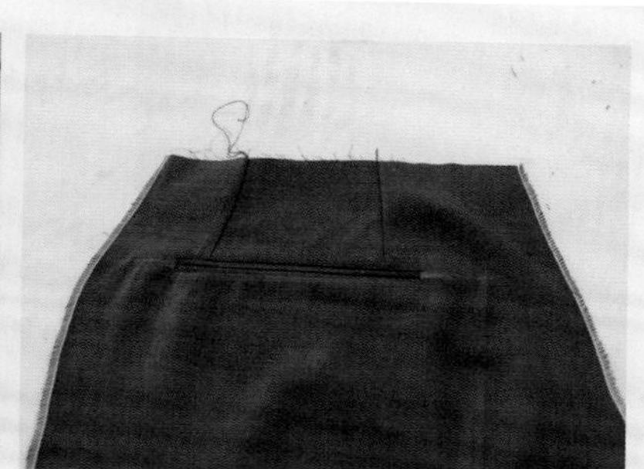

图6-66

②装斜插袋。前后裤片正面相对缝合侧缝，袋口处掀起下袋布，袋垫布与后片缝合（图6-67）。

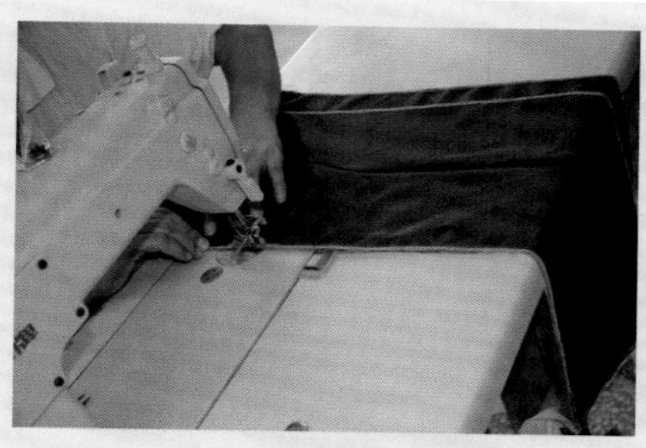

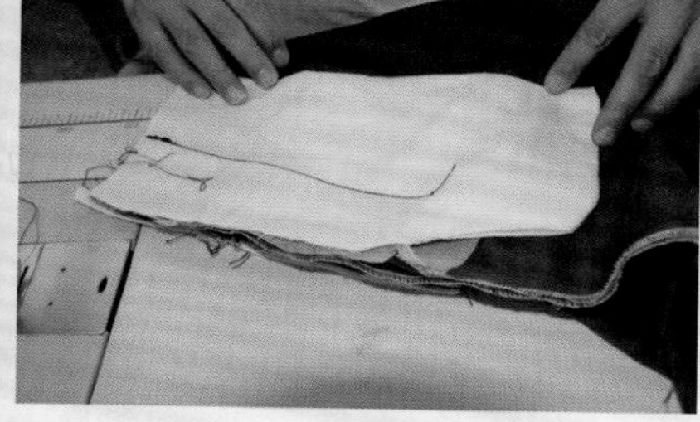

图6-67

③分开侧缝（图6-68）。

④折转袋布虚边，与后裤片缝份缝合（图6-69）。

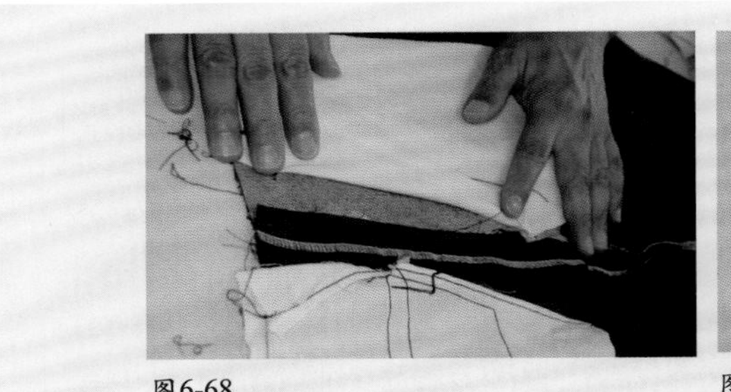

图6-68

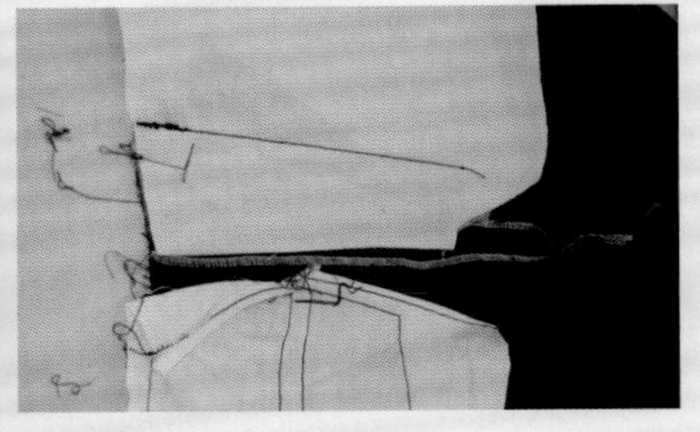

图6-69

⑤后袋和前袋(反面)（图6-70）。

⑥后袋和前袋(正面)（图6-71）。

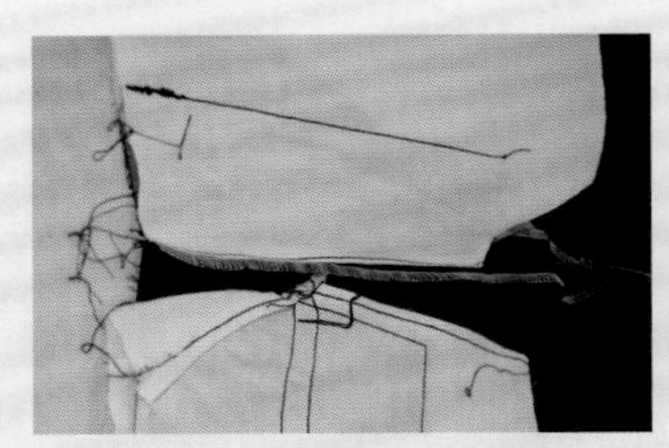

图6-70

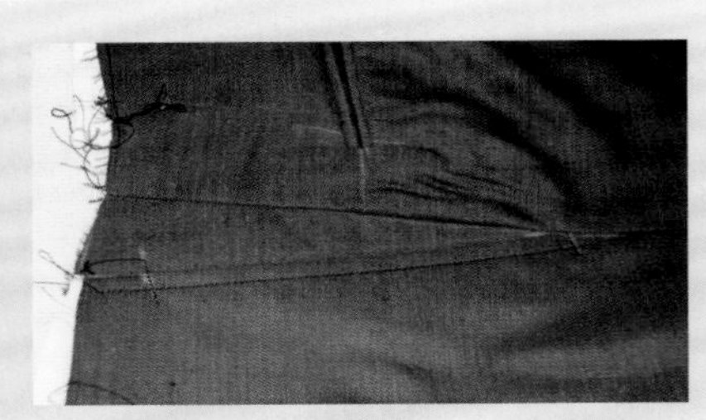

图6-71

试一试

练习装斜插袋和装侧缝直袋。

（8）缝合下裆缝、前、后裆缝，装门襟、里襟、拉链（方法同女西裤）。

（9）装腰头和串带袢：

①缝合腰头正面，腰头与裤片正面相对，把腰头布按裁剪比例做好粉线。把腰面的粉线对准裤片腰节对应位置，距离腰头树脂粘合衬边沿0.1 cm缉线（图6-72）。

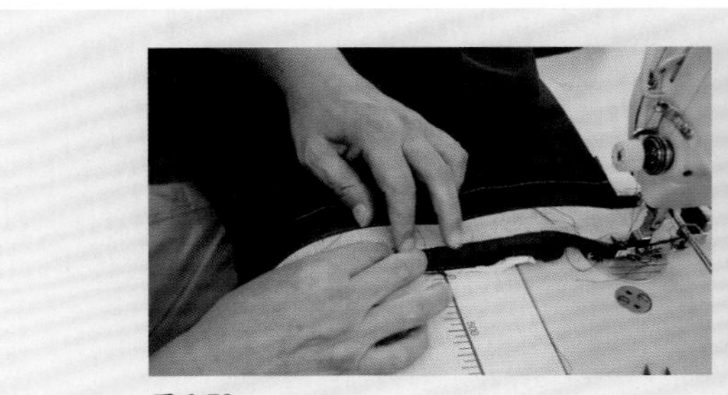

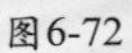

图6-72

②门襟腰头钉裤钩（图6-73）。

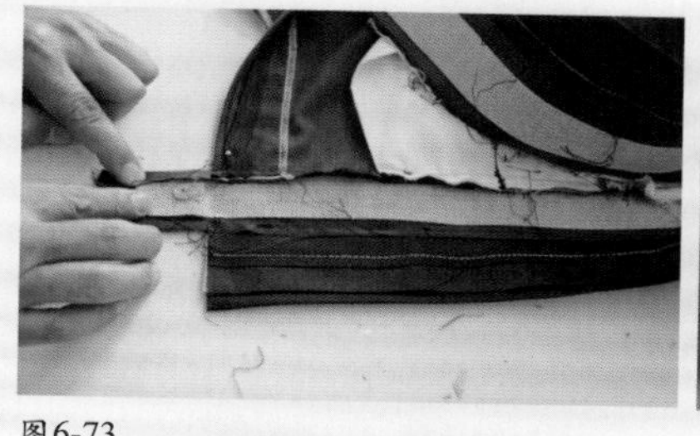
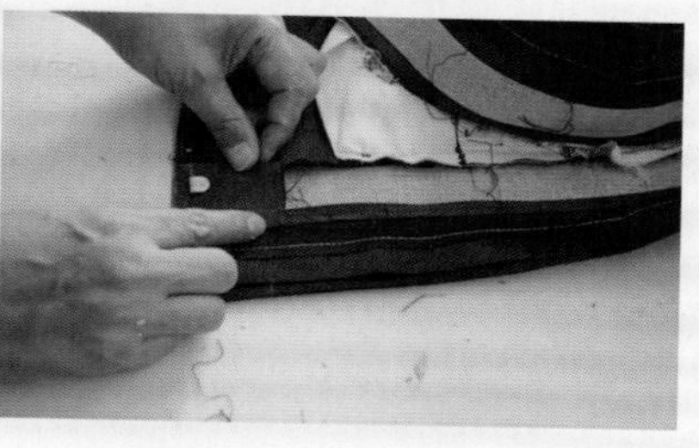

图6-73

③里襟腰头钉对应裤钩（图6-74）。

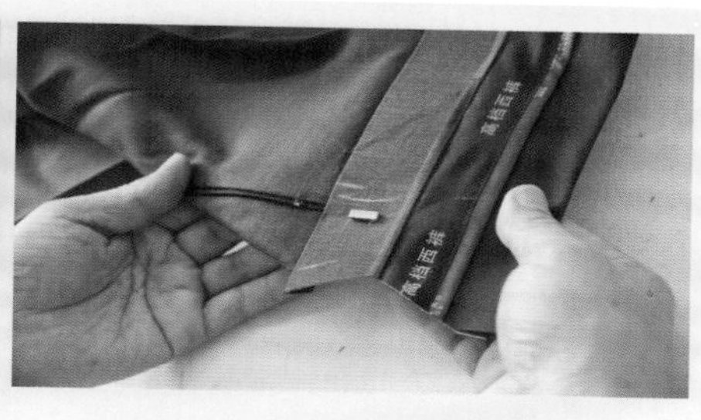

图6-74

④腰头两端面料、里料正面相对缉线，翻转。正面按绱腰缝缉线，成品腰里有两层，掀起里料上层、下层与正面绱腰缝缉牢（图6-75）。

⑤绱腰头结束，放下掀起的里料上层，盖住里料下层绱腰线迹（图6-76）。

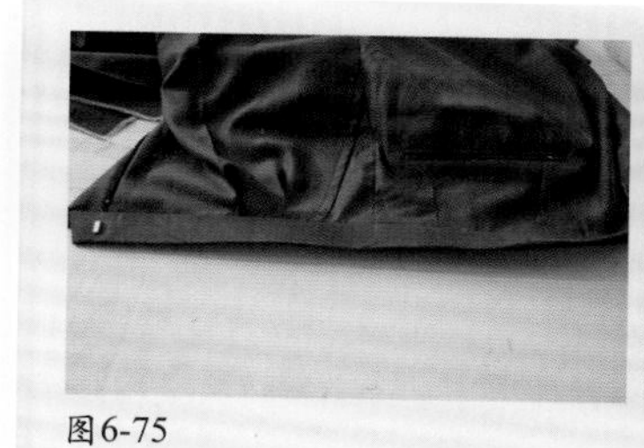
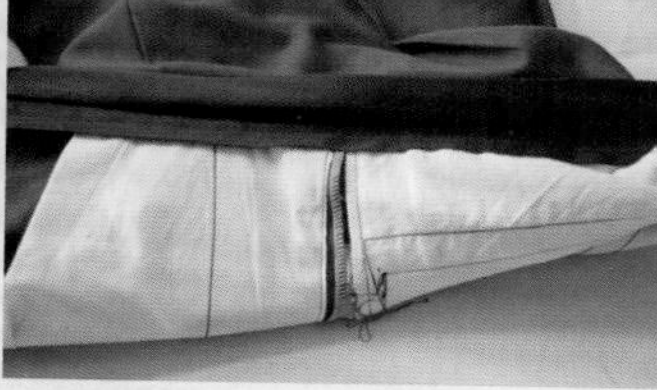

图6-75

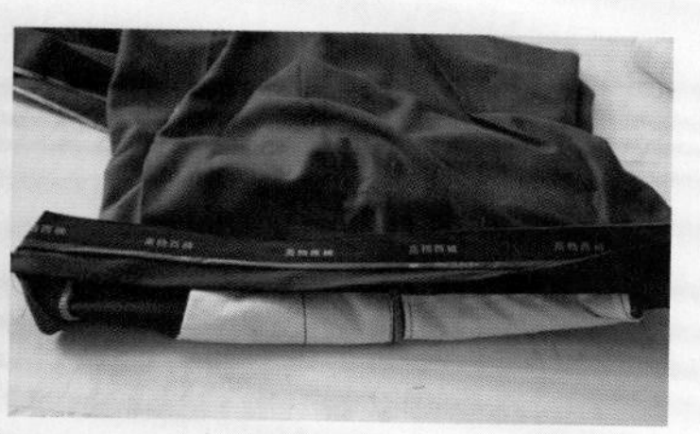

图6-76

⑥装串带袢方法同女西裤，位置分别是：前片第一个裥位上左、右各一个，侧缝靠前裤片上左、右各一个，后裆缝上一个，侧缝串带袢与后串带袢的中间左、右各一个（图6-77）。

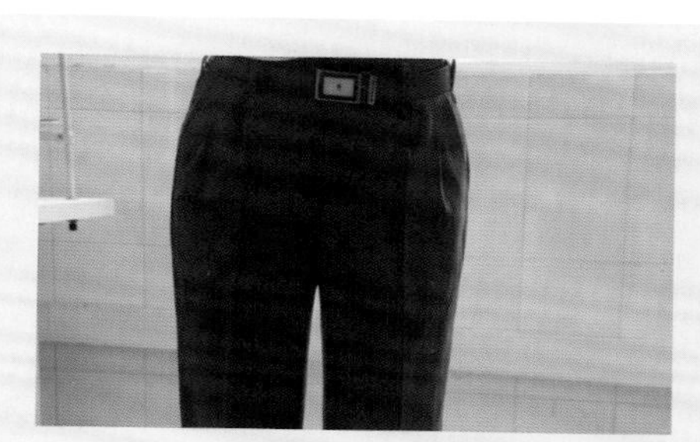
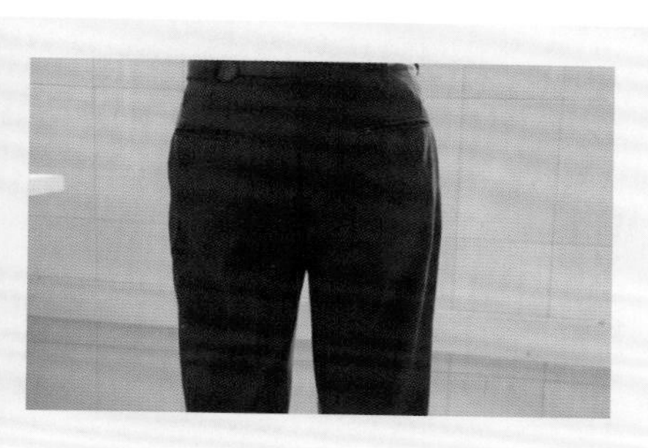

图6-77

（10）手工：手工绷脚口贴边同女西裤；手工缲腰头里料；手工针把里料上层串在侧袋、后袋的袋布上，盖住里料下层。

（11）整烫：整烫方法同女西裤。

（12）检验：检验标准可参照本节的质量要求。

学习评价

学习要点	我的评分	小组评分	教师评分
学会男西裤的制作工艺（25分）			
掌握男西裤的制作工艺流程（20分）			
掌握男西裤的质量要求（25分）			
重点掌握开后袋、装腰、装拉链工艺（30分）			
总　分			

三、牛仔裤缝制工艺

1.款式特点

传统五袋款牛仔裤，贴体紧身。装腰，串带袢五根，前中开门，装拉链，腰头锁眼、钉扣。前片腰口无裥，左右各一个月亮袋，右袋内有一个硬币袋，后裤片育克分割，左右各一个贴袋。所有缝缉双明线装饰（图6-78）。

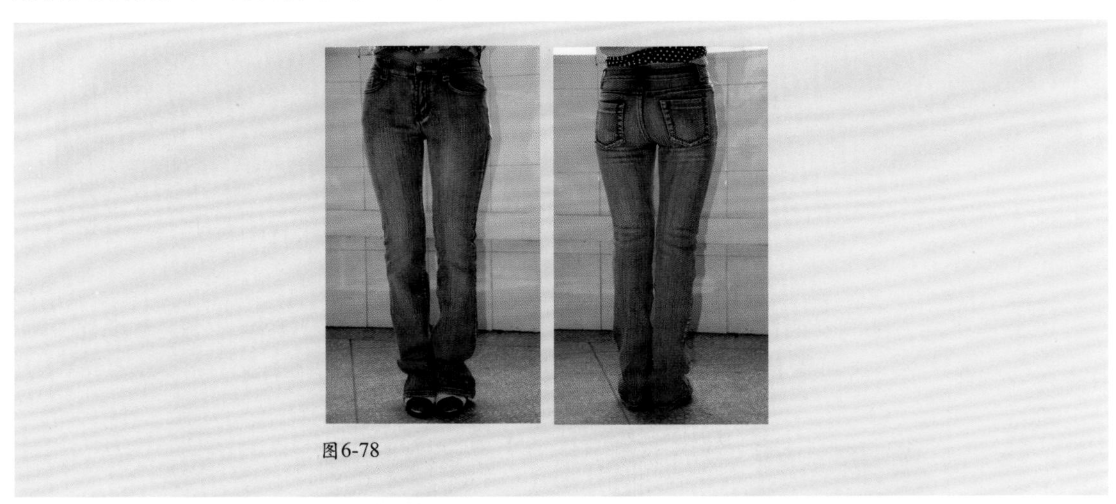

图6-78

2.成品规格

单位：cm

号型 \ 规格 \ 裤长	裤长	腰围	臀围	裆深	中裆	脚口	腰宽
170/74A	101	78	92	26	19	19	4

3.材料准备及用料说明

前裤片2片，小侧片2片，硬币袋1片，前侧插袋贴边2片，口袋布左右各2片，后裤片2片，后片后翘（育克）2片，后贴袋2片，腰面、腰里各1片，串带袢5根，门襟面1片，里襟1片（或2片），铜扣1个，铆钉4个，拉链1根（图6-79）。

图6-79

4.质量要求

（1）符合成品规格。

（2）外形美观，内外无线头。

（3）左右裤脚大小一致，裤腿长短一致，丝绺顺直，裤筒不扭曲。

（4）串带位置准确，套结应牢固，串带袢长短、宽窄一致，腰头及明缉线宽窄一致，顺直，面里平服。

（5）前片左右侧插袋（月亮袋）袋口平服，左右大小、高低一致，缉线顺直；后袋平服，左右大小一致，袋口套结牢固，袋布封好，缉线符合工艺要求。

（6）后育克左右对称，后裆拼缝处对位，双缉线顺直。

（7）门里襟长短一致，明线无接线，门襟末端套结位置准确牢固，扣与眼位相对，拉链顺滑，无损坏。

（8）十字缝对齐，十字裆套结应牢固，前后裆缝相对。

（9）锁扣眼、钉扣符合要求。

（10）整烫平挺，无明显污渍，无破洞、损伤，不允许烫黄，水洗色泽应均匀。

5.工艺流程

检查裁片→做缝制标记→做零部件→做小袋、月亮袋→装门里襟和拉链、缝合前裆缝→拼接后裤片育克→贴后袋→合后裆缝→缝合下裆缝→缝合左右侧缝→装腰→装皮带袢→ 缉脚口→锁扣眼，打套结，钉纽扣、铆钉→整烫→检验。

牛仔裤制作中的重点是做月亮袋，难点是装门里襟和拉链。

6.缝制过程

（1）检查裁片：检查裁片是否符合要求。

（2）做前片：

①做小袋。把袋口依次折转0.7 cm和1.2 cm，缉0.2 cm和与0.2 cm和0.8 cm的双止口（图6-80）。

②做月亮袋：将袋布放在裤片的正面，缉线0.8 cm在袋口的反面。袋布折转后缉0.2 cm和0.8 cm的双止口 (图6-81)。再把贴有小袋的袋垫布固定在月亮袋的位置 (图6-82)。

图6-80　图6-81

图6-82

(3)做门里襟、装拉链:与牛仔裤相同。

(4)做后片：

①拼接后裤片育克：育克与后片正面相叠缉线绞边正面缉双明线(图6-83)。

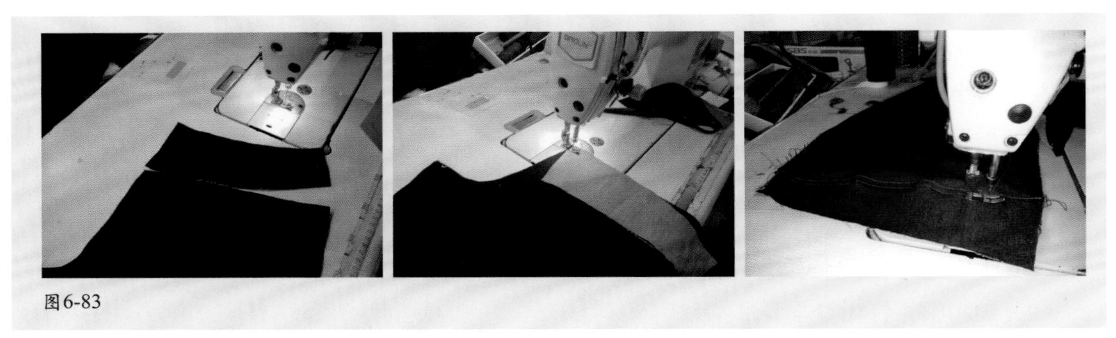

图6-83

②贴后袋：袋口依次折转2.5 cm烫平整，缉线1~1.5 cm双止口线，然后按照后贴袋的净样板折转扣烫其余三边，贴缝在后裤片的位置上（图6-84）。

③缝合后裆缝：两后裤片正面相叠缉线绞边，翻转裤片正面缉双明线（图6-85）。

（5）做下裆缝：前后裤片正面相叠，下裆缝缉线绞边（图6-86）。

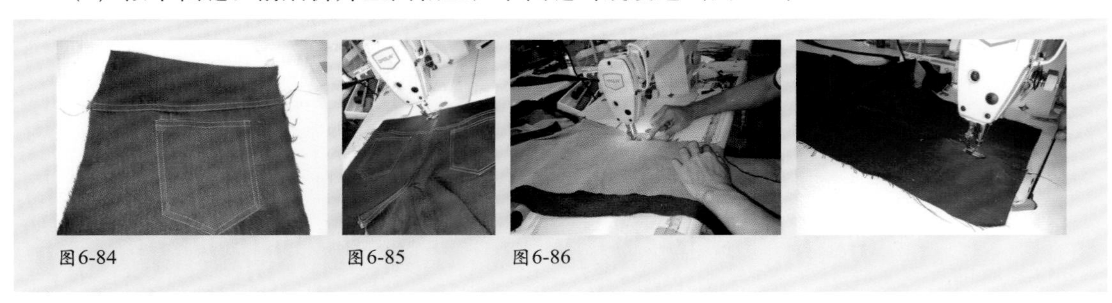

图6-84　图6-85　图6-86

(6) 做侧缝：前后裤片正面相叠，侧缝缉线绞边（图6-87）。

(7) 装腰头、装皮带袢：前片皮带袢位在月亮袋处，其余与女西裤同。装腰里的方法与女西裤同，最后腰面缉线四周（图6-88）。

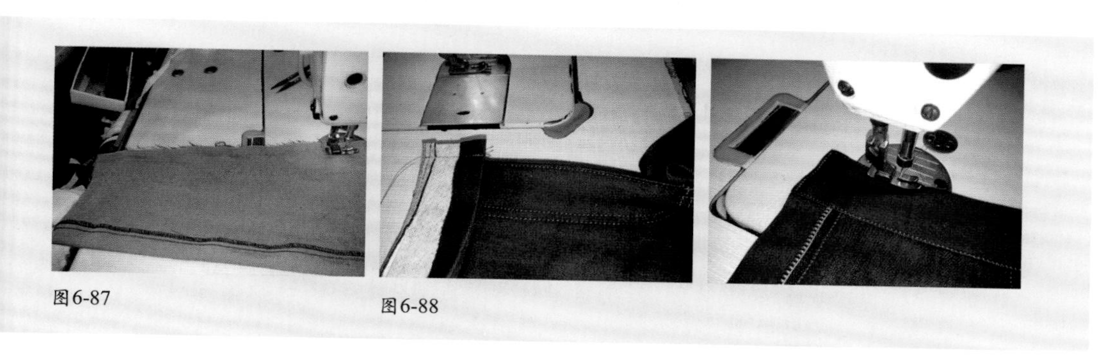

图6-87　　图6-88

(8) 卷脚口边：脚口向里折转，再折转缉线（图6-89）。

(9) 锁扣眼、套结钉纽扣、铆钉：腰头门襟锁圆头横扣眼1一个，扣眼高低腰头居中，进出1.5 cm，大小2 cm。钉纽扣时腰头里襟钉扣1粒，进出1.8 cm。定铆钉时在后袋口位、小贴袋位、月亮袋位钉上铆钉。

(10) 整烫：不需烫迹线，其余与女西裤相同。

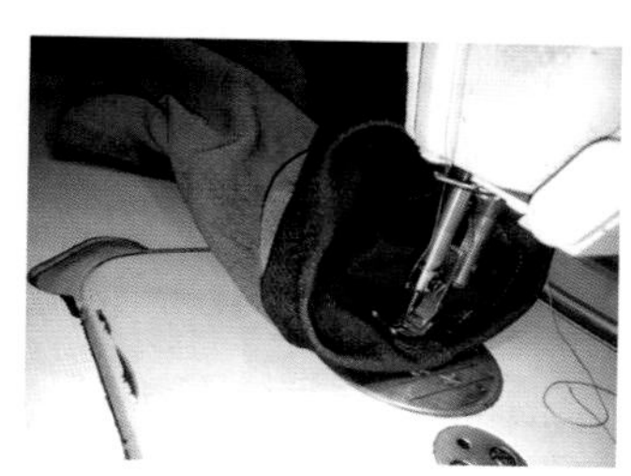

图6-89

练一练

编制五款牛仔裤缝制的工艺流程图，并按顺序绘出各工序的工艺操作图示。

学习评价

学习要点	我的评分	小组评分	教师评分
学会牛仔裤的制作工艺（25分）			
掌握牛仔裤的制作工艺流程（20分）			
掌握牛仔裤的质量要求（25分）			
重点掌握装腰、装拉链、袋型的变化工艺（30分）			
总　分			

学习任务七
衬衫缝制工艺

[学习目标] 通过学习，让学生掌握衬衫的工艺流程及各部位的缝制方法、质量要求。学会衬衫的熨烫方法，为学习衬衫款式变化打下良好的基础。

[学习重点] 掌握衬衫的工艺流程及各部位的缝制方法、质量要求。

[学习课时] 20课时。

一、女衬衫缝制工艺

1.款式特点

平尖领，前开襟钉5粒扣，前身收横胸省左右各1个，前后片收腰省，装袖，袖口开叉、抽碎褶、装克夫（袖头），钉纽各1粒（图7-1）。

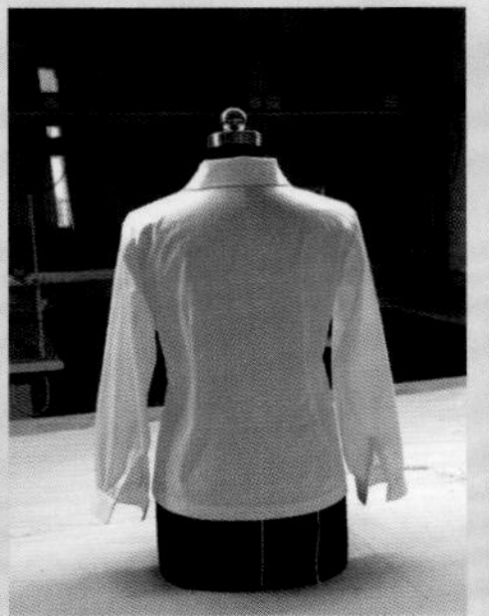

图7-1　女衬衫款式图

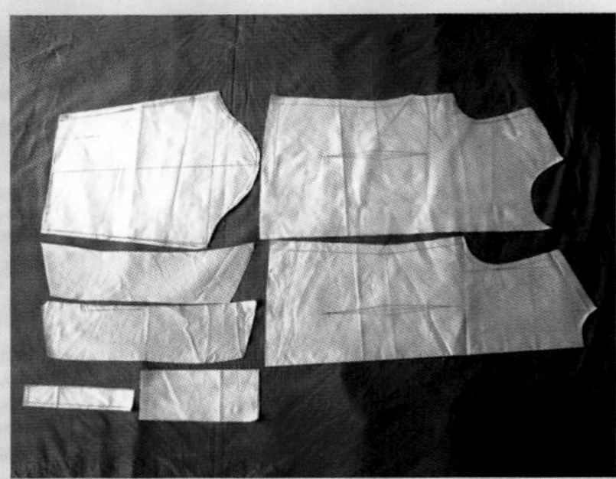

图7-2　女衬衫主件及辅料

小知识

按照穿着对象的不同，衬衫可分为男衬衫和女衬衫。按照用途的不同可分为配西装的传统衬衫和外穿的休闲衬衫，前者是穿在内衣与外衣之间的款式，其袖窿较小便于穿着外套；后者因为单独穿用，袖窿可大，便于活动，花色繁多。

2.成品规格

单位：cm

部位/规格/号型	衣长	胸围	肩宽	领围	前腰节长	袖长	胸高位
160/84A	64	96	40	38	38	55	24

3.材料准备及用料说明

（1）主件：前衣片2片，后衣片1片，袖片2片，领片2片，袖克夫2片，袖叉条2片。

（2）辅料：门里襟衬2片，领衬1片，袖克夫衬2片。纽扣7粒（图7-2）。

4.质量要求

（1）符合成品规格。

（2）领头、领角长短一致，装领左右对称，领角有窝势，面、里松紧适宜。

（3）压缉领面要离开领里脚0.1 cm，不超过0.2 cm。

（4）装袖层势均匀，肩缝对准袖中线刀眼。两袖前后准确、对称，袖口细裥均匀，袖克夫宽窄、袖叉长短一致，线迹顺直。

（5）底边宽窄一致，缉线顺直。

（6）内外无线头，线迹正常，成品美观，干净平整。

5.工艺流程

查片→烫衬→做缝制标记→收省→烫门里襟挂面→烫省→缝合肩缝→做领→装领→做袖衩→做袖克夫→装袖→缝合侧缝和袖底缝→装袖克夫→做底边→锁眼、钉纽→整烫→检验。

女衬衫缝制的重点是做领、装领，难点是做袖、装袖。

6.缝制过程

（1）查片：检查裁片是否齐全、准确，粉印、眼刀是否到位，如有遗漏需及时补上。

（2）烫衬：

①烫挂面衬（图7-3）。

②烫领衬（图7-4）。

图7-3

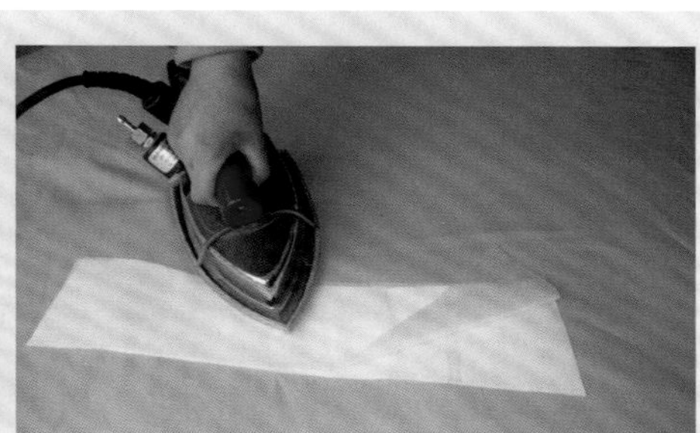

图7-4

③画领净样线（图7-5）。

④烫袖克夫衬（图7-6）。

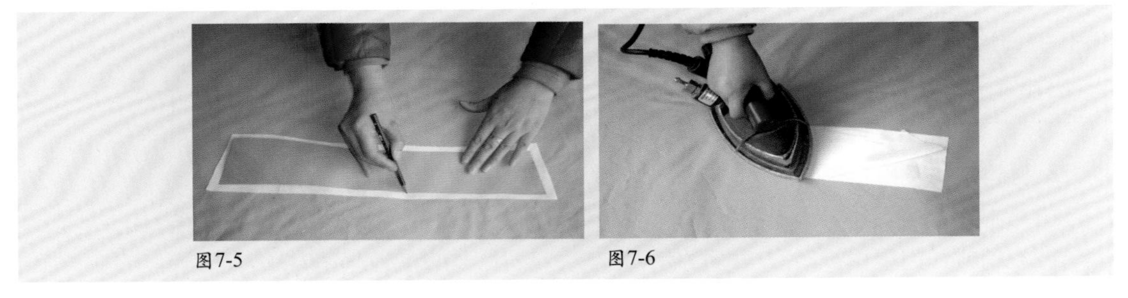

图7-5　图7-6

（3）做缝制标记：

①前衣片：横胸省（粉印）、挂面宽、叠门宽、底边贴边宽（眼刀）。

②后衣片：后领圈中点，底边贴边宽。

③袖片：对肩眼刀。

④领片：领中点、对肩眼刀、在领里上画出领净缝线。

（4）收省：

①按粉印折合省中线，沿缝粉线缉腰省、腋下省（图7-7）。

②缝制省道（图7-8）。

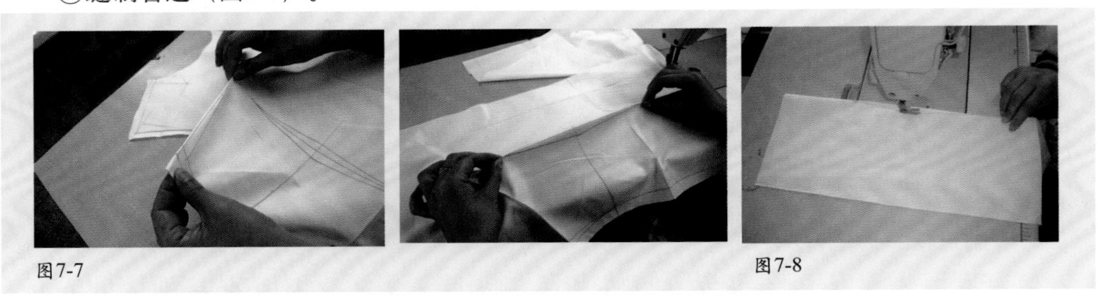

图7-7　图7-8

（5）烫门、里襟、挂面、烫省：将衣片反面向上，熨烫时腰省倒向侧缝，由上到下熨烫，不要出现折裥现象（图7-9）。

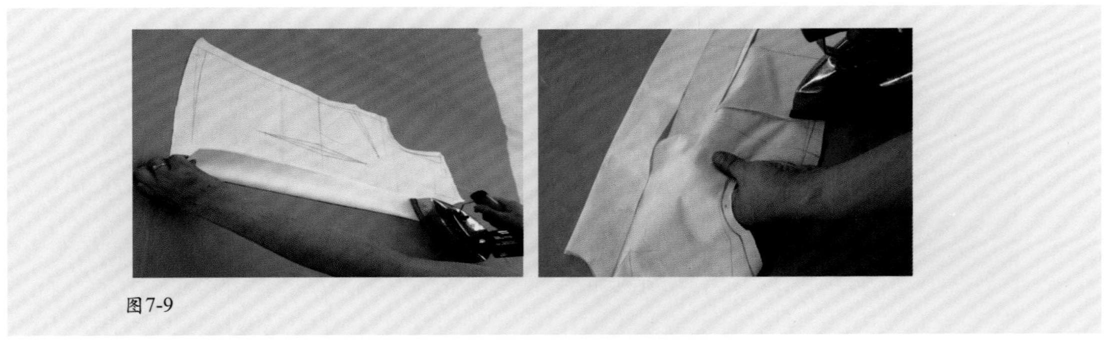

图7-9

（6）缝合肩缝：前后肩缝正面相叠，前片放上面，缉线1 cm，然后拷边，缝头向后片坐倒（图7-10）。

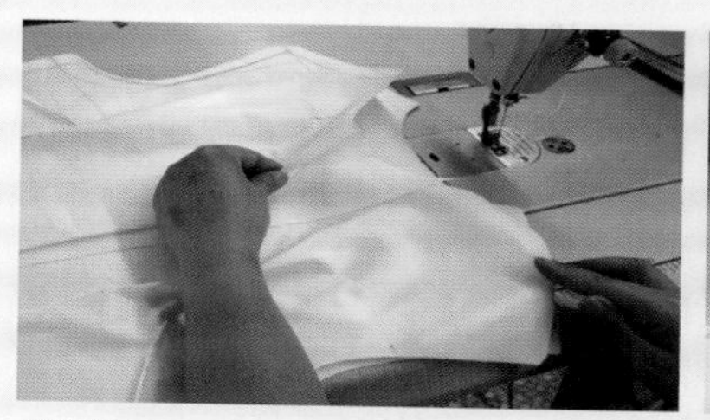
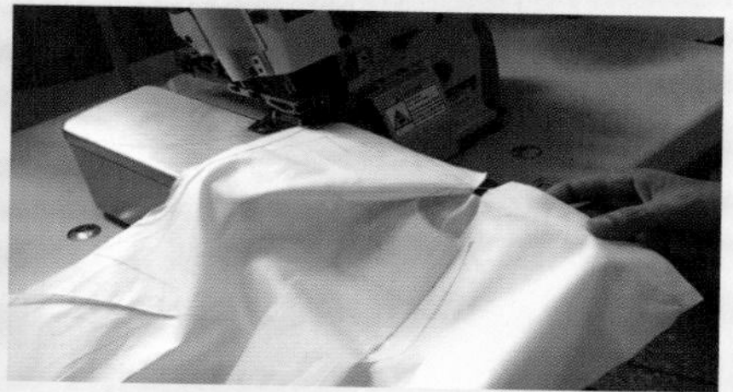

图7-10

（7）做领：

①正面相叠，按净样线缉线。领角处领面稍有吃势，缉完后使领角有窝势，自然向领里卷曲，领角处带一根线加进领角最后一针处（图7-11）。

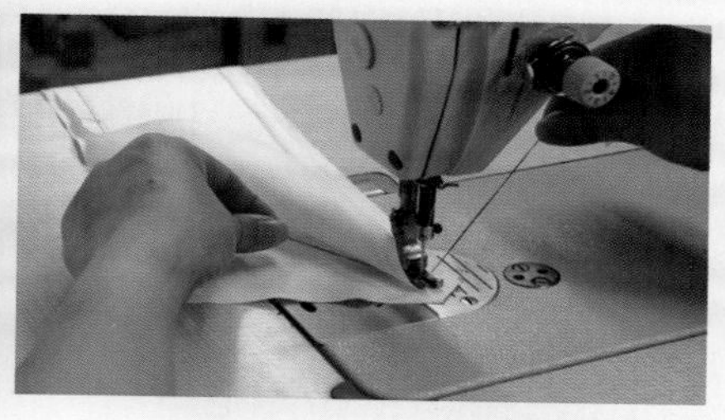

图7-11

②修剪领缝头（图7-12）。

③扣烫缝份（图7-13）。

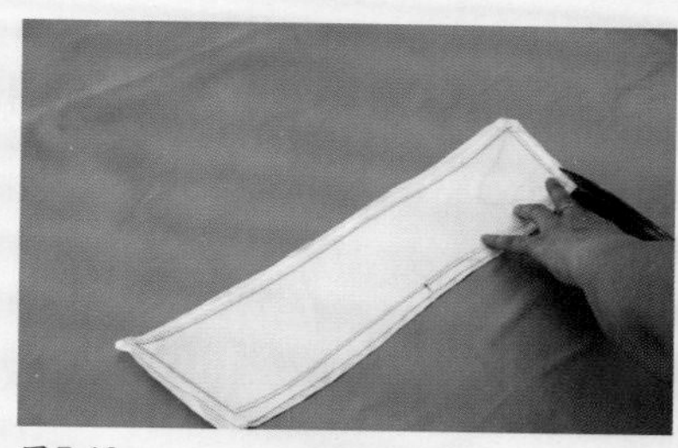

图7-12

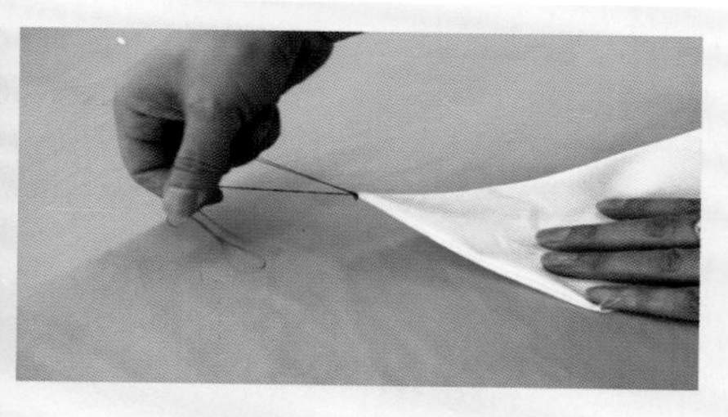

图7-13

（8）翻领：

①按住领尖缝头，手中带线轻轻拉出，尖角翻足，两领角对称烫平（图7-14）。

图7-14

②烫领（图7-15）。

③领圈中心点眼刀（图7-16）。

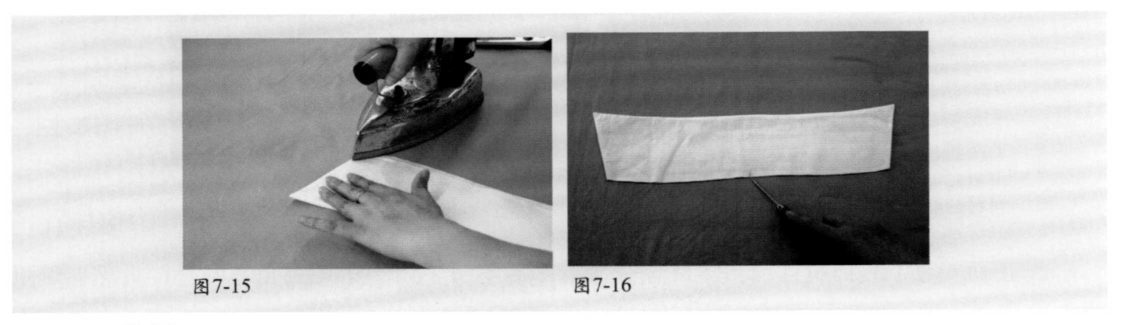
图7-15　图7-16

（9）装领：

①对准装领点，领头对叠门，领中线对背中缝，找出左右肩缝对点。挂面按止口折转，领头夹在中间，领里与衣片正面相叠，对准叠门眼刀，领脚与领圈缝头平齐（图7-17）。

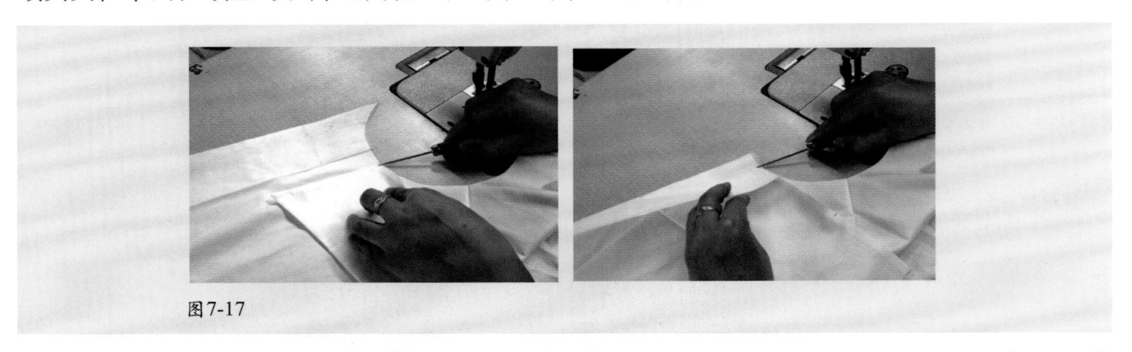
图7-17

②从左襟开始缉线0.6～0.7 cm，缉至距离挂面边1.5 cm处，将领面剪眼刀，翻开领面继续缝制领里与衣片领圈弧线（图7-18）。

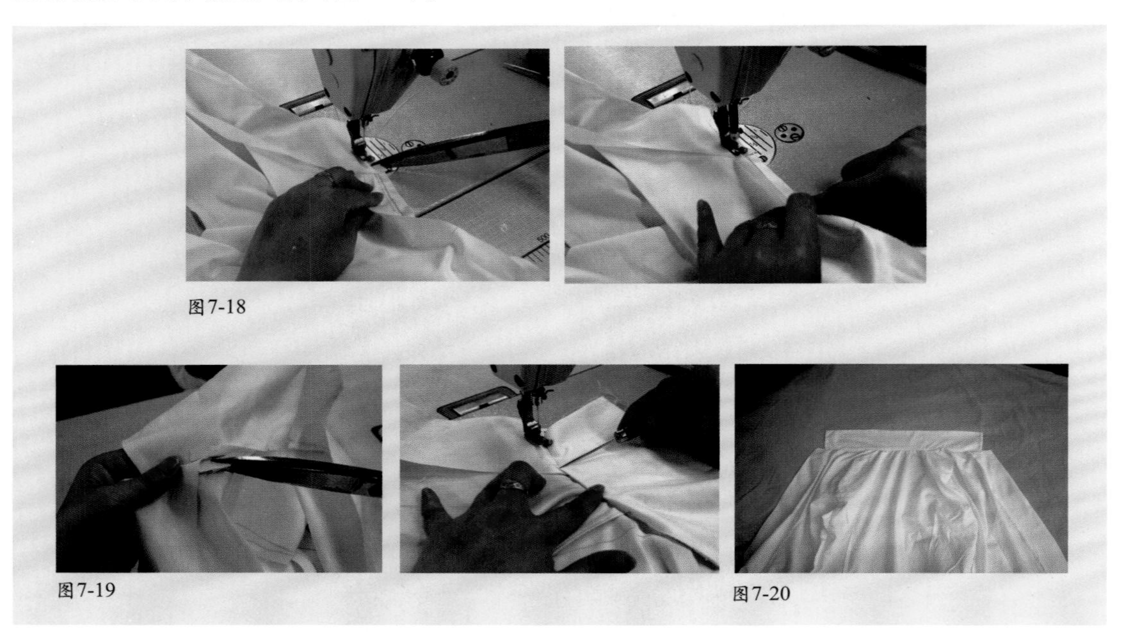
图7-18

图7-19　图7-20

③翻转挂面，剪去挂面边第一道缝线的缝头，领面下口扣转0.7 cm，扣光后的领面盖没有第一道装领缉线，从眼刀部位开始缉线0.1 cm。注意下层应拉紧，以免上层吃皱（图7-19）。

④装领完成效果图（图7-20）。

（10）做袖：

①先做克夫：正面相叠，袖克夫面扣转1 cm缝头，两头分别缉线，然后翻转（图7-21）。

②整烫袖克夫（图7-22）。

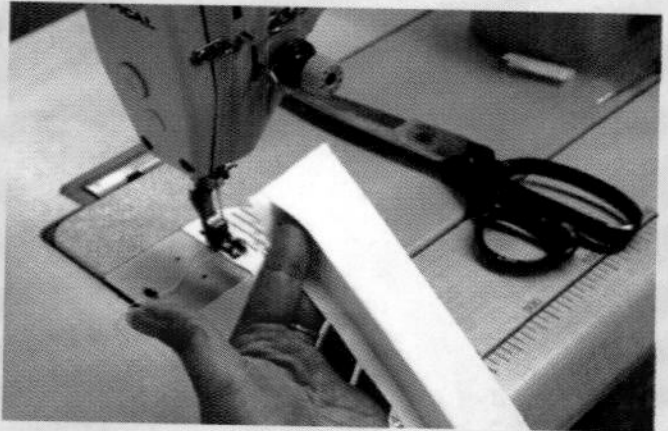

图7-21

图7-22

③剪开袖叉、烫袖叉条（图7-23）。

④做袖叉两种方法：两边扣烫袖叉条（图7-24）；一边扣烫袖叉条（图7-25）。

⑤扣烫后折转烫平（图7-26）。

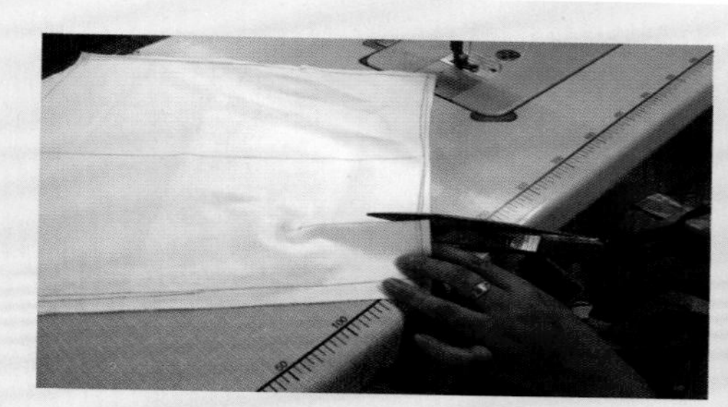

图7-23

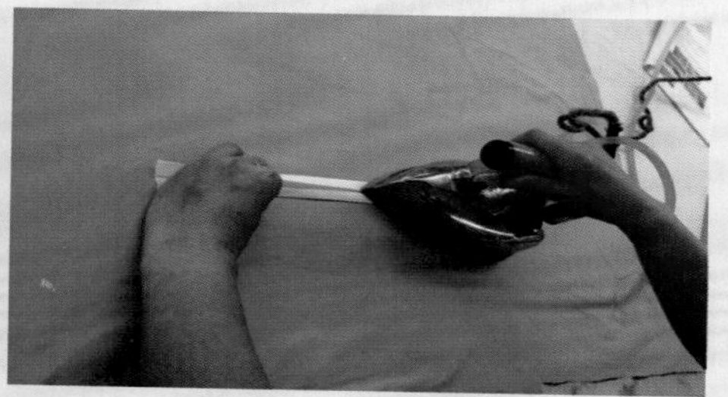

图7-24

图7-25

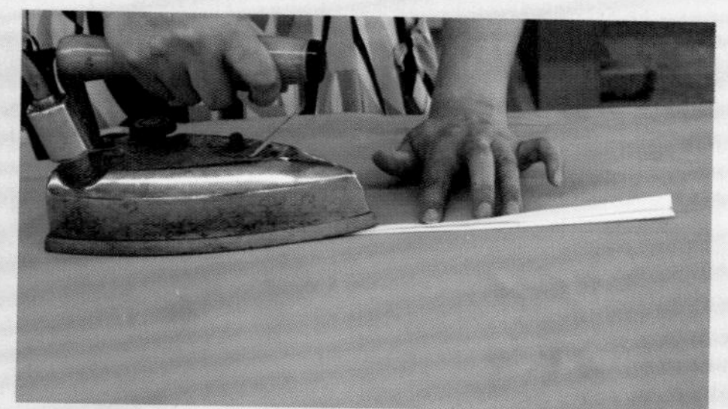

图7-26

⑥两边扣烫夹缉袖叉（图7-27）。

⑦夹缉缝制（图7-28）。

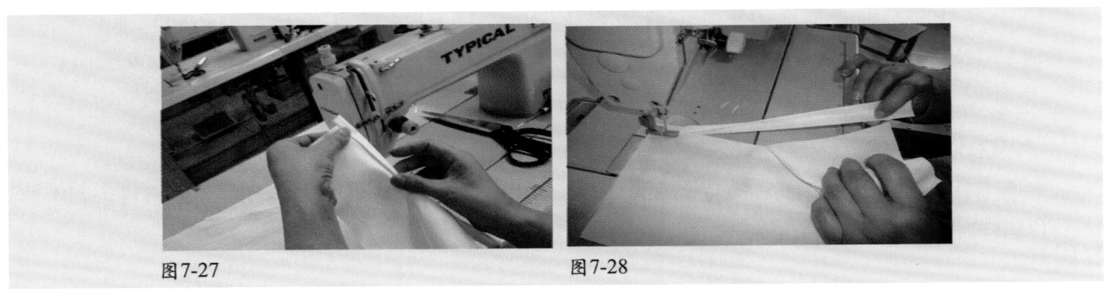
图7-27　图7-28

⑧一边扣烫后先在袖叉里上缝缉毛边第一道线，翻转扣边压缉第二道线（图7-29和图7-30）。

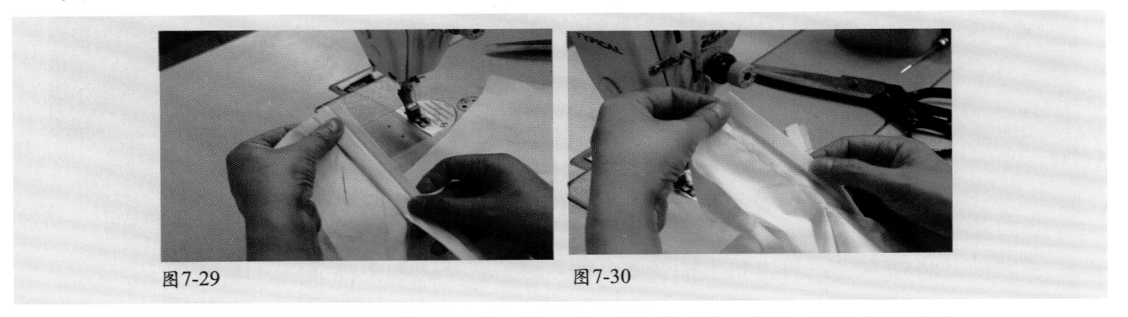
图7-29　图7-30

⑨封袖衩袖：叉条倒向大片袖，熨烫平服，即“大盖小”（图7-31和图7-32）。

⑩袖山弧线吃势（图7-33）。

图7-31　图7-32　图7-33

（11）装袖：袖山眼刀对准肩缝正面相叠，袖子放上层，袖窿与袖山放齐，肩缝朝后身倒，缉线0.8～1 cm（图7-34和图7-35）。袖窿弧线拷边（图7-36）。

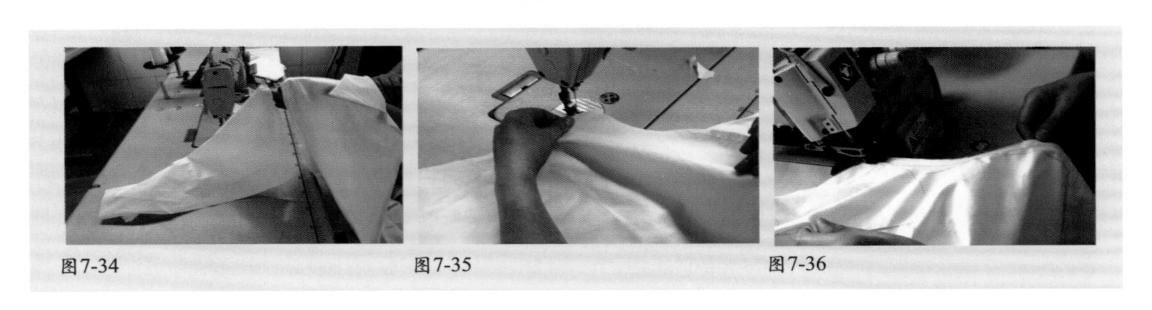
图7-34　图7-35　图7-36

（12）缝合侧缝、袖缝:前衣片放上层，后衣片放下层，左身从下摆向袖口方向缝合，两边对称缝纫，袖底十字缝对齐，上下层松紧一致，然后拷边,十字缝缝头倒向袖片（图7-37和图7-38）。

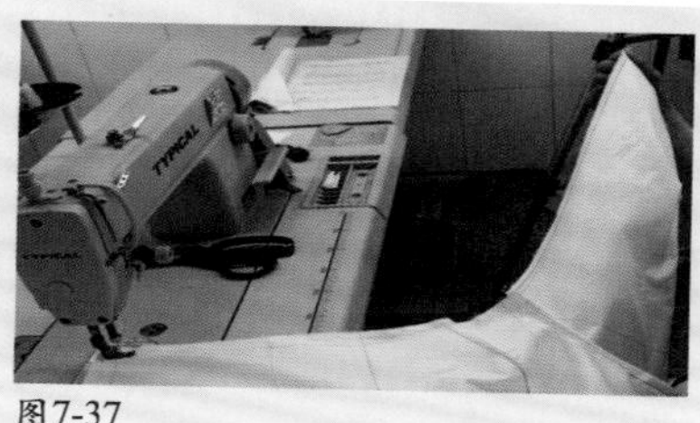
图7-37

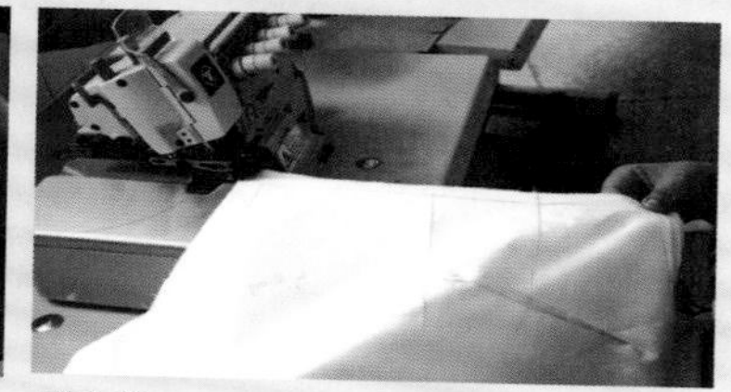
图7-38

（13）装袖克夫：

①右手指抵住压脚，用较稀针距在需要抽线的部位沿边缉线，缉线不要超过缝头，袖口细裥抽均匀，袖衩门襟折转，校准袖口大小与袖克夫长短。袖克夫夹里正面与袖片反面相叠，袖口放齐，缉线0.6 cm（图7-39和图7-40）。

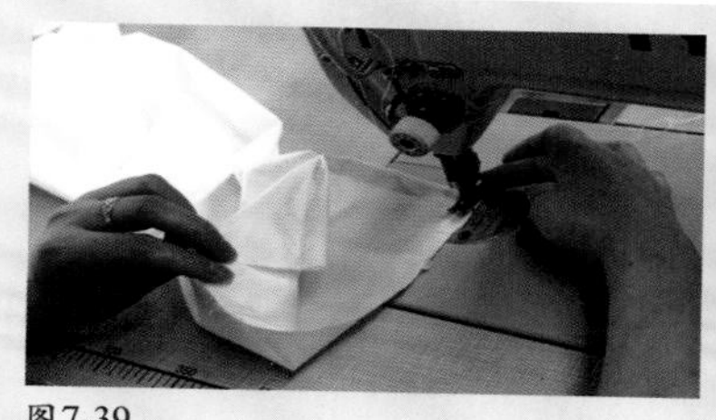
图7-39

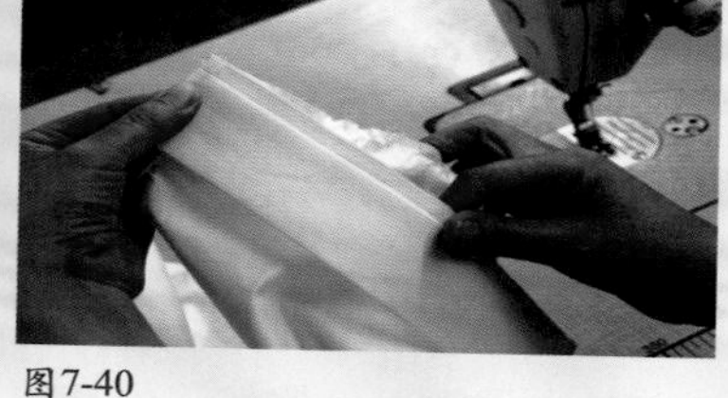
图7-40

②将袖克夫翻正，使装袖头的缝头夹在两层之间，沿袖克夫面扣烫的一边缉明线0.1 cm（图7-41和图7-42）。

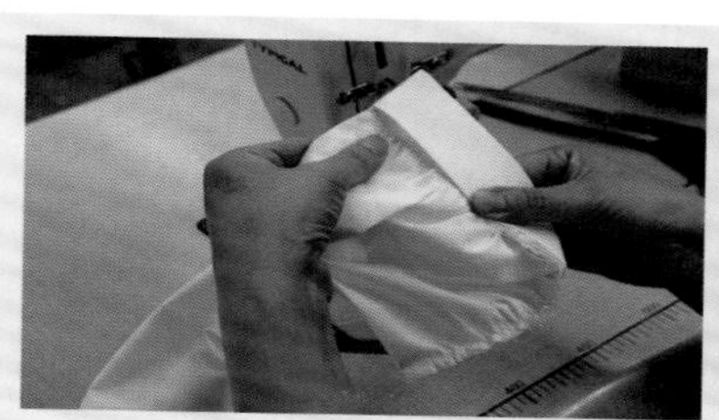
图7-41

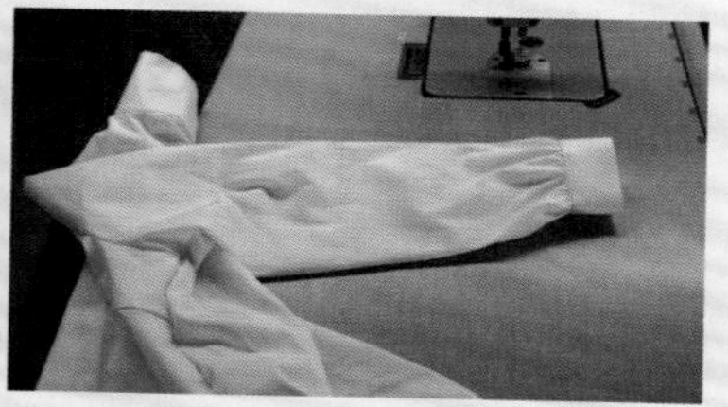
图7-42

（14）做底边：

①挂面翻出，折转底边贴边，贴边扣转毛缝（图7-43和图7-44）。

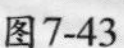
图7-43

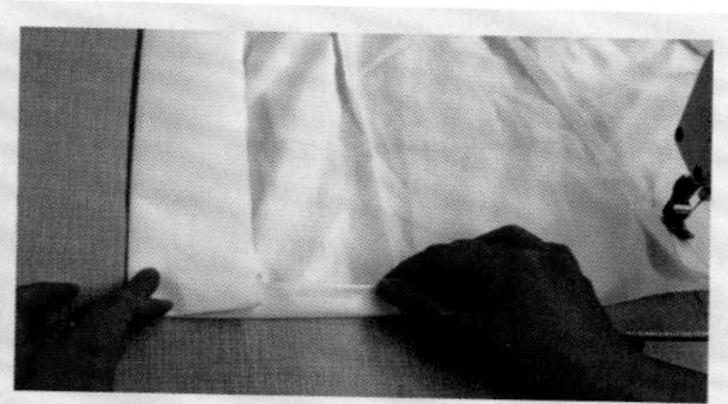
图7-44

②从挂面底边处起针缉0.1 cm止口线至挂面，然后转角缉底边宽正面1.6～2 cm，反面缉0.1 cm清止口，不毛出，不漏落针（图7-45和图7-46）。

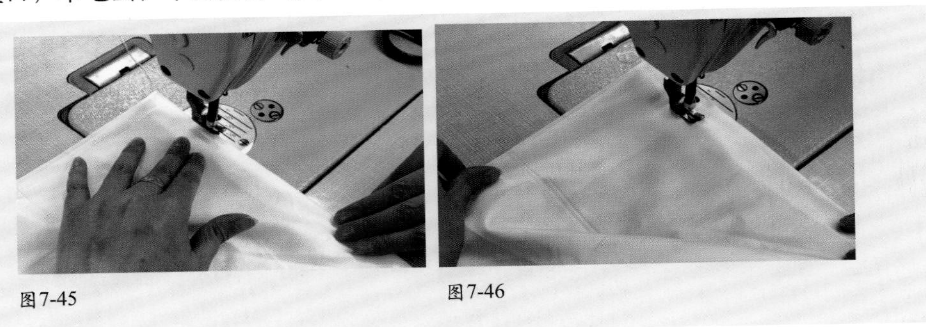

图7-45　图7-46

（15）整烫：整烫底边，侧缝倒向后片全面整烫平整（图7-47）。

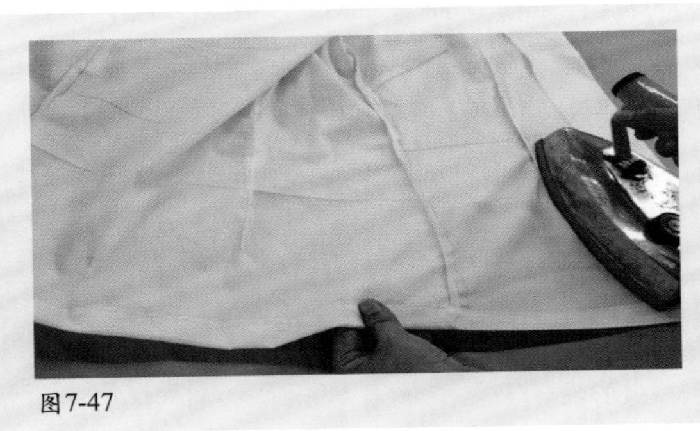

图7-47

（16）锁眼：按制图时画好的扣眼位，进出离止口1.3 cm剪开扣眼，再按基础篇中锁眼方法制作。

（17）钉扣：纽位根据眼位来定，应与眼位配合，扣上纽扣后衬衫平服。按基础篇中钉扣方法制作。

（18）检验：检验过程与方法可参照质量要求进行。

1.单项训练做袖叉、装克夫。

2.按165/88A 的号型做一件女衬衫。

知识链接

1.灯笼袖的制作（图7-48）

(1) 袖山弧线收碎皱（图7-49和图7-50）。

(2) 袖口收碎皱（图7-51）。

(3) 袖口包斜条（图7-52）。

(4) 袖口斜条缉线0.1 cm（图7-53和图7-54）。

(5) 装袖（图7-55）。

(6) 合缝合侧缝、袖缝（图7-56）。

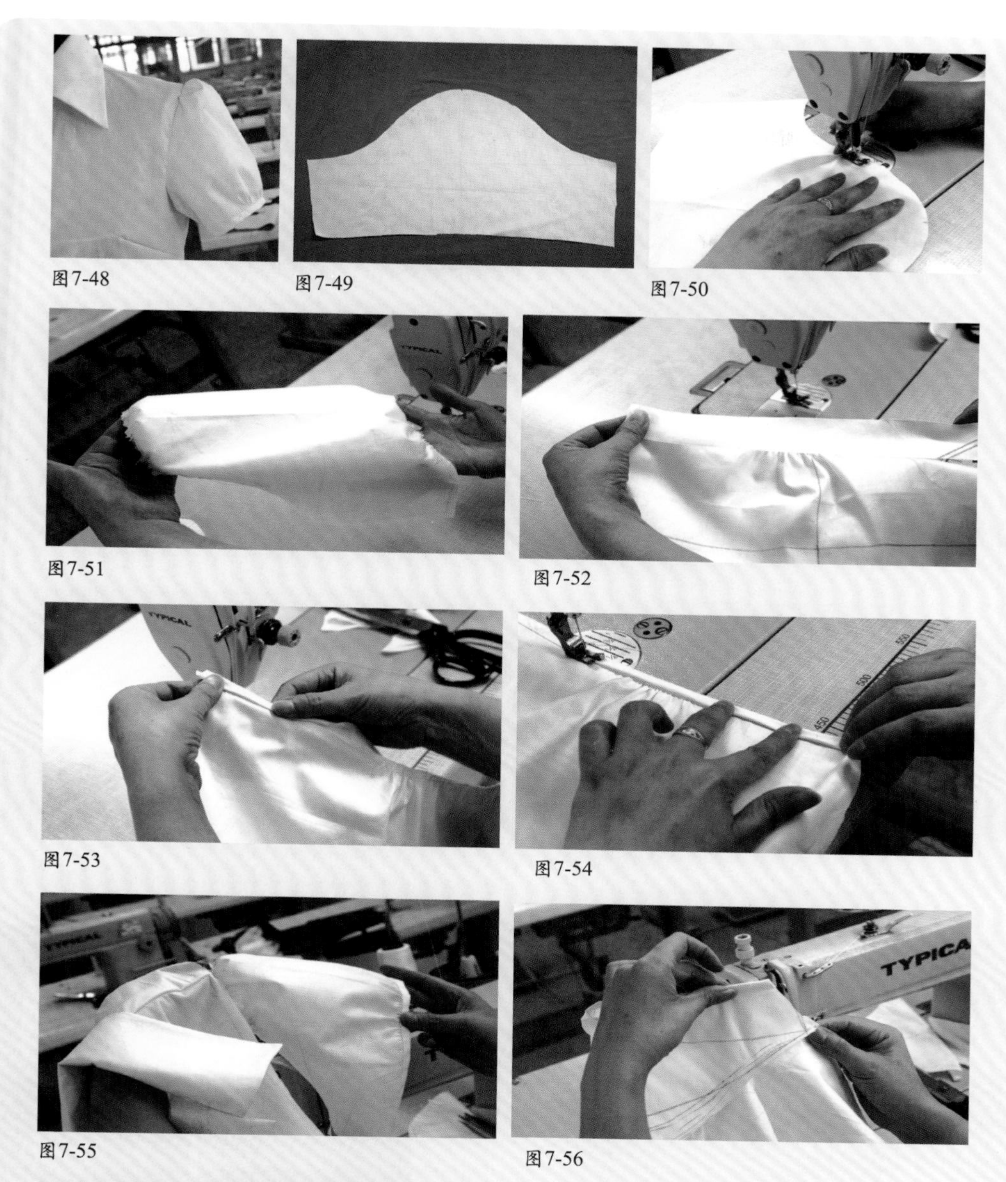

图7-48　图7-49　图7-50

图7-51　图7-52

图7-53　图7-54

图7-55　图7-56

2.帽肩袖的制作（图7-57和图7-58）

①装袖：先将袖山处理为吃势再装袖（图7-59）。

②袖隆缺口处包条（图7-60和图7-61）。

图7-57

图7-58

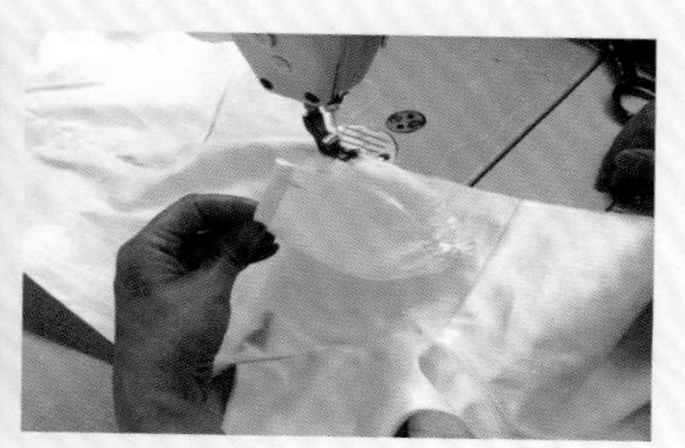

图7-59

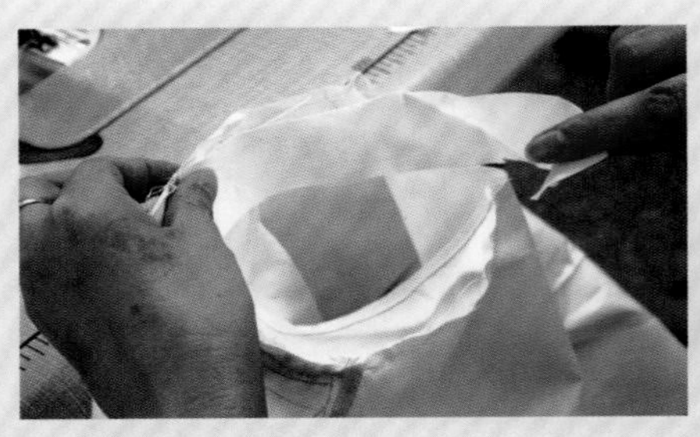
图7-60

图7-61

学习评价

学习要点	我的评分	小组评分	教师评分
学会女衬衫的制作工艺（25分）			
掌握女衬衫的制作流程（20分）			
掌握女衬衫的制作质量要求（25分）			
重点掌握做领、装领、做袖、装袖工艺（30分）			
总　分			

二、男衬衫缝制工艺

1.款式特点

领型为尖角立翻领。前中开襟处，钉扣6粒，左前身胸贴袋1个，后片装过肩，平下摆，侧缝直腰型，袖型为一片袖，袖口收折裥2个，袖口装袖头（克夫），袖头上钉扣1粒。袖子做暗包缝，袖底和摆缝做明包缝（图7-62）。

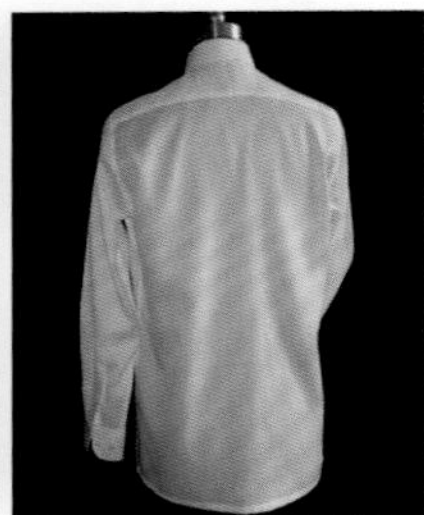
图7-62　男衬衫款式图

小知识

男衬衫种类繁多，无论是正规场合的西服还是度假时的休闲服搭配，处处离不开衬衫。男衬衫的穿法不同，给人的印象全然不同。了解衬衫，尤其是礼服衬衫的质地、挑选方法、穿着方法以及和领带的搭配方法，更是现代男子必知的基本常识。按领子与领带的关系分，男衬衫可分为：标准领、异色领、敞角领、暗扣领、纽扣领等类。

2.成品规格

单位：cm

号型 \ 部位 规格	衣长	胸围	肩宽	领围	袖长
170/88A	72	110	46	39	59

3.材料准备及用料说明

（1）主件：前衣片2片，后衣片1片，胸贴袋1片，袖片2片，翻领2片，坐领2片，袖克夫4片，宝剑袖叉2片，一条式袖叉条2片，复司2片。

（2）辅料：有纺粘合衬（翻领面衬1片、领座里衬1片、袖头面衬2片）；无纺粘合衬（门里襟衬2片、袖克夫里衬2片）；纽扣8粒（图7-63）。

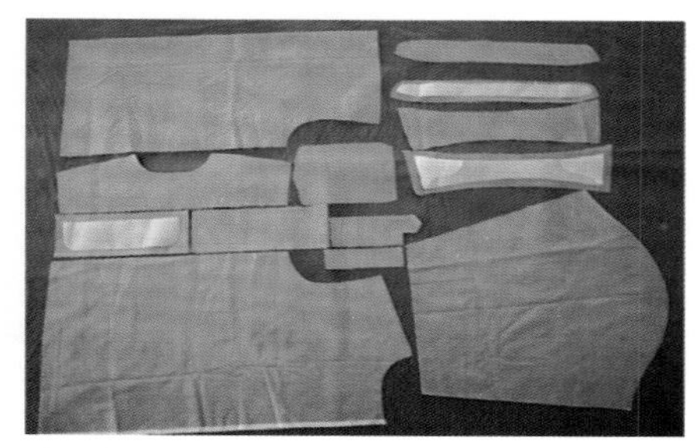

图7-63

4.质量要求

（1）符合成品规格。

（2）翻领角和领座头的形状、长短左右对称，领面有窝势，明缉线均匀、顺直，平服，不吐里、不反翘，装领左右对称，面、里松紧适宜，门里襟止口平直。

（3）门里襟长短、宽窄一致，止口顺直；装袋位置准确、平服，明缉线均匀、左右对称。

（4）装袖圆顺、位置准确，左右对称，明缉线宽窄一致；宝剑袖叉左右形状、长短一致，无毛出，袖头左右圆头对称，止口顺直。

（5）侧缝明缉线宽窄一致，“十”字缝对准，不扭，无毛出。

（6）底边宽窄一致，缉线顺直。

（7）内外无线头，线迹正常，成品美观，干净平整。

5.工艺流程

查片→烫衬→做缝制标记→烫翻门襟、里襟→缉翻门襟、里襟→做袋→装袋→装过肩→缝合肩缝→做立翻领→装领→做宝剑袖衩→装袖（暗包缝）→缝合侧缝和袖底缝（明包缝）→做袖头→装袖头→做底边→锁眼，钉纽→整烫→检验。

男衬衫缝制的重点是做领、装领；难点是做宝剑袖叉、装袖。

6.缝制过程

（1）查片：检查裁片是否齐全、准确，粉印、眼刀是否到位,如有遗漏需及时补上。

（2）烫衬：

①烫挂面衬、烫翻贴边。门里襟做翻叠门，翻叠门宽2～3.5 cm。如果面料无正反之分，衬烫在正面；如果面料有正反之分，则另裁挂面，衬烫在反面（图7-64和图7-65）。

②烫翻门里襟、门里襟挂面宽窄按标记折转，从上向下，烫翻领面、里衬（图7-66和图7-67）。

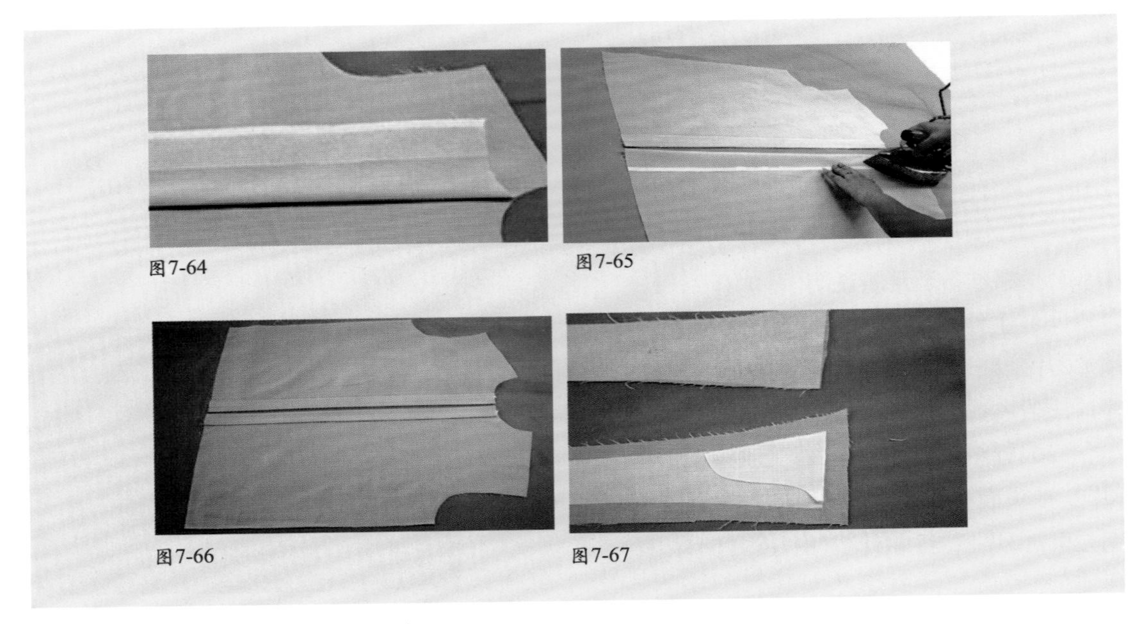
图7-64 图7-65 图7-66 图7-67

③烫领座面、里衬（图7-68）。

④扣烫领座面（图7-69）。

⑤烫克夫面、里衬（图7-70）。

⑥扣烫克夫（图7-71）。

⑦烫袋口衬（图7-72）。

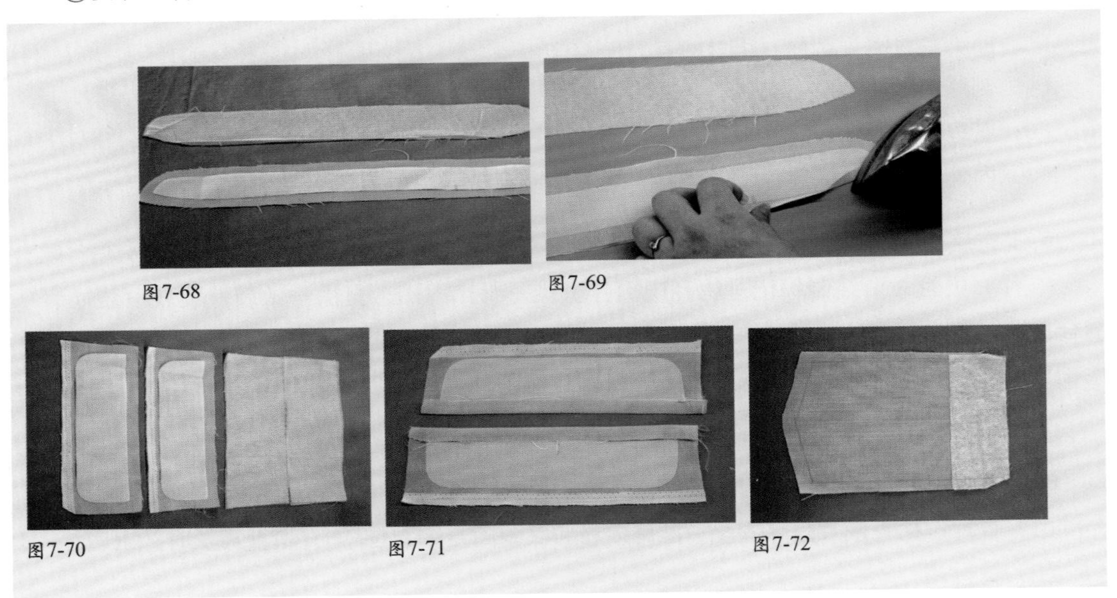
图7-68 图7-69 图7-70 图7-71 图7-72

⑧扣烫贴袋，将袋口贴边折2次，使净宽为3 cm，再用胸袋板包烫其余三边，并修剪缝头留0.6 cm左右，袋口可缉明线，也可不缉明线。注意对条对格，明线不允许接线（图7-73和图7-74）。

⑨烫宝剑袖叉、袖叉里襟（图7-75）。

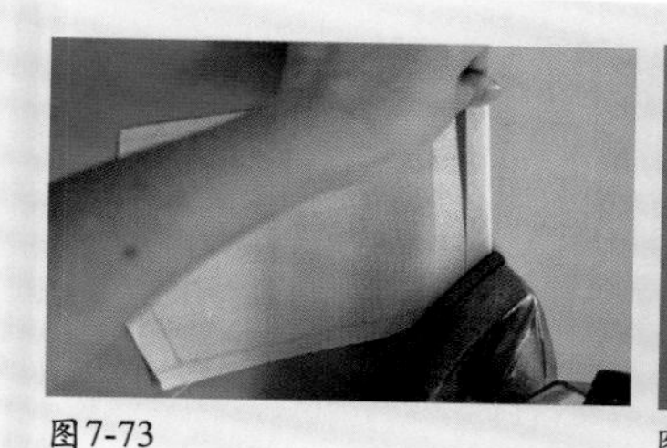
图7-73

图7-74

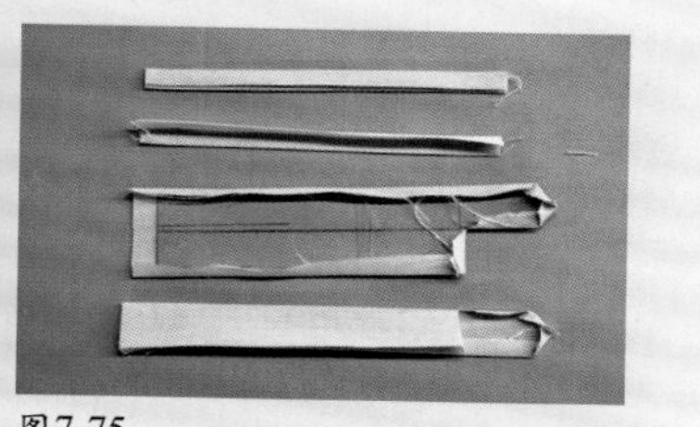
图7-75

（3）做缝制标记：

①前衣片：左胸贴袋位、止口、翻叠门宽，底边贴边宽。

②后衣片：后领圈中点、底边贴边宽。

③袖片：对肩眼刀、袖口折裥位。

④领片：领中点、对肩眼刀。

（4）缉翻门、里襟：翻贴边的两侧均缉明线0.15～0.5 cm，缉线顺直，平服（图7-76和图7-77）。

（5）装贴袋:

①按缝制标记把贴袋放在前衣片左片的相应位置上，不歪斜，若有条格要对条对格，从左袋口起针，缉明线0.1～0.15 cm（图7-78和图7-79）。

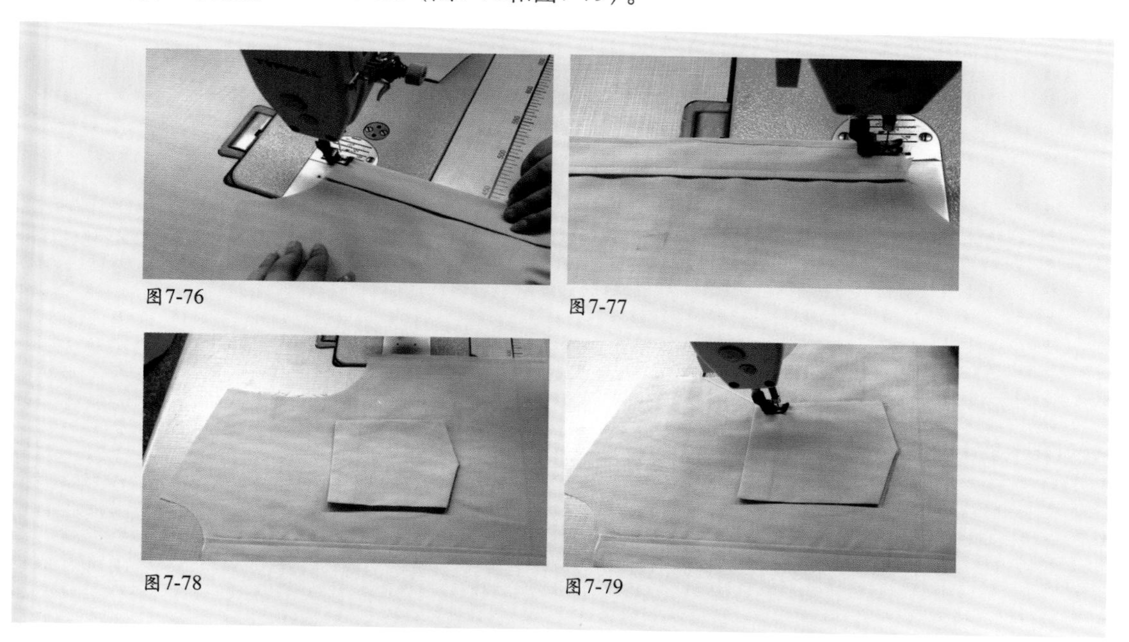
图7-76

图7-77

图7-78

图7-79

②袋口封线是直角三角形或长方形，宽0.5～0.6 cm，长与袋口贴边宽一致，左右封口大小相等（图7-80）。

（6）装过肩：过肩正面相对，中间夹缉后片注意三层中点对准缝缉1 cm，然后翻正烫平、清剪（图7-81和图7-82）。

图7-80　图7-81　图7-82

（7）合肩缝：

①缝合过肩里与前片，分开前后片烫（图7-83和图7-84）。

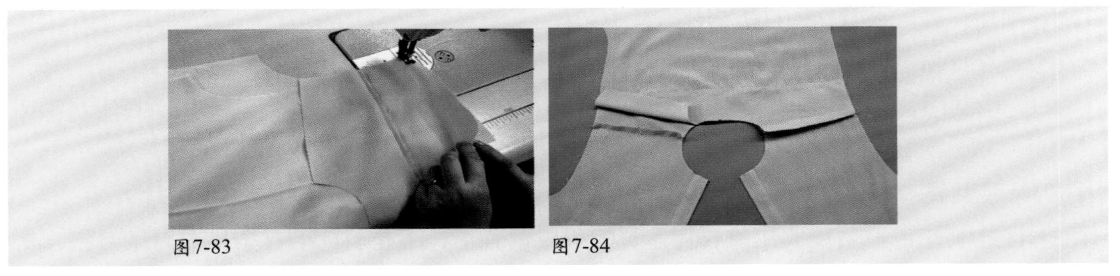
图7-83　图7-84

②扣烫过肩面0.7 cm（图7-85）。

③过肩面缉明线0.1～0.15 cm（图7-86）。

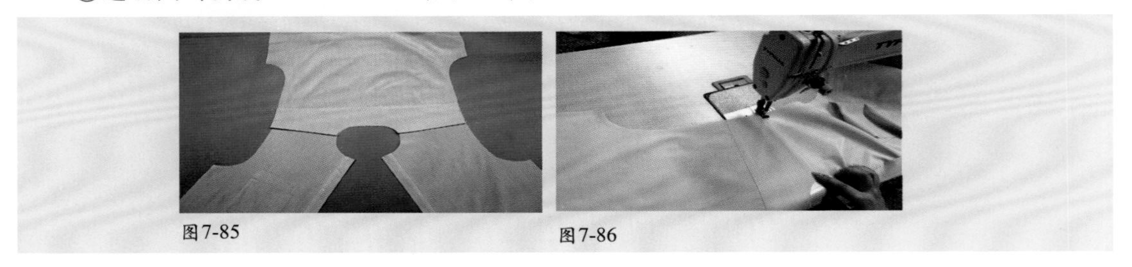
图7-85　图7-86

（8）做立翻领:

①领面正面相对离净衬0.1 cm，缉线时注意面松里紧，领角处带一根线加进领角最后一针处（图7-87和图7-88）。

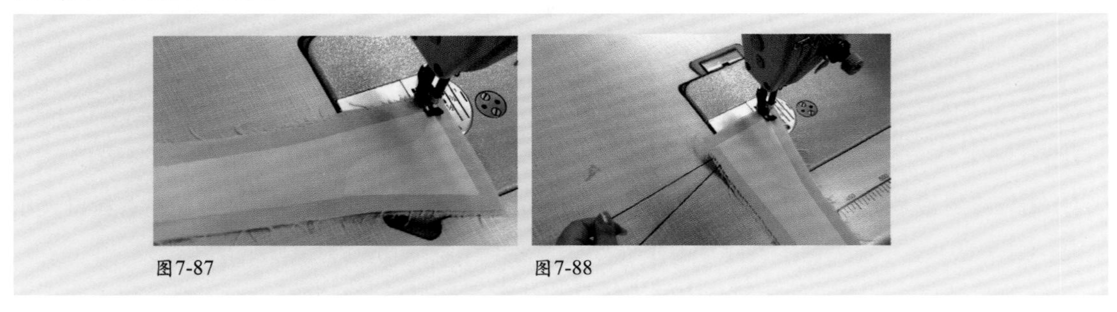
图7-87　图7-88

②清剪扣烫缝头，按住领尖缝头，手中带线轻轻拉出，尖角翻足，两领角对称烫平（图7-89和图7-90）。

图7-89

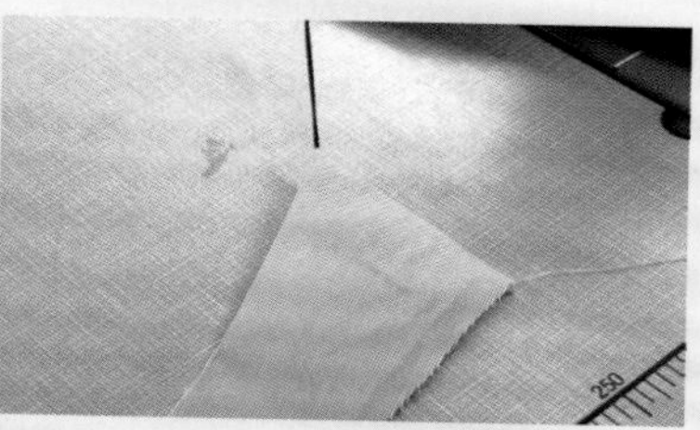

图7-90

③翻领缉线0.6 cm，不跳针、不接线（图7-91）。

④沿领座面下口0.6 cm缉线（图7-92）。

图7-91

图7-92

⑤领座夹缉翻领领座面、里正面相叠，里在下，面在上，中间夹进翻领，翻领面朝上，边沿对齐，三眼刀对准，离领座衬0.1 cm缉线（图7-93和图7-94）。

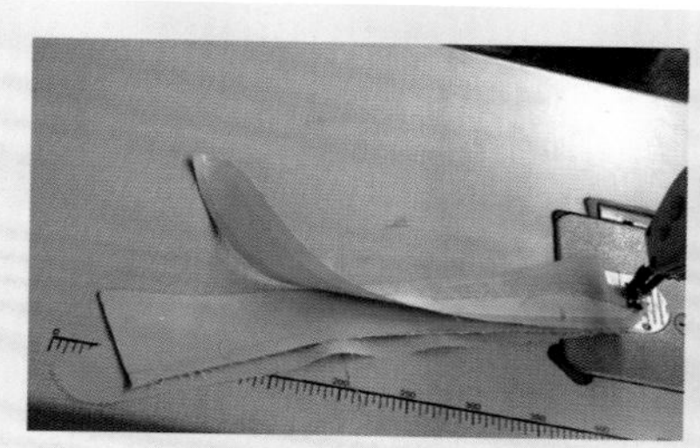
图7-93

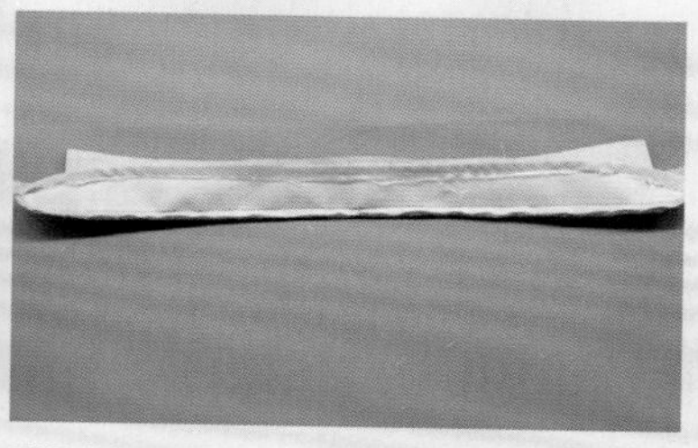
图7-94

⑥将底领两端圆头的内缝修成0.3 cm，翻出圆头，将圆头止口烫平（图7-95和图7-96）。

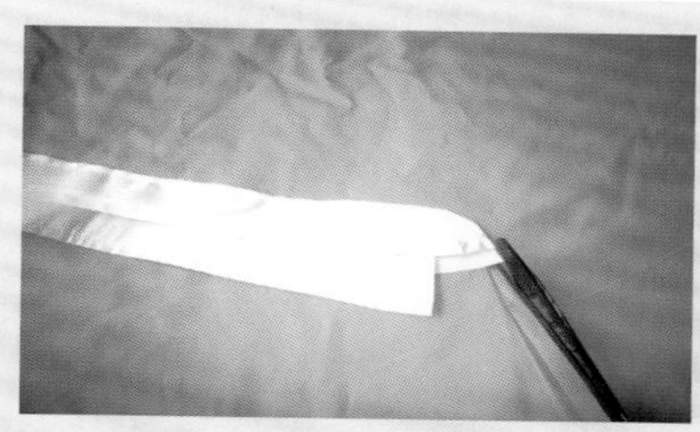
图7-95

图7-96

练习缝制男衬衫领。

（9）装领。领座里正面和衣片正面相叠，衣片在下，以0.8 cm缝头缝缉。肩缝、后中眼刀对准，防止领圈中途变形，缉线圆顺。将领面翻正，让衣片领圈夹于底领面、里之间，缉线起止点在翻领两端进2 cm处，接线要重叠。领座上口、圆口处缉0.15 cm明止口一圈，下口、反面坐缝不超过0.3 cm（图7-97至图7-99）。

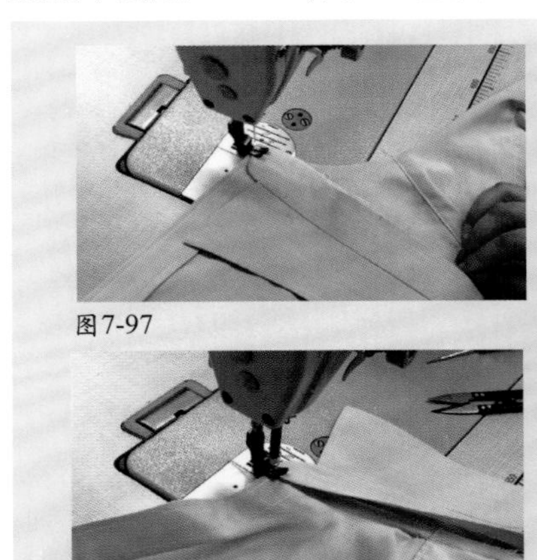

图7-97

图7-98

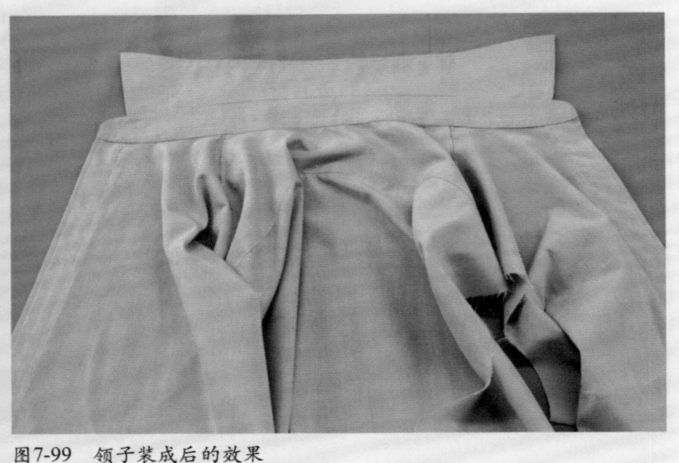

图7-99　领子装成后的效果

（10）做宝剑袖衩：

①剪开袖叉，夹缉袖叉里襟（图7-100和图7-101）。

②封开叉三角（图7-102）。

图7-100

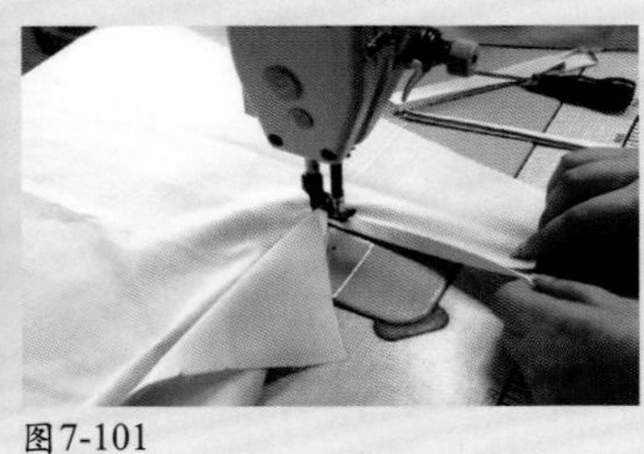

图7-101

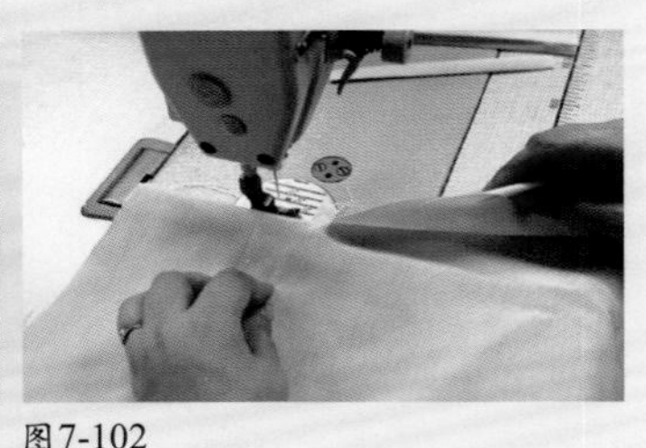

图7-102

③宝剑袖叉夹缉袖片（图7-103）。

④袖叉栓结呈宝剑型（图7-104）。

⑤按刀眼固定袖口折裥，折裥倒向门襟开叉处（图7-105）。

图7-103

图7-104

图7-105

练习缝制男衬衫宝剑袖叉。

（11）装袖：

①（做暗包缝）袖片包衣片，正面相叠袖片放出0.8 cm，包转缉线0.1 cm（图7-106和图7-107）。

②正面压缉0.6 cm（图7-108）。

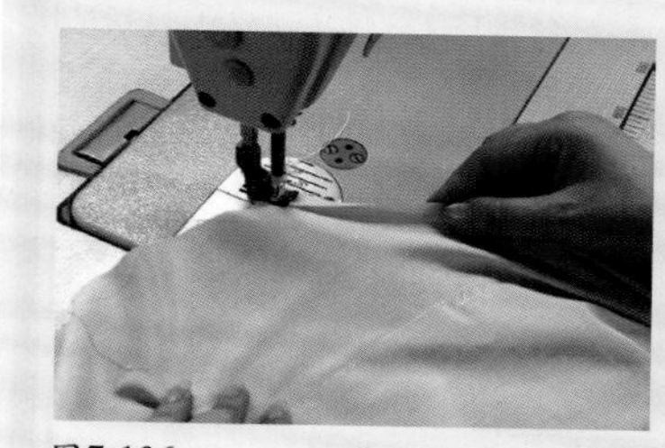
图7-106

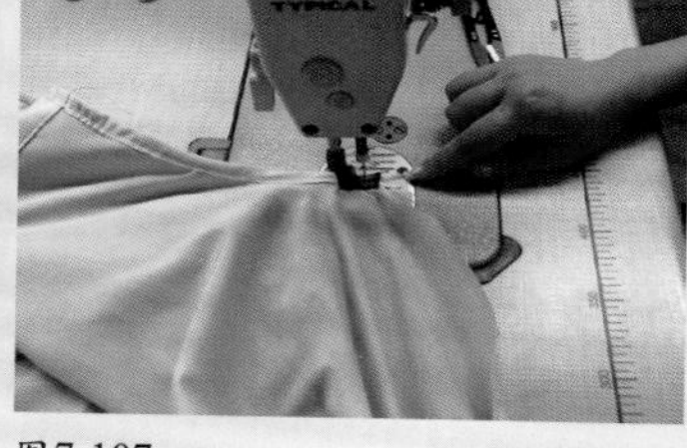

图7-107

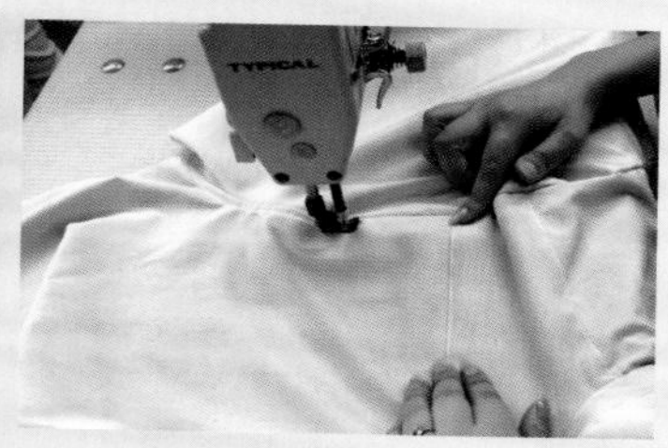

图7-108

（12）缝合侧缝和袖底缝：(做明包缝）将衣片反面相叠，前片在上，下层放出并包转0.8 cm，缉线0.15 cm；分开衣片坐倒包缝缉线0.15 cm（图7-109和图7-110）。

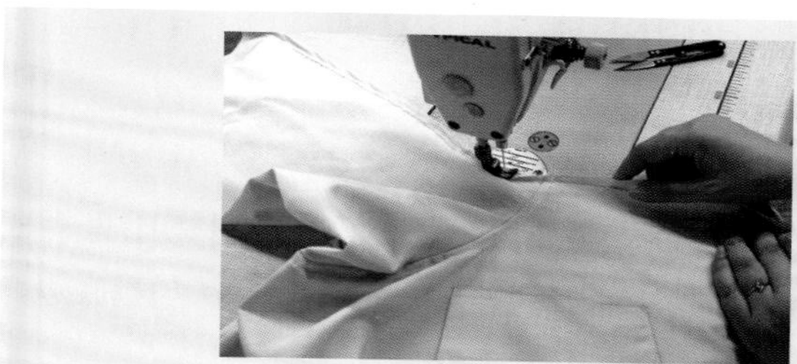
图7-109

图7-110

（13）做克夫：

①在扣烫好的克夫边沿缉线0.6 cm，将袖头面、里正面相叠，袖头面在上，边沿对齐，下层放出0.8 cm,兜缉三边，兜缉圆角时应适当拉紧里子，使两角圆顺，缝后修剪（图7-111和图7-112）。

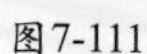
图7-111

图7-112

②修剪克夫缝份（图7-113）。

③扣烫克夫缝头（图7-114）。

④烫平后的两个克夫（图7-115）。

图7-113　图7-114　图7-115

（14）装袖头（克夫）：

①调整好袖口和克夫的大小，两端放齐，克夫放在袖片的反面沿缝份0.8 cm缉第一道线。袖克夫翻正缉克夫口0.15 cm清止口（图7-116和图7-117）。

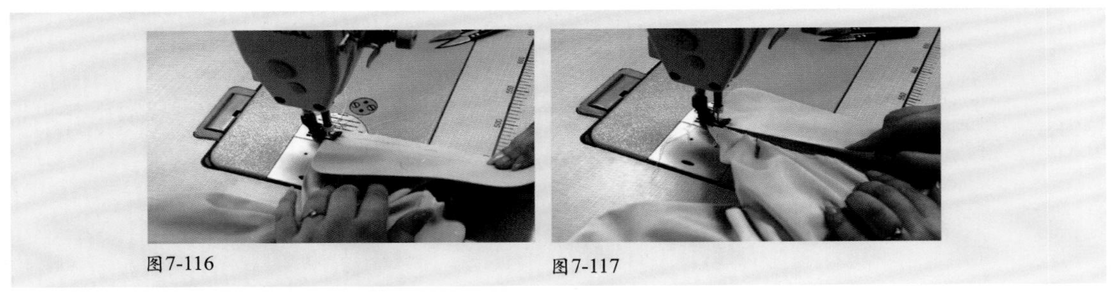

图7-116　图7-117

②沿克夫边沿缉0.6 cm装饰线（图7-118）。

（15）做底边：校准门里襟长短，将领口处并齐，门里襟对合，允许门襟比里襟长0.2 cm，门里襟做好贴边宽窄标记。按贴边先折转0.5 cm，再折转贴边宽1.5 cm，从门襟底边开始向里襟缉线，0.15 cm处清止口（图7-119）。

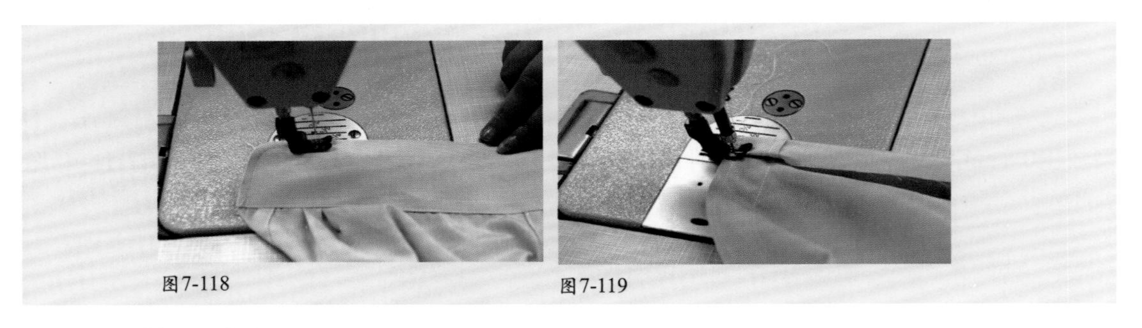

图7-118　图7-119

（16）锁眼，钉纽：

①锁眼。门襟领座锁横扣眼1个，门襟锁直扣眼5个，进出离门襟止口1.9 cm，或在门襟宽1/2处。袖头门襟一边锁扣眼1个，进出距离袖头边1.2 cm，高低居中袖头较宽，宝剑袖衩居中锁一直扣眼，均为平头扣眼。

②钉扣：扣位根据眼位来定，应与眼位配合，扣上纽扣后，衬衫平服。

（17）整烫：先烫领，接着烫过肩、后背，再烫前身门里襟、贴袋，最后烫袖子。

（18）检验：检验过程与方法可参照本节的质量要求进行。

练一练

按170/88A的号型做一件男衬衫。

知识链接

男衬衫款式变化：圆弧形下摆男衬衫、短袖男衬衫，其工艺更简单。

学习评价

学习要点	我的评分	小组评分	教师评分
学会男衬衫的制作工艺（25分）			
掌握男衬衫的制作流程（20分）			
掌握男衬衫的制作质量要求（25分）			
重点掌握做领、装领、做袖叉、装复司工艺（30分）			
总　分			

学习任务八
春秋衫、女夹克衫缝制工艺

[学习目标] 通过学习，让学生掌握春秋衫、夹克衫的工艺流程及各部位的缝制方法、质量要求。为今后学习款式变化打下良好的基础。

[学习手段] 在前面学习的基础上，掌握袋盖及缝制工艺。通过图解说明及现场演示的教学方法让学生学会夹克衫的缝制方法、质量要求及熨烫方法，从而完成教学目标。

[学习重点] 贴袋、分领、袋盖、分割线、登门的缝制方法及春秋衫、夹克衫的缝制质量要求。

[学习课时] 20课时。

一、春秋衫缝制工艺

1.款式特点

圆翻领，带夹里，门襟下摆圆角，单排五粒扣，前后衣身弧形分割，X腰身，圆装袖，无袖衩，前片左右各一圆角贴袋（图8-1）。

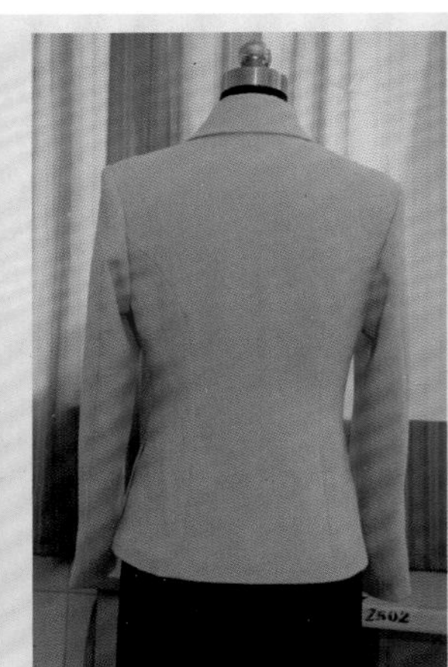

图8-1 春秋衫款式图

2.成品规格

单位：cm

号型 \ 部位 规格	衣长	胸围	肩宽	领围	前腰节长	袖长	胸高
160/80A	58	92	39	36	39	54	24

3.材料准备及用料说明

（1）面料：前中片2片，前侧片2片，后中片1片，后侧片2片，大袖片2片，小袖片2片，挂面2片，后领贴1片，领片2片（或4片），袋布2片（图8-2）。

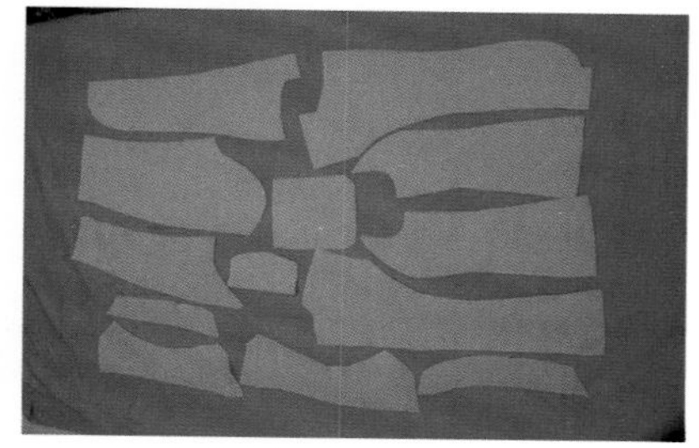

图8-2　春秋衫主件及配件图

（2）里料：前片2片，后中片1片，后侧片2片，大袖片2片，小袖片2片。

（3）辅料：衬（主要用无纺衬。大身衬2片，挂面衬2片，领衬1片，贴边衬若干）；纽扣5粒；配色线。

4.质量要求

（1）符合成品规格。

（2）领角长短一致，造型正确，装领左右对称，面、里松紧适宜。

（3）前身胸部圆顺、饱满，收腰一致，丝绺顺直，门里襟长短一致，挺薄不外吐，高低一致，衣角圆顺，底边顺直。

（4）背缝分割顺直、收腰自然。

（5）装袖吃势均匀，两袖圆润居中，弯势适宜，袖口平整，大小一致。

（6）里子光洁、平整。

（7）整烫要求平、薄、顺。

（8）内外无线头，线迹正常，成品美观，干净平整。

5.工艺流程

查片→烫衬→复板（前中片、挂面、领）→做缝制标记→合前片、合后片（小烫）→贴前袋→缝合挂面→合肩缝、侧缝及加后领贴（小烫）→做领（小烫）→装领→做袖（小烫）→装袖→做装夹里→锁眼→整烫→钉纽→检验。

春秋衫制作中的重点是装领，难点是做袖、装袖。

6.缝制过程

（1）查片：检查裁片是否齐全、准确。

（2）烫衬：烫衬部位：前中片、挂面、领面为全衬。配袖口、底边衬。

（3）覆板：将前中片、挂面、领片毛样板放于已粘衬的裁片上进行修板(图8-3)。

（4）做缝制标记：在前片面料、挂面及领面裁片上，用净样板画好净样线。在所有裁片各标志点上做好标记，根据不同的生产方式，采用不同的标记方法，以保证左右衣片的对称性。

（5）合前片、合后片：

①前片：将前中片与前侧片正面相叠缝合。对齐胸围及腰围标记点，在标记点上、下3 cm处，将前中片吃进0.3～0.5 cm，其他部位均保持不松紧（图8-4）。

②后片：将后中与后侧片正面相叠缝合，并缝烫平，压薄。

将缝头分烫，前胸部分置于烫包上烫（图8-5和图8-6）。

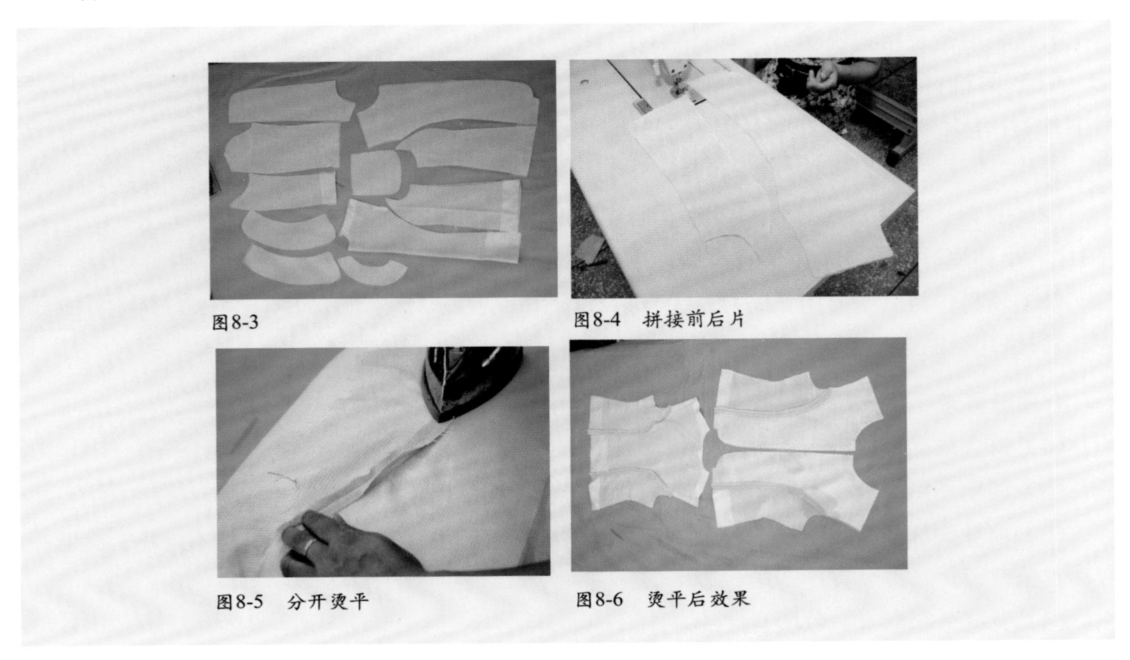

图8-3

图8-4　拼接前后片

图8-5　分开烫平

图8-6　烫平后效果

（6）贴袋：根据样板定出袋位，用袋净样板烫出袋布，直接压线即可（图8-7至图8-11）。

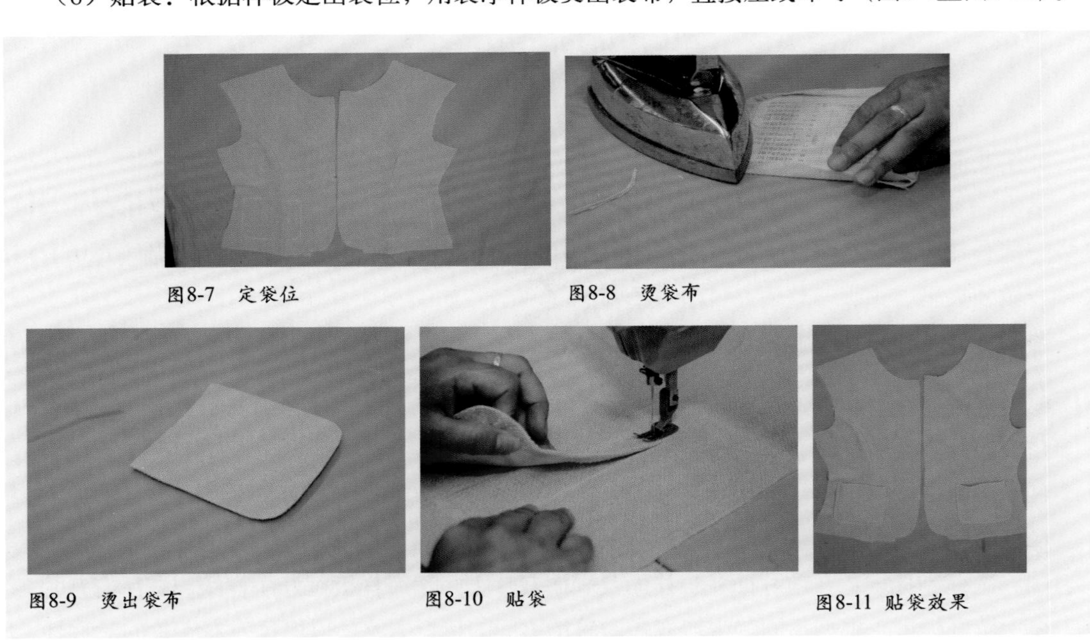

图8-7　定袋位

图8-8　烫袋布

图8-9　烫出袋布

图8-10　贴袋

图8-11 贴袋效果

（7）缝合挂面。将前衣片与挂面正面相叠，挂面放上面，从绱领点开始沿净样线缉线1 cm（图8-12和图8-13）。

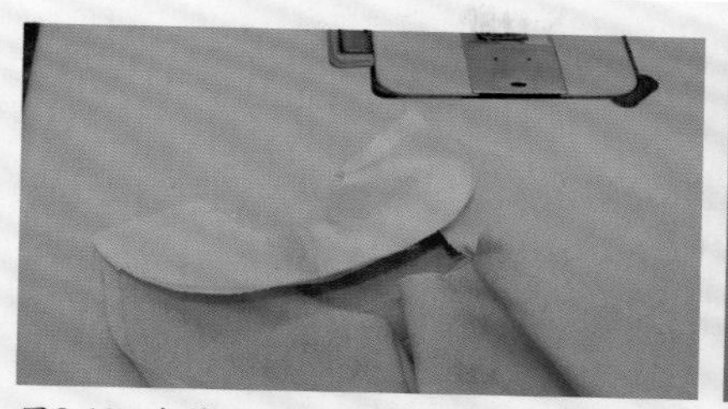
图8-12 合挂面

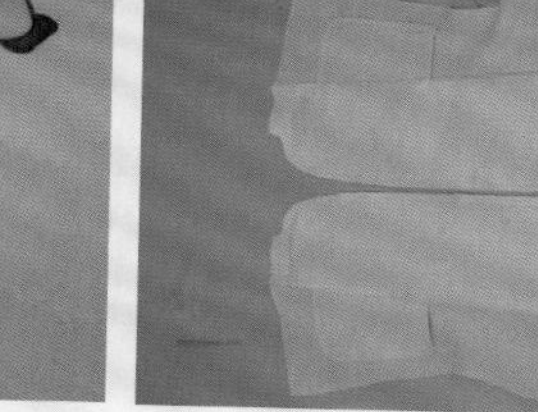
图8-13

（8）缝合肩缝、摆缝、加后领贴:

①前后肩缝正面相叠，前片放上面，缉线1 cm，然后分烫（图8-14和图8-15）。

②缉合摆缝，分烫并折烫底边及挂面（图8-16和图8-17）。

③加后领贴，将后领贴与挂面正面相叠，肩缝缉线1 cm，然后分烫（图8-18至图8-20）。

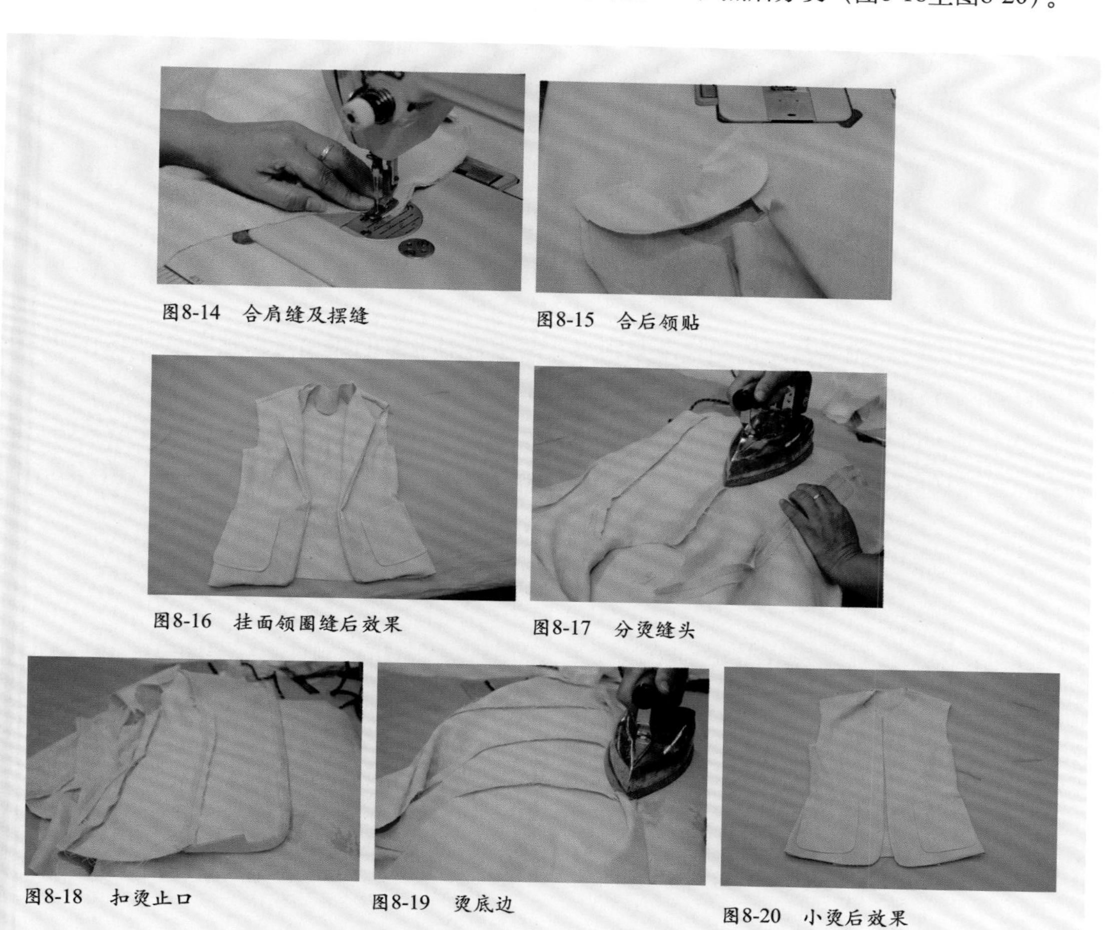
图8-14 合肩缝及摆缝

图8-15 合后领贴

图8-16 挂面领圈缝后效果

图8-17 分烫缝头

图8-18 扣烫止口

图8-19 烫底边

图8-20 小烫后效果

（9）做领：

①已粘全衬的为领面。领面与领里正面相叠，按净样线缝合领外口，并清剪缝头剩0.3～0.5 cm宽（图8-21和图8-22）。

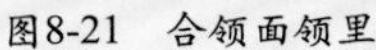
图8-21　合领面领里

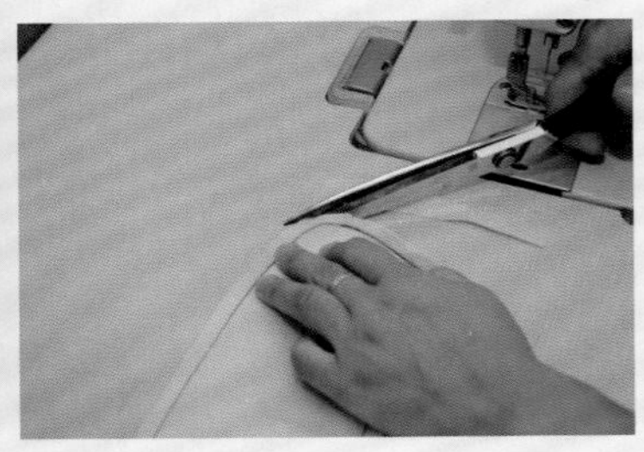
图8-22　修剪缝头

②翻出领正面，按领里坐进0.1 cm烫服止口,并在领下口做好肩缝及后中对刀标记（图8-23和图8-24）。

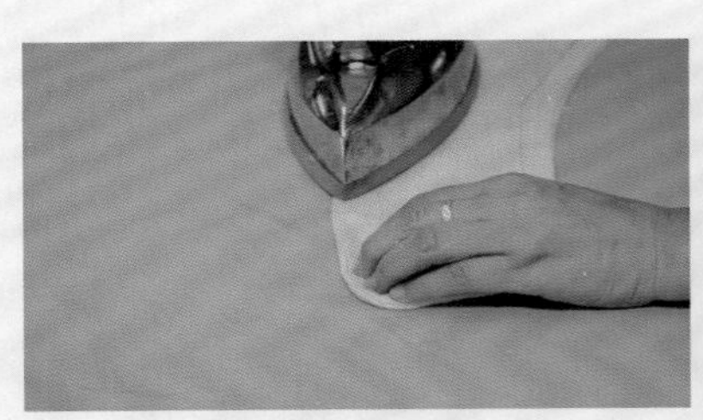
图8-23　扣烫领缝头

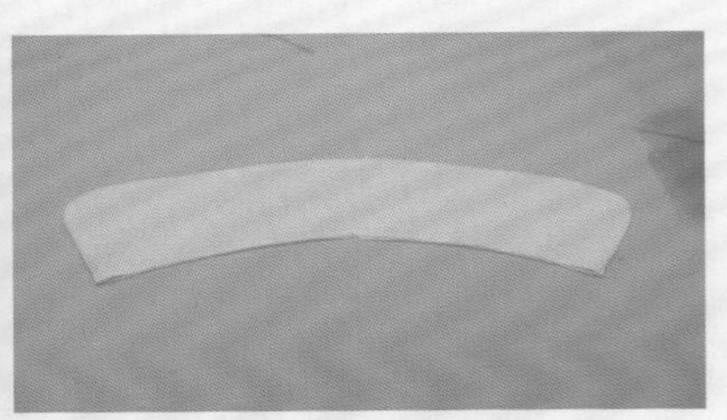
图8-24　翻转烫平找出领中点

（10）装领：

①对点：找准领子与领圈的三个装领点，领头点对准叠门绱领点、领中点对准后领圈中点、对肩眼刀对准肩缝（图8-25）。

②装领：将领子正面与衣服正面相叠，对准标记缝合。将领子里面与挂面及后领贴正面相叠，对准标记缝合，分别烫分缝，然后用手缝针固定衣片与挂面及后领贴缝头（图8-26至图8-30）。

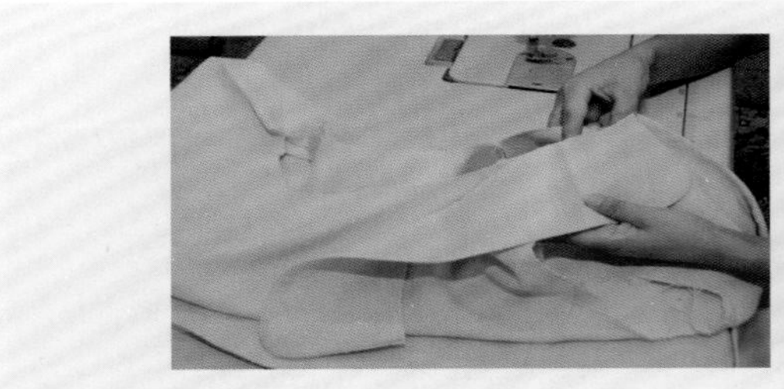
图8-25　对点

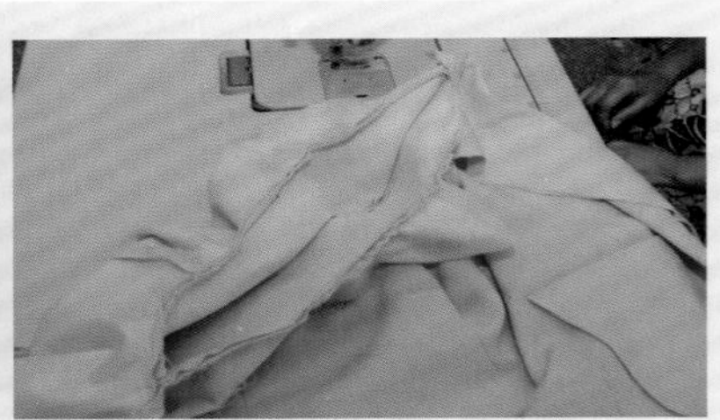
图8-26　分别缝合

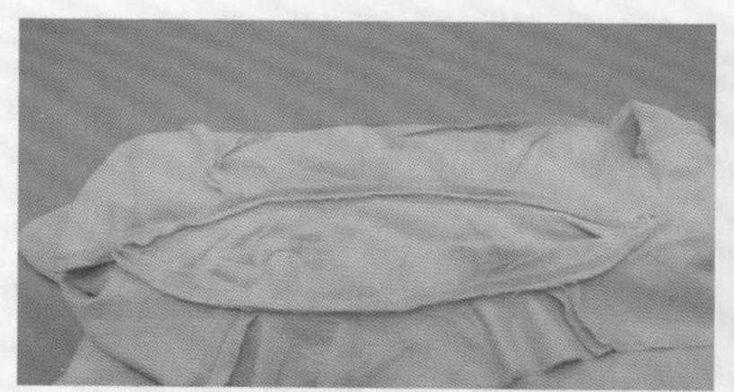

图8-27　分烫

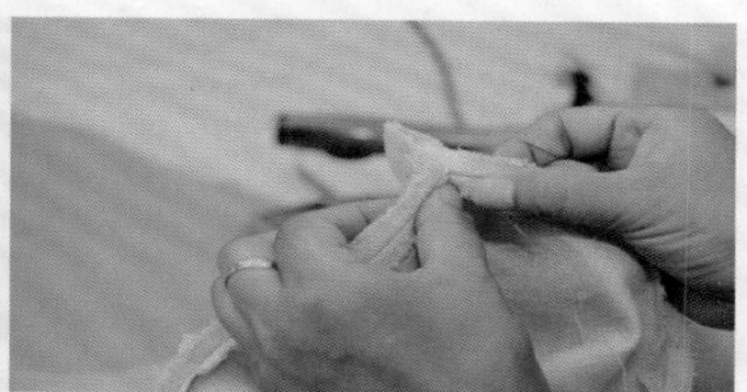

图8-28　手缝固定

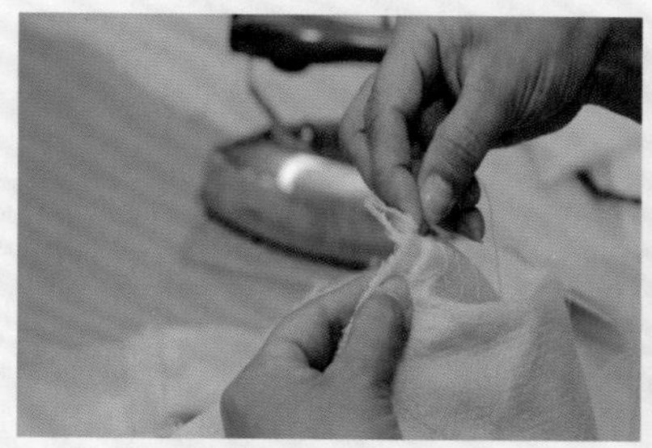

图8-29　装领后效果

图8-30　手缝固定

（11）做袖：

①缉烫后袖缝：把袖子大小片正面相叠缝合后袖缝，顺袖弯势烫开。烫时将袖片小片摊平，袖大片呈自然形状，熨斗不得超过前偏袖线，然后将袖口折边翻烫（图8-31至图8-33）。

②缉烫前袖缝：把大小袖片的前袖缝正面相叠缝合，袖大片袖肘部要放些吃量，分烫袖缝（图8-34至图8-36）。

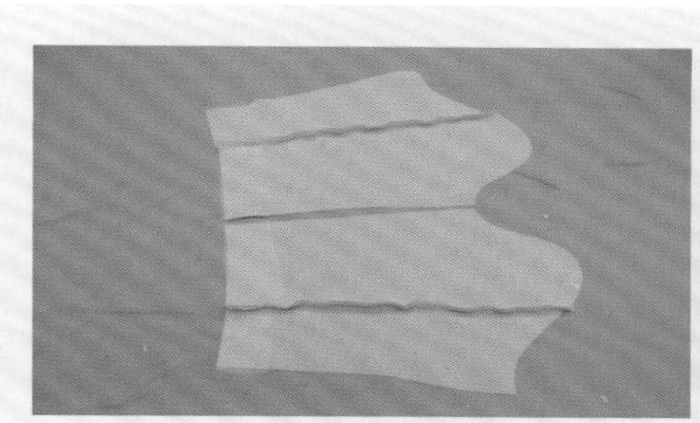

图8-31　缉后袖缝

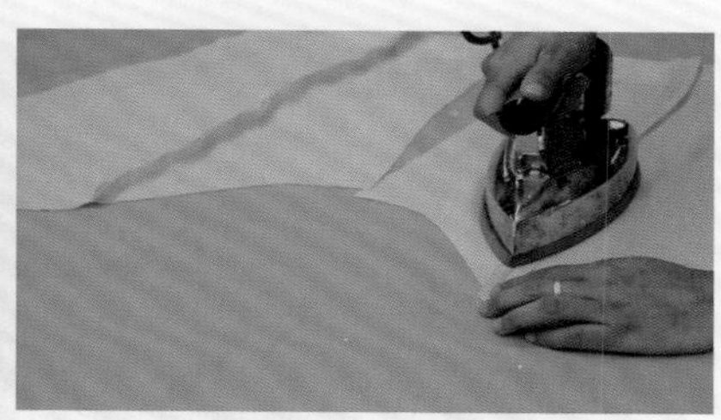

图8-32　烫后袖缝

图8-33　袖口折边翻烫

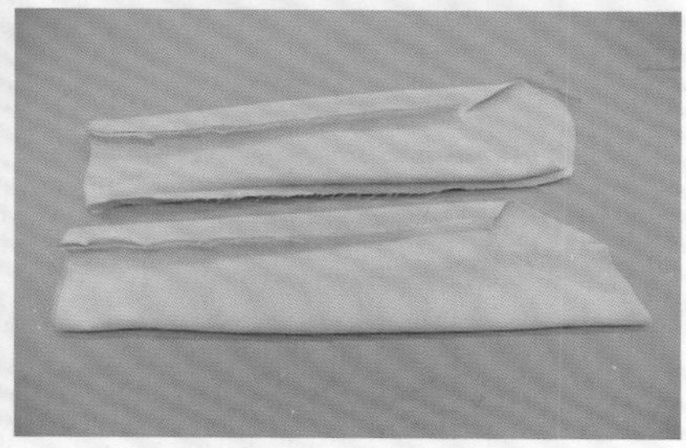

图8-34　缉前袖缝

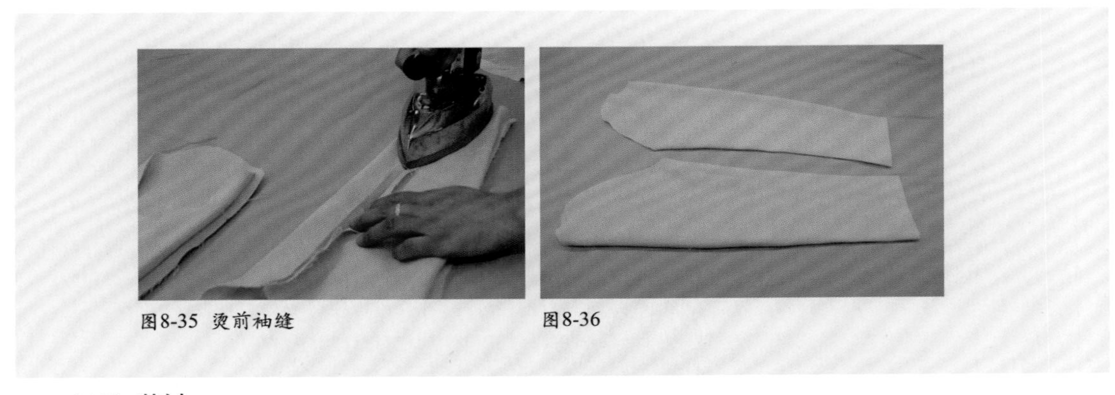
图8-35 烫前袖缝　图8-36

（12）装袖：

①袖山弧线吃势：袖山头采用斜丝肩垫条抽线做吃势。在袖山头眼刀左右一段横丝绺少抽些，斜丝绺部位抽拢稍多些，袖山头向下一段少抽，袖底部位可不抽线，保证袖山与袖窿大小一致（图8-37和图8-38）。

②装袖：袖子放上层，大身放下层，正面相叠，袖窿与袖山放齐，袖山头眼刀对准肩缝，前后袖缝对准各自绱袖点，缉线1 cm（图8-39和图8-40）。

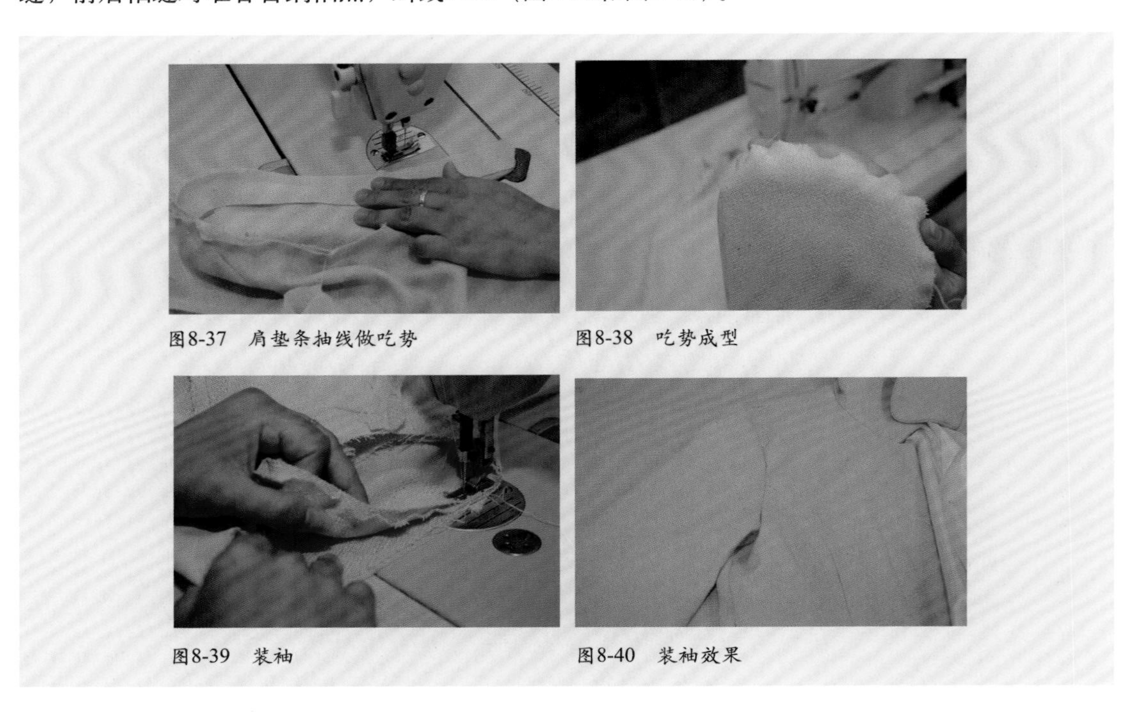
图8-37 肩垫条抽线做吃势　图8-38 吃势成型

图8-39 装袖　图8-40 装袖效果

（13）做装夹里：

①做夹里：将里布缝合成一件衣服形状，并熨烫平整，在右小袖缝处留一个15 cm左右的开口。

②装夹里：面布正面与里布正面相叠，相应部位对齐缝合，缝全完毕，面布袖口贴边与底边需绷三角针，保证夹里的坐势0.5 cm，并熨烫（图8-41和图8-42）。

图8-41　装夹里

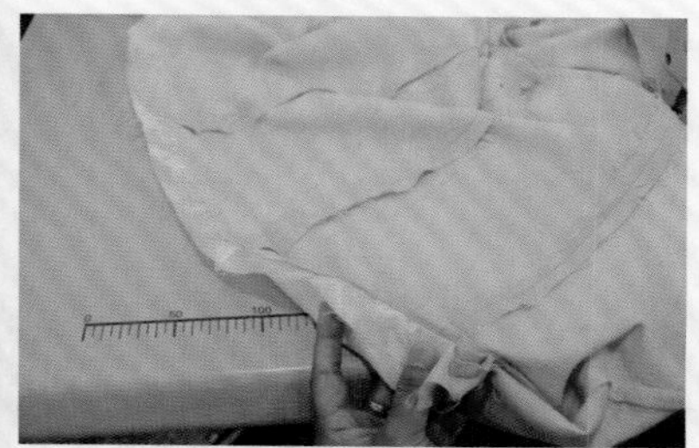

图8-42　三角针固定

（14）锁眼、钉纽：参照女衬衫缝制方法。

（15）整烫：将服装分部位熨烫,凸面部位放在烫凳上烫。

（16）检验：检查服装成衣效果，测量相关部位数据是否在允许误差的范围内。

想一想

比较衬衫工艺与春秋衫工艺的步骤和方法，总结他们各自的特点。

练一练

按165/88的号型做一件带夹里的春秋衫。

知识链接

1. 春秋衫的款式变化

（1）领型的变化（图8-43）。

（2）袖形的变化：如一片圆装袖，收袖肘省的款式（图8-44）。

图8-43　驳领

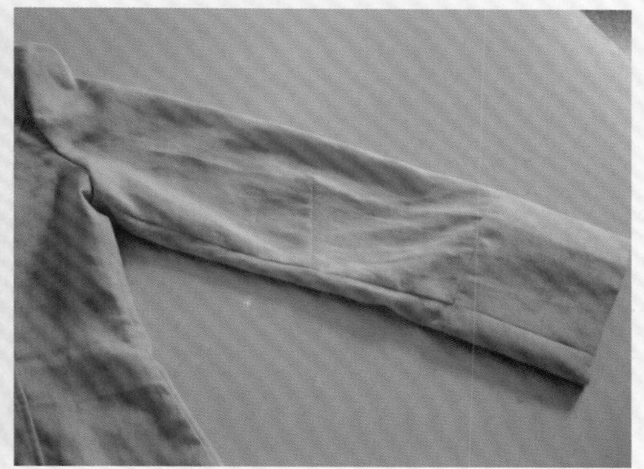

图8-44

(3) 无夹里、无锁边的缝制：主要是用包缝完成，袖底缝与侧缝可用来去缝，袖窿用包条完成。所有的缝头均用包条完成也可以（图8-45和图8-46）。

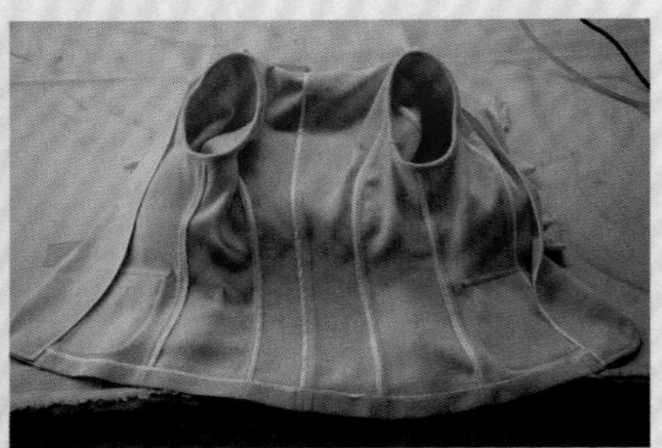

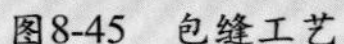

图8-45 包缝工艺

图8-46 全部用包条工艺缝合

2.花边的制作工艺

花边在服装上的缝制工艺通常有拼逢、叠缝、叠压缝制、碎折缝制、碎折压缝、手缝等，花边多是光边整条编织，但有时也会采用整块编织，在局部使用时需要裁剪。

纯棉花边通常在夏季服装的袖口、下摆、裙摆、衣身、领口等部位使用，花边在运用之前首先要预缩处理，一般采用叠缝、叠压缝制、碎折压缝。

丝纱交织花边丝制材料为多，车缝时用9号车针，不能拆拉，通常在下摆部位运用比较多，一般采用叠压缝制、手缝。

尼龙花边是以锦纶丝和弹力锦纶丝为原料的，缩水率比较大，花边在运用之前首先要预缩处理。通常采用拼逢、叠缝、叠压缝制、碎折缝制、碎折压缝、手缝，有时还充当松紧使用，多用于夏季服装的袖口、下摆、裙摆、衣身、领口等部位。

蕾丝花边的用法与纯棉花边差不多。

亮片花边在连衣裙、小件的服装上运用比较多，拼逢、叠缝、叠压缝制、手缝的工艺比较常见，这种花边由于钉了珠、亮片等花纹图案，在缝制时不宜用叠压缝制、碎折缝制、碎折压缝处理。

学习评价

学习要点	我的评分	小组评分	教师评分
学会春秋衫的制作工艺（25分）			
掌握春秋衫的制作流程（20分）			
掌握春秋衫的制作质量要求（25分）			
重点掌握做领、装领、做袖、装袖、做袋工艺（30分）			
总　分			

二、女夹克衫缝制工艺

1.款式特点

关门领,领角为方角形，前中开襟钉扣5粒，前后片胸部以上横向分割，装袋盖，胸部以下直线形分割，袖型为一片袖，袖底开衩、装袖头，下摆装登闩。适合面料为牛仔面料、棉型或化纤面料（图8-47）。

图8-47　女夹克衫款式

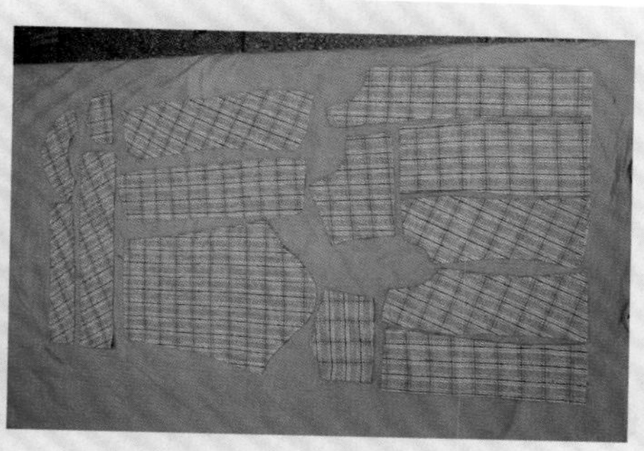

图8-48

2.成品规格

单位：cm

号型＼规格＼部位	衣长	胸围	领围	肩宽	袖长	前腰长
160/84A	56	92	38	39	56	39

3.材料准备及用料说明

（1）面料：前衣片4片，前过肩2片，后衣片3片，后过肩1片，领面2片，袖片2片，袖克夫4片，袋盖面2片，登闩2片，挂面2片，后领贴圈1片（图8-48）。

（2）里料：前片里布2片，后片里布2片，袋盖里2片，袖片2片。

（3）辅料：领衬1片，袋盖衬2片，袖克夫衬2片，登闩衬1片；纽扣11粒。

4.质量要求

（1）符合成品规格。

（2）产品整洁，无极光、线头、污渍等。

（3）两边领角长短大小一致，面里松紧适宜，止口不外吐，左右对称。

（4）装袖层势均匀，两袖前后准确、对称，袖克夫缉线宽窄一致，缉线顺直。

（5）前片袋盖及过肩大小一致，不吐里，左右对称。

（6）止口、底边缉线顺直，宽窄一致。

（7）内外无线头，线迹正常，成品美观，干净平整。

5.工艺流程

查片→烫衬→做缝制标记→做袋盖→缝合前片→缝合后片→缝合肩缝、装袖子→上里、缝合侧缝→做领、装领→做袖克夫→装袖克夫→装登闩→钉扣→整烫→检验。

女夹克衫缝制的重点是装袖克夫；难点是装登闩。

6.缝制过程

（1）查片：检查裁片是否齐全、准确，粉印、眼刀是否到位。

（2）烫衬：烫衬部位：袋盖面、领面、挂面、袖克夫、登闩。

（3）做缝制标记：

①前衣片：袋位。

②后衣片：后过肩中点。

③袖片：对肩刀眼、袖口开叉位置。

④领片：领中点、对肩刀眼。

（4）做袋盖：袋盖面黏衬，与袋盖里正面相叠缉三面，袋盖翻到正面烫平缉止口。做领参考春秋衫的方法。

想一想

1. 简述袋盖的缝制方法。
2. 怎样缝制袋盖才能达到视觉平衡？

（5）缝合前片：

①用坐缉缝的方法缝合前下片与前侧片，先反面缝合1 cm缝头，1 cm缝头再正面压辑线0.6 cm（图8-49）。

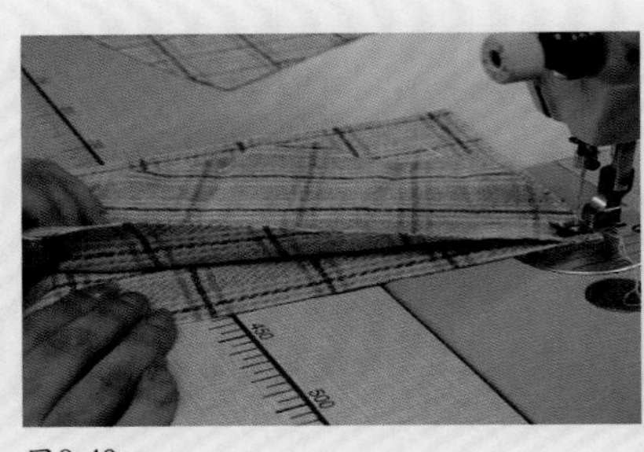
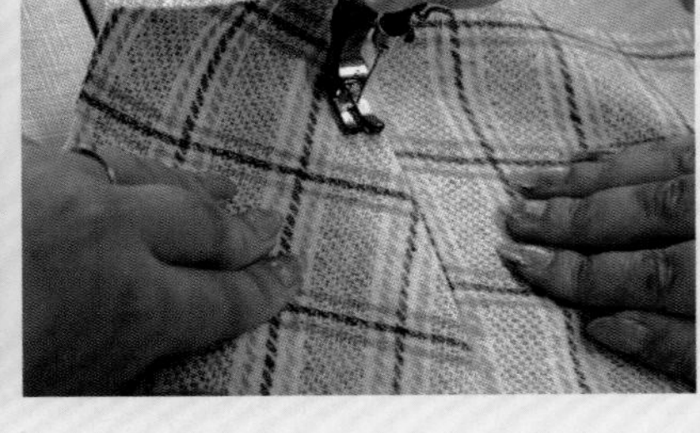

图8-49

②把袋盖放在前片规定的位置上缉0.4 cm，要求左右对称（图8-50）。

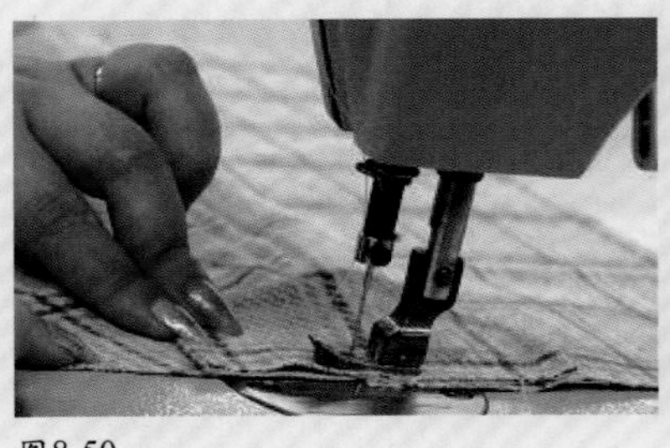

图8-50

③用坐缉缝的方法缝合前片与前过肩（图8-51）。

④熨烫，检查左右是否完全对称，条格面料要求完全对条格（图8-52）。

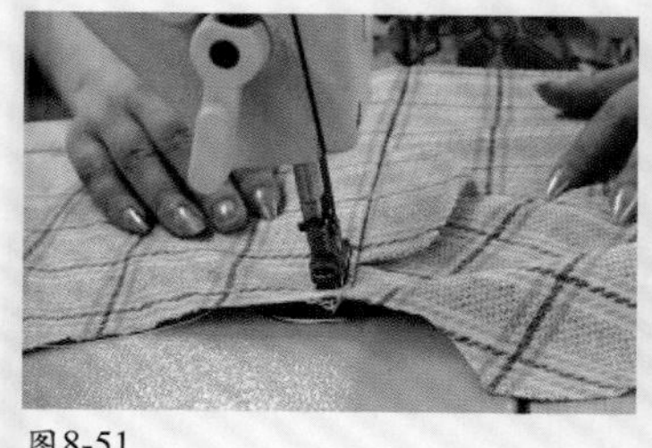

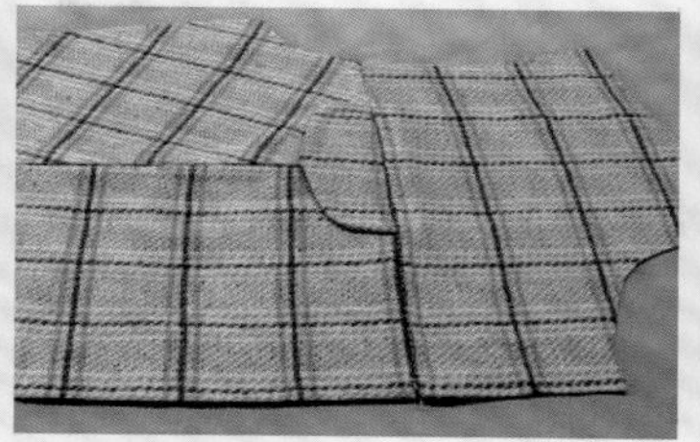

图8-51

图8-52

（6）缝合后片：

①用坐缉缝的方法缝合后下中片与后侧片（图8-53）。

②用坐缉缝的方法缝合后片与后过肩（图8-54）。

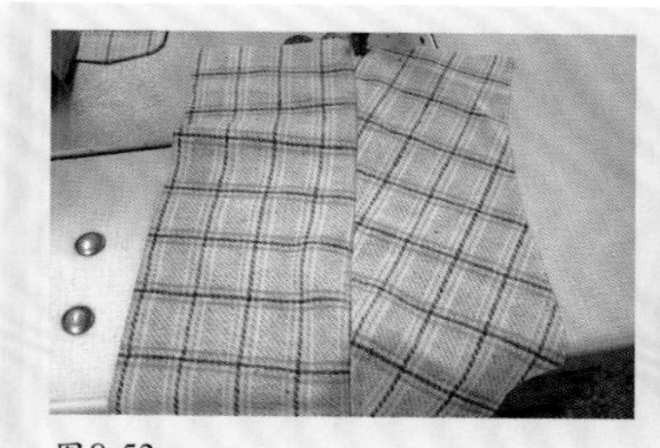

图8-53

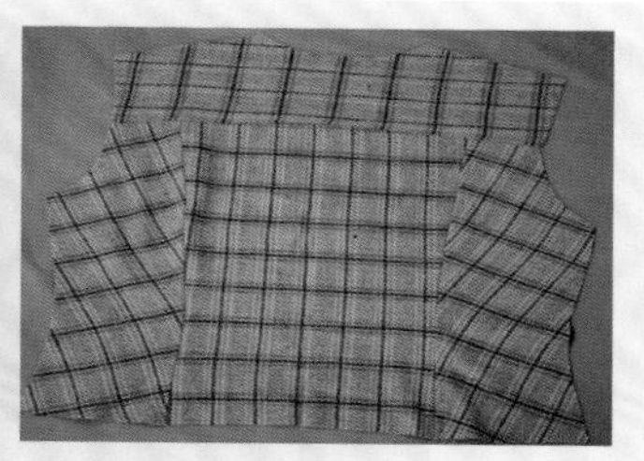

图8-54

（7）缝合肩缝：用坐缉缝方法缝合前后肩缝，缝头1 cm，朝后片坐倒，正面缉0.6 cm止口。如果因面料太厚，需要修大小缝，则把缝头错开，以减少厚度（图8-55）。

（8）装袖子：同样用坐缉缝方法，缝头1 cm朝大身袖窿方向坐倒，正面缉0.6 cm止口。校准左右袖子是否对刀、左右条格是否完全对称、有无细小褶皱等（图8-56）。

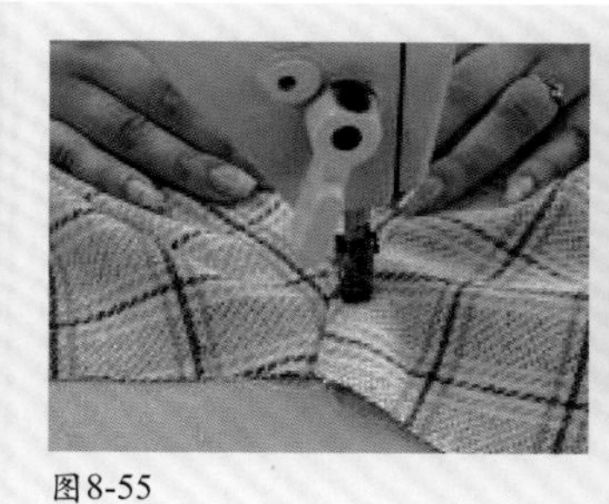

图8-55

图8-56

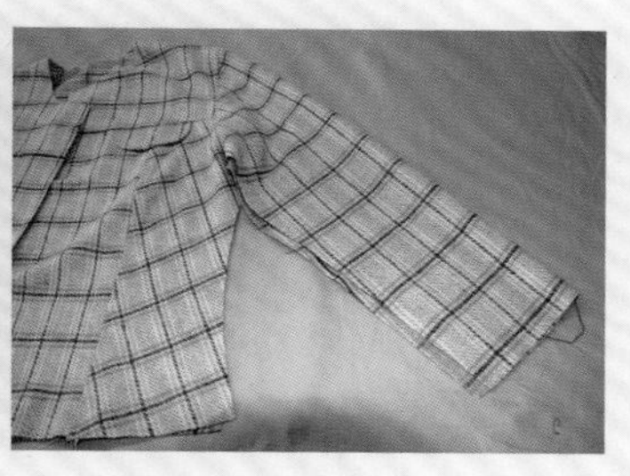

（9）绱里：按照衣片缝合里布，然后缝合挂面与前衣片，再缝合摆缝，从袖口缝合至下摆，缝头1 cm倒向后片（图8-57）。

（10）装上领：

①单层上领（图8-58）。

②领上好后劈开熨烫（图8-59）。

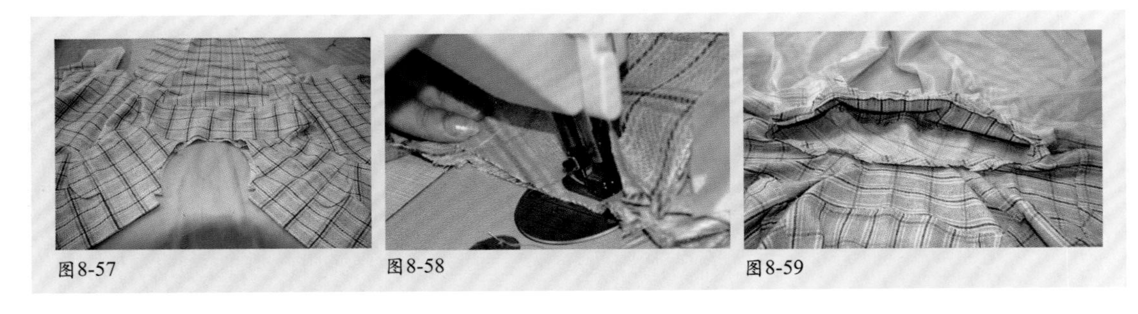
图8-57　图8-58　图8-59

③缝合上下领（图8-60）。

④放到模特上加以校准，条格面料左右必须完全对称（图8-61）。

（11）合下摆：前后片正面向叠，留缝1 cm，袖缝与袖隆十字对齐。

（12）做袖克夫：

①勾袖克夫：袖克夫反面粘衬，正面相叠，袖克夫三面扣转0.6 cm缝头，两头分别缉线。袖克夫尺寸按照规格要求缝制（图8-62）。

②翻烫袖克夫：烫转两边缝头，翻出后烫平、烫煞，袖克夫夹里比面放出0.6 cm缝头（图8-63）。

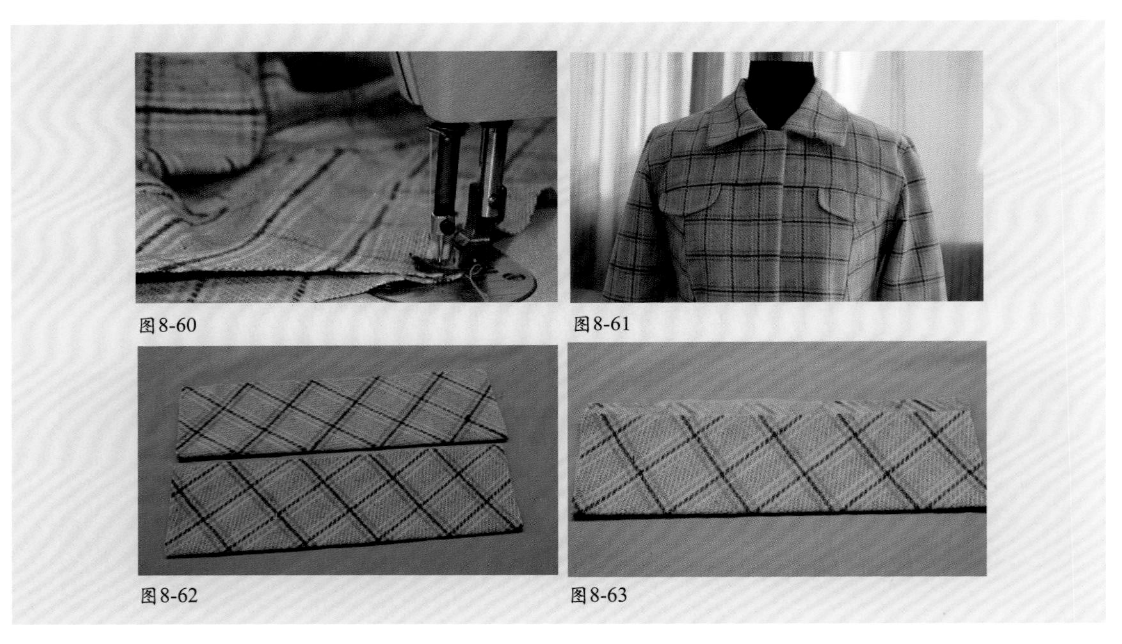
图8-60　图8-61
图8-62　图8-63

（13）装袖克夫：

①袖衩门襟折转，袖片的袖口大小与袖克夫长短一致。

②装袖克夫夹里：袖克夫夹里正面与袖片反面相叠，袖口放齐，缉线0.6 cm（图8-64）。注意：袖衩两端必须与袖克夫两头放齐。

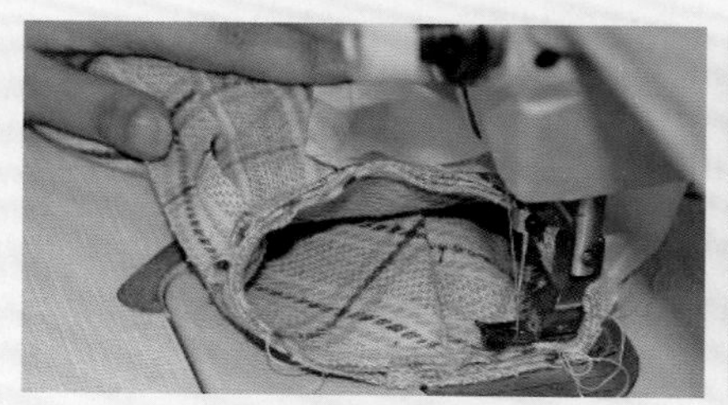
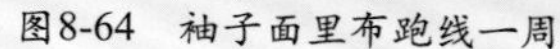
图8-64　袖子面里布跑线一周

上袖克夫

③缉袖克夫明线。将袖克夫翻正，使装袖头的缝头夹在两层之间，沿袖克夫面扣净的一边缉明线0.1 cm。注意：袖头两边夹里不能倒吐，袖衩两端塞齐，正面缉明线0.1 cm。如果袖头用夹缉方法，反面坐缝不能超过0.3 cm，袖衩门里襟长短一致。

（14）做登闩、装登闩：

①做登闩：上下两片登闩正面相叠，三面扣转0.5 cm缝头，两头分别缉线。

②装登闩：烫转两边缝头，翻出后烫平、烫煞，登闩夹里比面放出0.6 cm缝头。正面缉0.6 cm止口（图8-65）。

（15）锁眼与钉纽：

①锁眼：门襟处，右门襟锁横扣眼5个。扣眼进出位置在叠门线向止口偏0.1 cm处。眼大小根据纽扣大小而定，一般为1～2 cm。扣眼高低位置，第一个为直开领向下1.5 cm处，其他扣眼距离根据规格要求确定。登闩处，对齐门襟钉扣位置三等分登闩宽处2颗钉扣。袖克夫处，袖克夫在袖衩折转一边锁两个眼，进出位置离袖克夫边1 cm，高低位置为两个袖克夫宽三等分点。袋盖处，距离袋盖底端1.5 cm处左右各钉1颗。

②钉扣：根据锁眼位置钉扣的要求来完成（图8-66）。

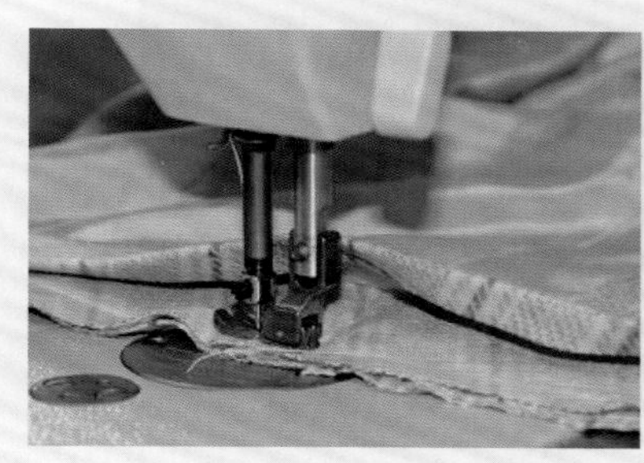
图8-65

图8-66

（16）整烫：

熨烫前若有污渍，要先洗干净，用蒸汽熨斗熨烫，浅色面料需垫烫布熨烫。

①先烫门里襟：烫平整，遇到扣眼只能在扣眼旁边熨烫，不宜把熨斗放在扣眼上熨烫。衣服上的纽扣，特别是塑料纽扣，不能与高温熨斗接触，否则会烫坏。

②熨烫衣袖，袖底缝：若袖口有袖衩，应将袖衩理齐、压烫，然后再烫袖底缝。烫袖克夫用手拉住袖克夫边，用熨斗横推熨烫。

③熨烫领子：先烫领里，再烫领面，然后将衣领翻折好，烫成圆弧状。

④将摆缝、下摆贴边和后衣片分别烫平整。

（17）检验：检验标准可参照本节的质量要求。

练一练

自己设计一款女夹克，并按160/84A 的号型进行缝制。

知识链接

(1) 夹克衫门襟变化有很多种，尝试明暗门襟的缝制，各做2个。

(2) 进行女夹克衫的款式变化练习（帽子、门襟、登门、分割线、口袋等的变化）。

(3) 带橡筋的登闩的缝制方法：上下两片登闩正面相叠，三面扣转0.5 cm缝头，两头分别缉线，再把橡筋固定在登闩上，然后按照以下步骤缝制完成（图8-67）。

图8-67

学习评价

学习要点	我的评分	小组评分	教师评分
学会夹克衫的制作工艺（25分）			
掌握夹克衫的制作流程（20分）			
掌握夹克衫的制作质量要求（25分）			
重点掌握做领、装领、做袋、做夹里工艺（30分）			
总　分			

》学习任务九

西服缝制工艺

[学习目标] 通过本任务学习，让学生掌握西服的工艺流程及各部位的缝制方法、质量要求，推、归、拔、整烫等技术，学会西服各部位制作、检验的方法。

[学习重点] 西服结构严谨，制作工艺上对称要求严格，侧重于西服的对称上。如粘衬、开袋、装袋、做领、装领、覆挂面、做袖、装袖、袖衩及后背工艺等均为西装精制工艺中的重点。

[学习课时] 40课时。

一、女西服缝制工艺

1.款式特点

平驳头，单排两粒扣，门襟方角，两开袋装袋盖，圆装两片袖，袖口假袖衩，钉装饰扣两粒；前身收领口省和腰胸省，腋下省直通到底，后背做中缝（图9-1）。

图9-1

小知识

西服旧称洋服，起源于欧洲，在晚清时传入我国，目前已成为必备的国际性服装，其工艺要求较高，质量要求较严。

女西服是变化繁多的女装中的一个较为典型的品种，有它独特的规定性，其布局合理，线条流畅，造型优美，适身合体，是女性较为理想的礼服和日常穿着服装。

2.成品规格

单位：cm

号型 \ 规格 \ 部位	衣长	胸围	领围	肩宽	袖长	前腰节长	胸高位
160/84A	65	96	36	40	56	40	24

3.材料准备及用料说明

（1）面料：前衣片2片，侧片2片，后衣片2片，大袖片2片，小袖片2片，领面1片，领里1片，挂面2片，衣袋盖面2片，衣袋嵌线2片，袋垫布2片。

（2）里料：前衣片夹里2片，后衣片夹里2片，大袖夹里2片，小袖夹里2片，衣袋盖里2片，大袋布2片，小袋布2片，里袋布2片。

（3）衬料：采用有纺衬，其配衬部位包括前身衣片、底摆贴边、挂面、领面、领里、袋盖面、大袋嵌线、袋口位反面等部位，胸部增加一层。

（4）其他：

①缝线：一般毛呢类面料用丝线，以增加色泽和牢度，化纤类面料可用涤纶线，缝线的颜色要同面料一致。

②垫肩：可用棉花制作，但现在也有现成的。

③纽扣：衣身2粒，袖口4粒。

4.质量要求

（1）符合成品规格，做好后的西装衣长、袖长、胸围、肩宽、袖口等部位的尺寸都要符合给定的成品规格，各部位的误差都要在允许范围内。

（2）外观整洁。

（3）面、里、衬松紧适宜，穿在衣架上饱满、挺括，美观大方。

（4）衣领、驳头造型准确、平服，串口顺直，丝绺正直，驳、领窝服、贴身、平挺；左右对称，条格一致，缺嘴左右相同、高低一致。

（5）前身平挺，胸部圆顺、饱满，左右吸腰一致，丝绺顺直，门里襟长短一致，止口顺直、平服、不外吐，胸省顺直，高低一致，省尖无“酒窝”；衣袋高低一致，左右对称；袋盖窝服不反翘，宽窄一致，下摆衣角方正，底边顺直。

（6）后背背缝顺直，条格对称，吸腰自然，袖窿要有戗势。

（7）肩头部位肩缝顺直，前后平挺，肩头略带翘势。

（8）袖子袖山吃势均匀，两袖圆顺居中，弯势适宜，袖口平整，大小一致，两袖左右对称。

（9）里子光洁、平整，坐势正确，不吊不沉。

（10）整烫要求平、薄、挺、圆、顺、窝、活，无极光、无水印、无焦黄。

（11）锁眼、钉纽位置正确，线迹整齐。

5.工艺流程

检查裁片→粘衬→打线丁→剪省缝→缉省缝→分烫省缝→推门→前片敷牵带→做、装大袋→拼前夹里、做里袋→覆挂面→做后背→合摆缝→做底摆→合肩缝→做领→装领→做袖→装袖→锁眼→整烫→钉纽扣→检验。

6.缝制过程

（1）检查裁片：检查裁好的衣片和部件是否配齐，如有遗漏，及时补齐。

（2）烫贴粘合衬：

①其烫衬部位包括前身衣片、底摆贴边、挂面、领面、领里、袋盖面、大袋嵌线、袋口位反面等，胸部增烫一层，衬布采用有纺衬（图9-2）。

②烫衬方法：根据面料和衬料的性能，选择好熨斗温度。熨烫时衬要放松些，以防面子缩紧，为防止渗胶弄脏熨斗，可在衬上放牛皮纸或干水布后再熨烫。烫衬时还要注意面子纱向不能歪斜，不能烫出死褶，也不能起泡或烫黄。各部位要烫贴均匀牢固。

③画线：将贴好衬的前衣片放平摆好，衬朝上，按样板用铅笔或画粉画好止口线、衣长线、领口线、大袋位、驳折线、省位等，线条要细、要准确清晰。

（3）打线丁：打线丁的次序和部位。

①前衣片：止口、叠门、眼位、驳口线、缺嘴、领口省位、乳峰点、肩缝、腰省位、腋下省位、腰节、袋位、侧缝、底边、对刀标记（图9-3）。

②后衣片：背中缝、肩缝、侧缝、腰节、底边、对刀标记。

③大袖片：前袖缝线、前偏袖线、后偏袖线、后袖缝线、袖衩线、袖肘线、袖口线、袖山中线。

④小袖片：前袖缝线、后袖缝线、袖衩线、袖肘线、袖口线。

（4）缉省、剪省：按画线剪开前身衣片上的领口省缝、腰胸省缝。领口省从领口往下剪，剪至离省尖4 cm处止；腋下省从袖窿处开始剪，剪至离省尖4 cm处止；腰胸省从省缝中段开始向两头剪，剪至离省尖4 cm处止（图9-4）。

注意：若是条格面料，剪省缝时左右片应对条对格，保证对称。

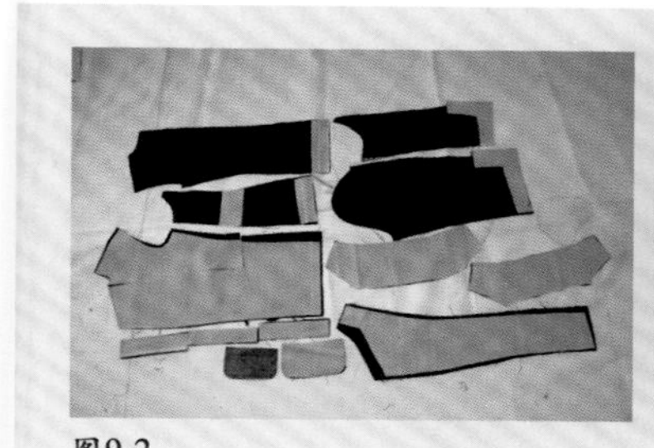

图9-2

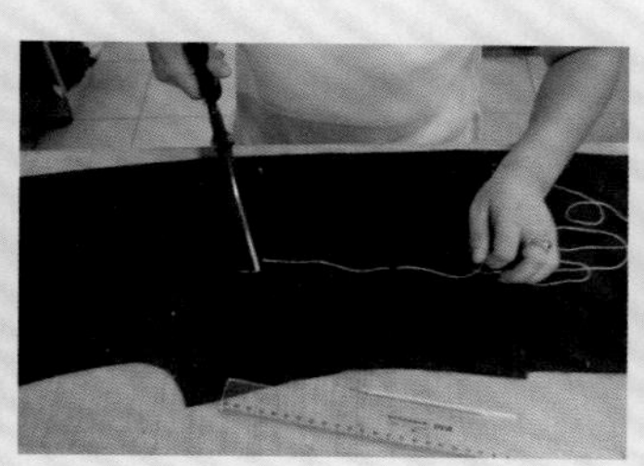

图9-3

图9-4

缉省前，先把上下层对准，用攥线固定，以防移动和松紧不匀。缉线要顺、直、尖。领口省从领口往下缉线，两层面料要不吃不紧，省尖的缉线留长一些，留一段线头打结之后再把线头剪短。

怎样做好省缝？

缉腰胸省时，从省尖起针，先空车缉5～6针再过渡到省尖上，以保证省尖。省尖两层摆匀，不吃不紧，缉线要顺直，一直缉到下省尖后再空车缉5～6针。

缉腋下省时，按缝份宽由底边直缉到腋下，熨烫时直接烫分开缝。两端缉来回针，上下端和腰节处两片要对位准确，缉线顺直。大身衣片在袖窿深以下吃紧一些。

缉省完毕，将擦线清除干净，如有线丁也应一并清除干净（图9-5）。

（5）分烫省缝：

①拔烫腰省缝：分烫省缝前，应先在距省尖4 cm处将所缉省缝横向剪开，以保证所剪省缝能烫分开。在单层衣片省缝位下，垫硬质烫具，若为浅色面料再垫一层烫布，喷水拔烫，把缉好省缝的缝份拔开，熨烫平服。省尖不能烫倒，可用锥子尖或手缝针针尾插入，边调节边熨烫，使缉线烫拔成直线状。同时，将省尖处胖势烫散、烫圆顺。烫完之后用一小块粘合衬把省尖粘住。腰胸省中部缝头上打一小剪口，以防省缝吊紧。

②腋下省缝：分烫腋下省时，注意两边丝绺要放直，斜丝处不能拉还口。接着在大袋口处烫贴粘合衬。然后将衣片翻到正面放在烫包上，在省缝部位盖上干、湿烫布，用适当温度的熨斗用力来回熨烫，将其烫平、烫干、烫煞（图9-6）。

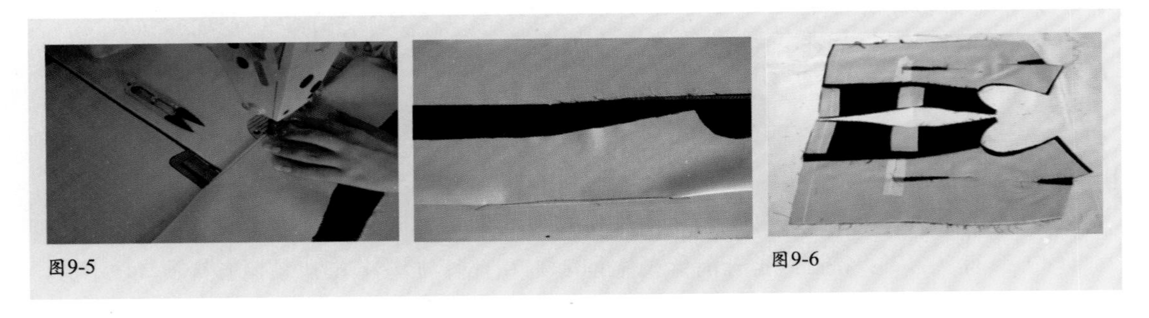
图9-5　图9-6

（6）推门：收省后的前衣片虽然有了立体感，但还不能完全符合人体要求，因此，需要对缉好省的前衣片进行推、归、拔等处理，前衣片的推、归、拔工艺也常称之为推门。它是高档毛呢服装工艺的重要手段之一。掌握推、归、拔工艺不是一朝一夕的功夫，而是由反复实践到经验积累的过程。在学习推门工艺时要注意：第一，了解衣片同人体及人体动态的关系，理解推门的作用；第二，了解面料的性能，掌握熨斗的温度与压力；第三，了解熨烫顺序、熨斗的走向及熨烫衣片丝绺的用力程度。前衣片的推门就是围绕女性胸部、腰部和臀部体型特征进行的，推门后的衣片使胸部饱满圆顺，中腰胁势明显自然，臀部丰满，袋口处略有胖势，使成衣更为合体。

①前衣片的推、归、拔工艺（图9-7）。

烫止口。以里襟片为例，把衣片止口朝自身一侧放平，反面朝上。驳头上口喷上细水花，左手拖住衣片第一粒纽位处，右手握住熨斗，从领口省缝处开始归烫,把因收省而弯曲的上口部位烫直，接着沿止口方向从上往下推烫，熨斗走势为由外向里推、由里向外归，归至第一粒纽位处，将驳头止口线归直，里口边缘松起部分向胸部推散，烫匀。再将驳头以下部位推

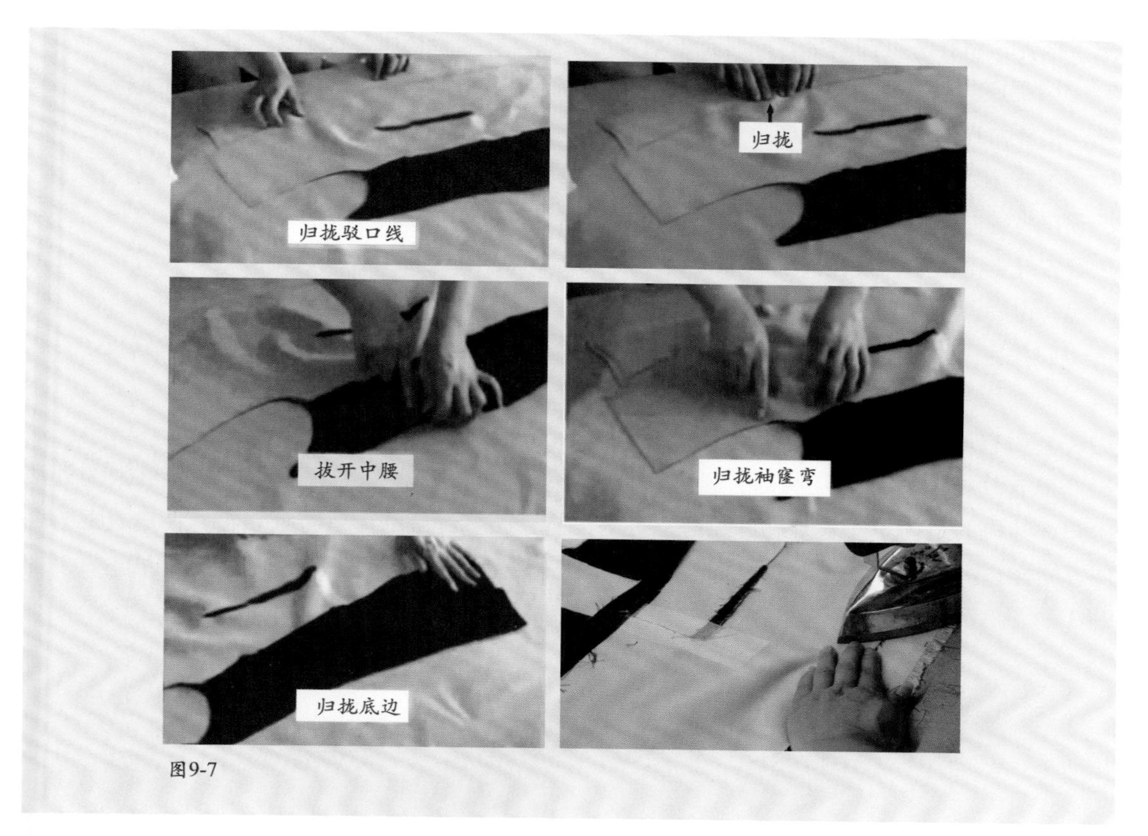

图9-7

平，腰节处丝绺外弹0.6 cm或0.8 cm。最后归烫翻驳线中部。

归烫中腰。将衣片驳头止口靠身一边放平，在中腰节处喷上水花，熨斗由右向左将腰胸省至腋下省缝处归烫，归平，烫煞。熨斗归烫位置不超过腰省至腋下省的1/2处。再将衣片调头，使侧缝靠身一边，在中腰处把腰胸省中腰后侧的回势归拢，归到腰胸省与腋下省的中部，接着把摆缝下部归直。

归烫下摆。将衣片调转方向，摆缝朝自身一侧放平，先把底摆弧线归直，再将胖势向上部大袋处推烫。

归、拔侧缝。将衣片侧缝靠身一边放平，左手拖住侧缝腰节处拔出，右手握住熨斗在侧缝底边处起烫，归烫侧缝臀围处。熨斗自右向左，由外向里烫至袋位1/2处，再由里向外归，直至将侧缝臀围处的胖势归烫成直线状为止。接着，左手继续把腰节处拔出，拔烫腰节，将腰节凹势向外拔直，烫煞，拔开腰节后，熨斗继续向左熨烫，左手拉住侧缝上端烫侧缝上口，使烫好的侧缝成直线状。

归烫袖窿。将衣片上胸部放平，袖窿靠近身体。将胸部烫挺，此时袖窿应产生回势，在袖窿处喷上细水花，左手拉住外肩端，右手握熨斗由里向外归烫，把回势归拢，袖窿斜丝、横丝都要均匀归正。

归烫肩部。将衣片调转，肩缝朝自身一侧，喷上细水花。把领圈横丝烫平，肩头直丝绺向外肩拔大0.6 cm，目的是防止里肩丝绺弯曲起涟形。再在肩缝1/2处略微归拢，将肩膀部横丝向下推弹，将胖势推向胸部，同时把外肩袖窿上端直丝顺势拔出，使肩头产生翘势。

归烫底边。将衣片底边靠身一边放平，喷上细水花，用熨斗把底边处弧线向上推烫，烫直，烫煞，目的是使底边不产生还口，略有窝势。

推烫上、下胸部。在前衣片下胸部搁靠工具，上胸部喷上水花，熨斗在领口省处落下，沿领口省缝向下推烫，推至乳峰点，再将衣片调头，在衣片上胸部搁垫工具，喷上水花，熨斗在腰省缝上部落下，慢慢向上胸部推烫，推至乳峰点。通过推烫，使胸部更圆顺，乳峰处更为隆起、饱满。

归拔完两个前衣片后，把它们相对叠合，检查两片是否一致，如有差异需再做修正。

门襟片的推、归、拔工艺与里襟片对称进行。

②后衣片的推、归、拔工艺。

前衣片推门着重围绕胸部、腰部和臀部进行。胸部和臀部着眼于归烫，腰部则为外拔内归。其目的是为了与女子胸部隆起、臀部丰满，腰部纤细的形体特征相符，使成衣更为合体。同样，后衣片要符合女子后背曲线，也要进行推、归、拔工艺，以弥补裁剪中的不足（图9-8）。

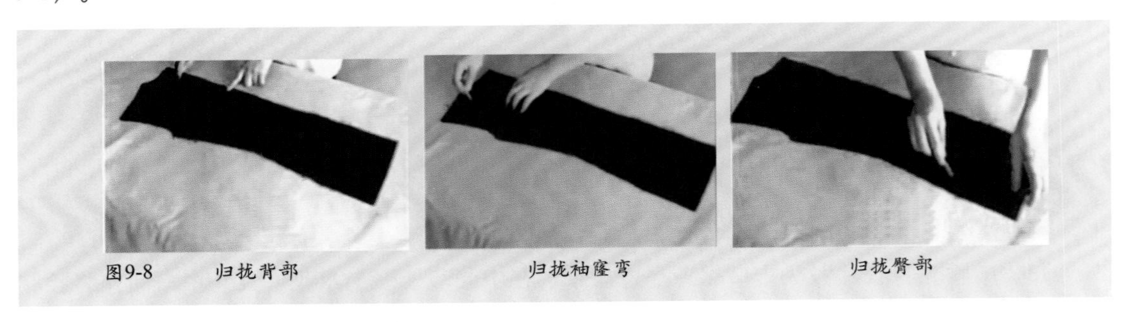

图9-8　归拢背部　归拢袖窿弯　归拢臀部

后衣片推、归、拔工艺的步骤如下：

归、拔背中缝。将后衣片背中缝靠身一边，肩缝向右，背中缝喷上水花，左手拉住背中缝腰节处，右手将熨斗从背中缝领口处起烫，由外向里推烫，烫至背中缝至腰侧缝1/2处，再由里向外归烫，把背中缝上段胖势推归成直线状。接着，左手继续用力拉出背中缝腰节吸势，右手熨斗向腰节拔烫，拔成直线状。熨斗继续向前，左手拉住背中缝底边位，由外向内推进，再由内向外归烫背中缝的臀围胖势，使之成直线状。经过熨烫的背中缝应成一条直线状，若一次不到位，可反复推、归、拔几次，直至烫直、烫煞。

归、拔后片侧缝。将衣片调头，侧缝靠身一边，喷上水花，左手拉住侧缝腰节处，右手将熨斗从侧缝底边落下，由外向里推，再由里向外将侧缝臀围处胖势归直，左手继续用力拉出侧缝腰节凹势，右手用熨斗将其拔烫，熨斗不超过侧缝至背中缝1/2处。熨斗继续向前，左手拉住外肩袖窿处，由外向内推进，由内向外归烫侧缝上段和袖窿下段部位，烫煞后的侧缝也应成为直线形状。

归烫后背肩头缝。左手拉住内肩端，右手将熨斗从外肩部轻轻落下，由外向里推烫，将肩头的横丝推向肩胛骨部位，再由里略归至肩缝处，同时要注意将后领圈丝绺归正。

以上操作可双层叠合烫，但会出现上下层形态不一现象，要求翻转后衣片重复熨烫一次，以求达到两片对称。

③袖片的归拔工艺。

袖子的归拔工艺比较容易，主要对大袖片进行归拔。归拔大袖片前袖缝处，前袖缝袖山深线向下10 cm处略归，袖中线处拔开，但不能超越偏袖线，后袖缝袖山下10 cm处略归，两袖归拔要一致，不得有偏差（图9-9）。

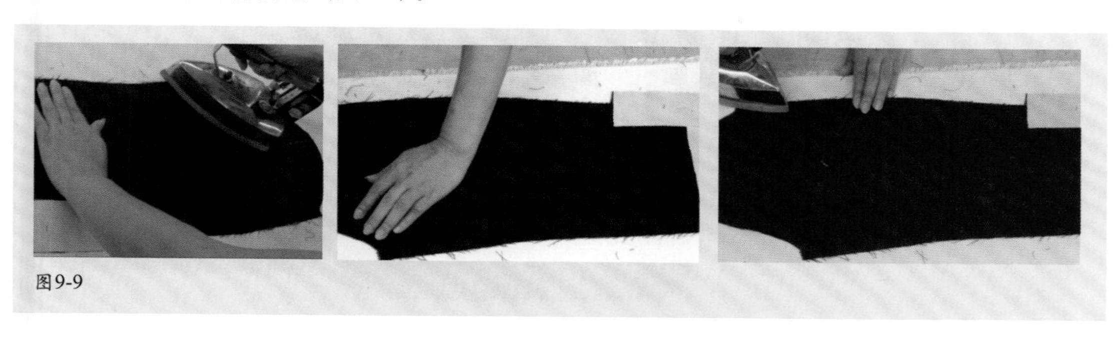

图9-9

（7）前片敷牵带:敷牵带的作用是使西服止口窝服、平挺，防止西服止口日久之后松起变形，影响西服外观（图9-10）。

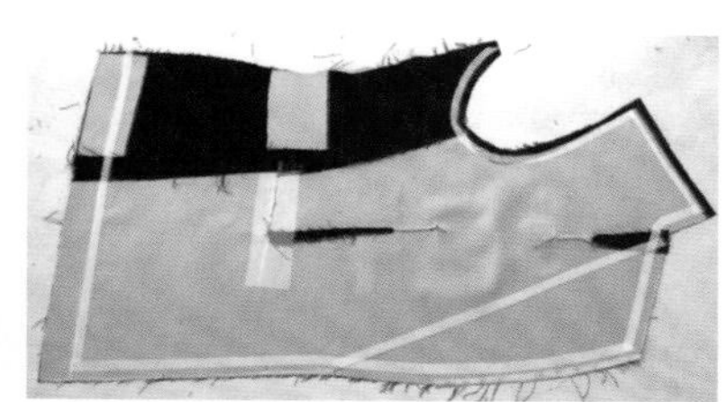

图9-10

①敷止口牵带。止口牵带应分段敷，驳头处为直牵带条，下段止口为斜牵带条。牵带条宽1 cm，距止口线0.3 cm。驳头串口处平敷，驳头中段带紧，腰节处平敷，与大袋相对处略紧敷，底边和其余部位都平敷。用熨斗从上至下将牵条按要求烫贴好。

②敷翻驳线牵带条。沿翻驳线向里1 cm处敷直牵条，先按住上端压烫，再将牵带条拉紧，中间吃进0.6 cm，烫贴牢固。

③敷袖窿、前肩、后肩、领口用斜牵条。前领口到止口、前肩均平敷，不吃不紧；袖窿牵带条顺袖窿弯势走，归拔部位不能拉还，各部位牵带条都要烫贴牢固。

想一想

敷牵带的作用和要求是什么?

（8）做袋盖：袋盖面按净样放缝份，上面放1.5 cm，其余三面放1 cm，丝绺方向与大身相同。

如是条格面料，需与大身对条对格，缉线前应在袋盖衬上画出净样线（图9-11）。

袋盖里采用里子布，可用直料或正斜料（图9-12）。将袋盖里、面正面相对，袋盖面放在上面，沿画线外0.1 cm勾缉袋盖。缉线时，两侧面放0.2 cm吃势，袋角处里子略紧，面子略带吃势（图9-13）。缉完线修剪缝份，两端与下面各留0.5 cm缝份，圆角处留0.3 cm。

将袋盖翻正，按袋盖里坐进0.1 cm烫平服，烫出窝势（图9-14）。最后在袋盖面上按净样画线，袋盖做好后要将两块袋盖复合在一起，检查袋盖规格大小及丝绺，左右对称等是否符合要求。

（9）开袋：

①装嵌线。把大袋上嵌线与衣片正面相叠，按0.5 cm宽止口缉缝在上袋口位置，下嵌线与衣片正面相叠，按0.5 cm宽止口缉装在大袋下口位置，两条缉线间距1 cm。两条线要顺直平行、长短一致，两头伸出大袋盖0.1 cm（图9-15）。

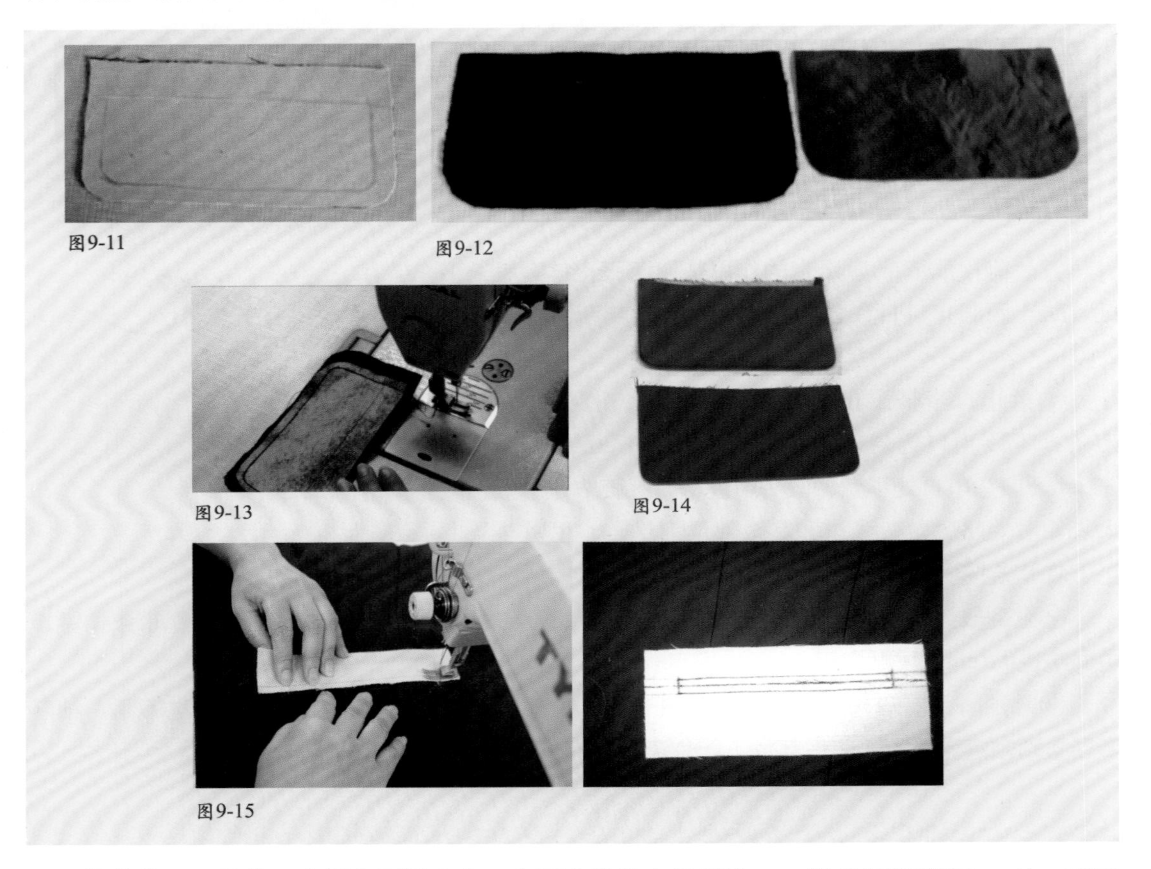

图9-11

图9-12

图9-13

图9-14

图9-15

②剪袋口。从袋口中间向两端方向，在两条缉线中间剪袋口，剪至离袋两端1 cm处，不可剪到袋盖缝和嵌线缝，剪缝不能歪斜。随即再斜剪到上、下袋角的缉线处，要剪三角，剪至缉线根，切不可剪断缉缝线，以免造成正面袋角毛出，也不能留有多余缝隙，以免袋角翻出后不方正（图9-16）。

③烫嵌线。先将上、下嵌线沿缉线分别向上、向下烫坐倒，再分别将上下嵌线的另一边分别翻下、翻上沿0.5 cm宽嵌线毛边折叠熨烫。注意宽窄一致，烫平烫煞。最后将上嵌线、下嵌线同时翻进袋口，在反面喷水烫坐倒缝，缝份倒向两侧，再把衣身翻正，在下面盖水布把袋嵌线烫平服，两端三角折向里面，拉平。盖上水布后热压定型，袋角要方正（图9-17）。

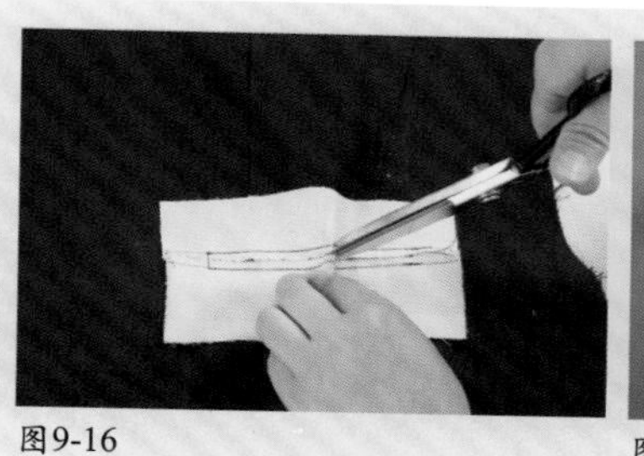
图9-16

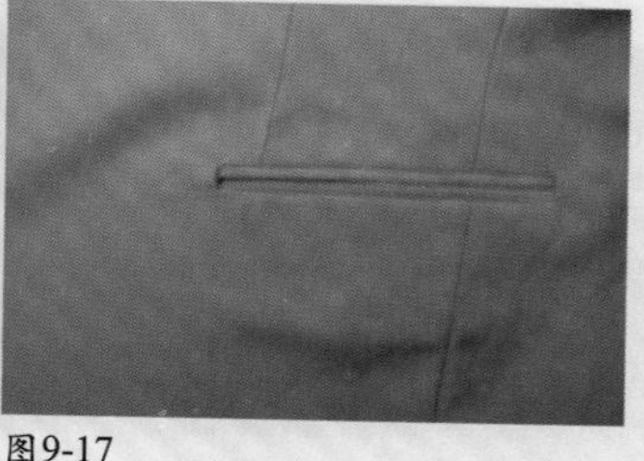
图9-17

④固定嵌线。沿上、下袋口线处衣片与嵌线的分开缝缉一道漏落缝，将嵌线里外两层固定牢固。

⑤装袋盖。在袋盖面距上口毛边1.5 cm处画一道线，然后将画线对准上嵌线止口，袋盖与袋口两端对正，将开袋处缝份翻下放平，沿开袋缉线将袋盖缉装牢固，将衣片翻到正面盖水布熨烫平服（图9-18）。

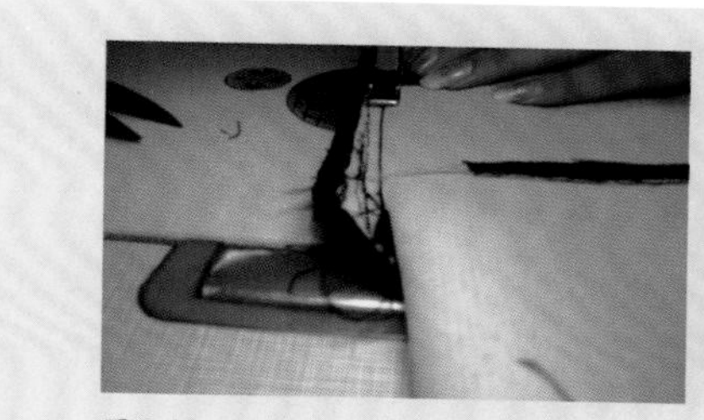
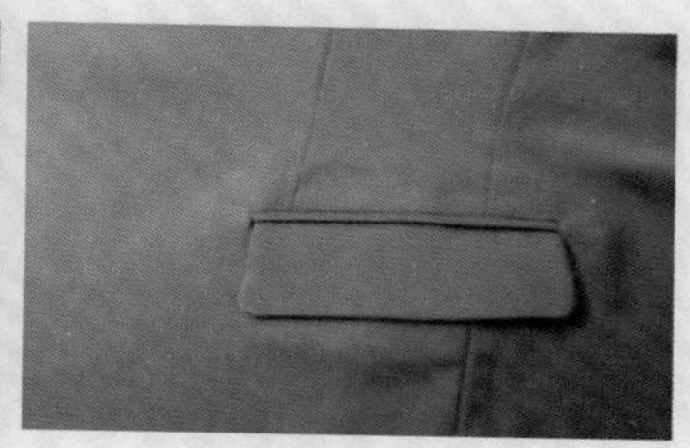
图9-18

（10）装袋布：

①装上袋布。将上袋布与下嵌线正面相对，毛边对齐缉缝1 cm，翻下上袋布，将缝份坐倒向上袋布，烫平（图9-19）。

②装下袋布。将袋垫布反面与下袋布正面相对，上口对齐，袋垫布下口缉暗线，上口距毛边0.8 cm处缉线固定（图9-20和图9-21）。然后将缉好袋垫布的上袋布垫在已装好的袋盖上口，略微放上一些，在原袋盖缝线上车缉一道（图9-22）。

（11）封袋角与袋止口。把大身正面朝上，掀起上半身，从袋左端三角开始，封袋角3～4行（图9-23）。接着在袋上口沿嵌线缉线，将袋盖缝份、袋嵌线缝份，连同袋布上面一并缉住，到右端袋角处折转。封右端袋角，方法同封左端袋角。封袋角时，注意不能把袋盖缉住。最后将上下袋布叠放平整车缝一周，缝份1 cm（图9-24）。

图9-19

图9-20

图9-21

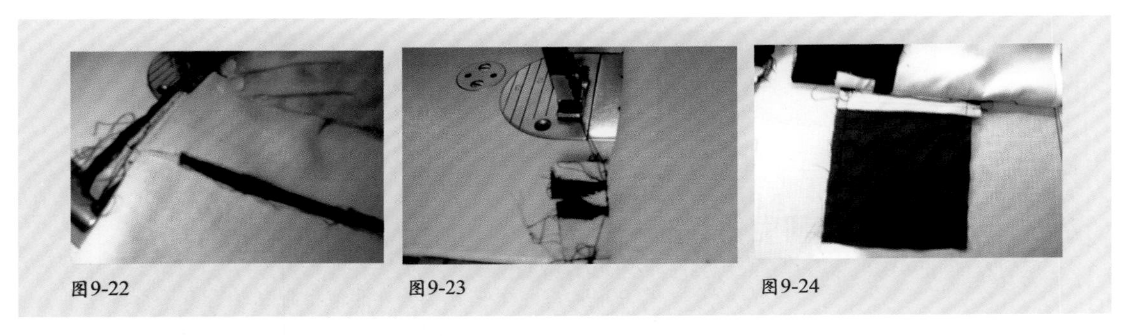

图9-22　图9-23　图9-24

（12）衣袋整烫。将袋布修剪整齐，下垫烫包，在袋盖上面盖水布高温熨烫，袋口烫出立体感。再用适当温度在袋夹里处熨烫一下，随即用手指将左右的袋角朝反面捻一下，使左右袋角带有窝势。最后在袋缉缝处用熨斗熨烫平服。

（13）拼夹里、做里袋:

①做里袋齿牙。剪裁边长为3 cm的正方形里子料14块，分别将每一块按对角线折叠两次，使其变成小三角形。将第一个三角形齿口张开，夹入第二个三角形，再将第二个三角形齿口张开，夹入第三个三角形，依此类推，边夹边在其上缉线固定，将齿牙连接固定，两齿间距1 cm（图9-25）。

②做里袋布。

装齿牙嵌线。将齿牙嵌线缉装在小袋布正面，装缉线要盖没拼齿缉线，缝份坐倒向袋布侧烫平（图9-26）。

拼接挂面。将前身衣里省缝、腋下省拼缉好，缝份倒向前面烫平。然后拼接挂面，将驳头下摆与衣里拼接处折1 cm缝份，长度为距底边净样线2.5 cm的位置，然后向上顺势折至毛边。缝份1 cm，中段衣里放吃势，缝份倒向里子一侧，女西服里袋在右襟，因此拼接右襟时应留出里袋位置。袋口上端在胸高位下1 cm处，袋口长14 cm（图9-27）。

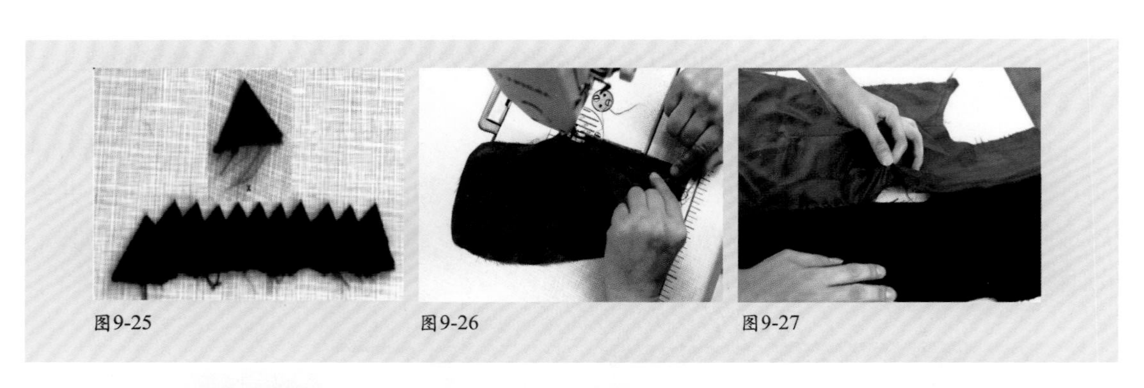

图9-25　图9-26　图9-27

装里袋。将齿牙侧袋布连同齿牙缉缝在袋口夹里缝头上，大袋布一侧缉缝在挂面袋口处缝份上，缝份坐倒向袋布一侧（图9-28）。将大小袋布正面相对，兜缉袋布一周（图9-29）。最后在袋口两端缝份上封3～4道线，将袋角封住。缝份倒向挂面，整烫平整（图9-30）。

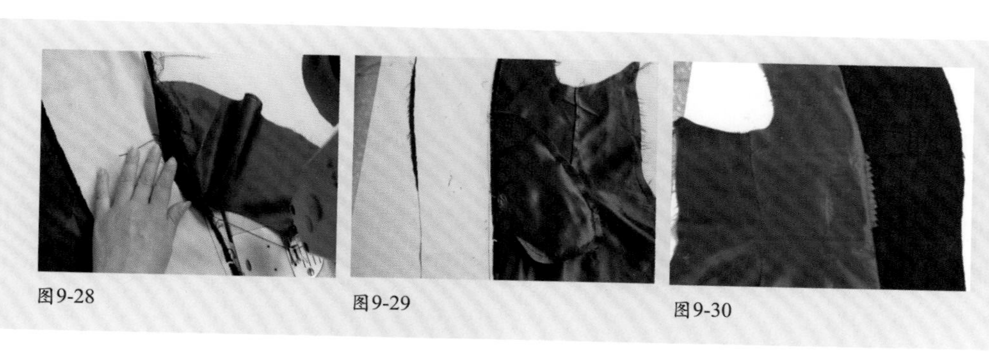

图9-28　　图9-29　　图9-30

（14）覆挂面：

①擦挂面。将挂面对准前衣身止口，正面相对，挂面在上，从领串口起，沿翻驳线擦至止口，折转向下擦至底摆（图9-31）。挂面松紧要分段掌握，翻驳线处按挂面进出位置摆平缝份，止口处平擦，距离底摆5 cm处开始，把挂面稍微拉紧。擦驳头时，驳头按驳倒形状摆出窝势，挂面不松不紧，顺势按窝势平敷，擦至驳头角止，挂面放吃势，转角处挂面要吃拢，空扎一针固定吃势。至领角处的一段，挂面略有吃势。覆完挂面后，将两衣襟核对，看是否对称，如有偏差应及时纠正。

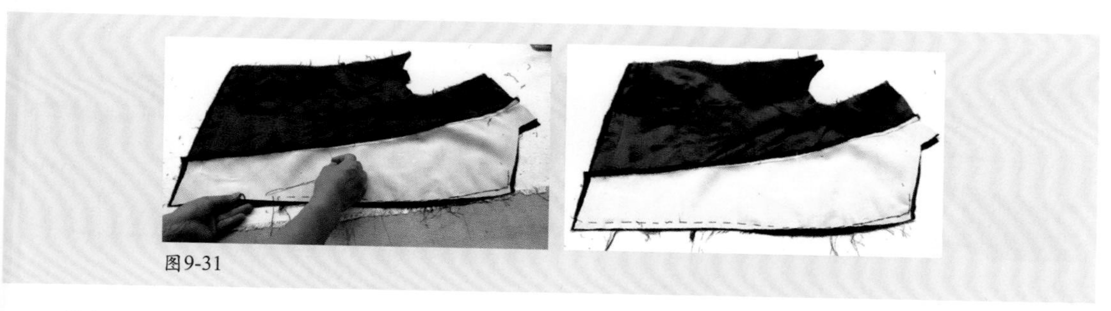

图9-31

②烫挂面。驳头处下垫弓形烫木，沿止口2 cm左右把挂面吃势烫匀，下段放在案板上，同样沿止口2 cm左右把吃势烫匀。

③缉止口。缉止口时，大身在上，驳头在下，左片由与衣里拼接处起针，沿大身底边净样线缉线，经止口转角向上缉至串口线缺嘴处止；右片由串口线缺嘴处起针，沿驳角经止口下摆转角，缉至与衣里拼接处止。驳头处按止口画线缉线，扣眼位以下按净样线外0.15 cm处缉线。边缉线边用锥子按住面料，防止吃势缉还。缉至挂面横头处，挂面稍拉紧。缺嘴端部来回针缉牢，位置要准，左右两片缺嘴宽要一致，保证对称（图9-32）。缺嘴处剪一眼刀，剪至缉线端部，距缉线1～2根纱线，注意不要将缉线剪断。

④烫止口。将擦线抽掉，把缝头修剪成梯形，驳头处挂面净留0.8 cm，大身缝头净留0.5 cm。扣眼以下，大身净留0.8 cm，挂面净留0.6 cm，驳头尖角剪宝剑头。驳头领角眼刀分挂面、大身两次剪好，挂面眼刀剪至距缉线0.15 cm处，大身眼刀剪至缉线根部，但不能剪断缉线。将衣身平放在案板上，分烫止口缝份，同时把底摆贴边折好扣烫（图9-33和图9-34）。将衣身面翻出，驳角要翻足，止口与底边相接处可将缝头剪掉一角，翻足。将大身放在案板上，里朝上，熨烫止口。驳头处大身坐进0.15 cm，挂面吐出。眼位下止口部位挂面坐进0.15 cm，大

身吐出（图9-35）。烫好后，用手缝针擦定。

⑤手缝针固定。将小袋布与省缝擦定，并将下摆挂面与前衣里在衣底摆贴边处所留小洞口用手缝针暗针缲牢。

⑥修剪夹里。把大身翻至正面，按要求修剪夹里，底边按衣长线放1 cm，摆缝在腰节上段顶端放0.5 cm，腰节处放0.5 cm，顺至底摆与衣面底摆重合。腰节里、面打小眼刀做对位标记。袖窿底部放0.5 cm，肩部放0.5 cm剪顺，肩斜线颈肩点和肩端点均向上放0.5 cm。

（15）做后背：

①缉背缝。后背缝按画线从上往下缉线，两层上下要均匀车缝，若是条格面料应对条对格。缉缝完面子背缝，缉里子背缝，后背里腰节线以上部分留1 cm余度，腰节线以下部分留0.5 cm余度，上下余度要求在腰节线处摆顺，缉缝里子背缝时，要将余量留足。

②烫后背。后背面烫分缝；里烫坐倒缝，缝份倒向左侧，然后归拔后背（图9-36）。将背部上领口朝自身一侧放平，用熨斗把后背丝绺向下推弯，烫顺。随后归烫肩部，里肩处多归些，外肩处少归些。再将袖窿上段向上轻推，使两肩略向上翘。

③敷后背牵带条。后背领圈敷斜纱粘合牵条，敷时略吃紧。袖窿也敷斜纱牵带条，下段略微吃紧，上段4 cm处平敷（图9-37）。

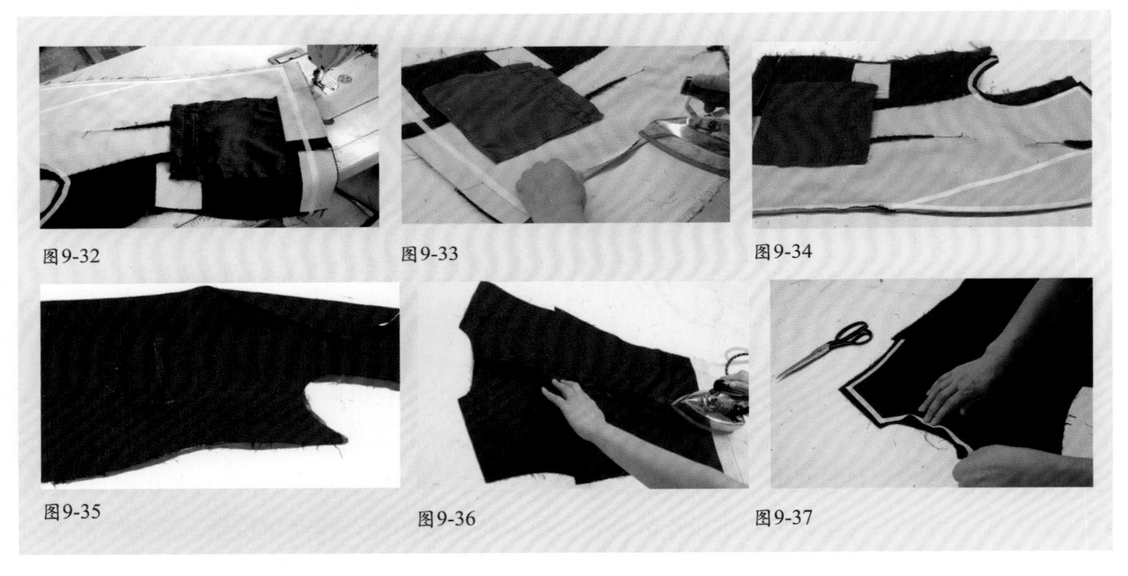
图9-32　图9-33　图9-34
图9-35　图9-36　图9-37

④修剪后背里。将衣里放在下面，衣面放在上面，背中缝对准，按要求修剪夹里。底边按衣长线放1 cm，摆缝在腰节上段顶端放0.5 cm，腰节处放0.5 cm，顺至底摆，与衣面底摆重合。腰节里、面打小眼刀做对位标记。袖窿底部放0.5 cm，肩部放0.5 cm剪顺。肩斜线颈肩点和肩端点均向上放0.5 cm。袖窿按面放0.5 cm，领窝按面放0.5 cm，肩缝放0.5 cm剪顺（图9-38）。

图9-38

（16）合摆缝：

①缉摆缝。将前后衣身摆缝对齐，正面相对，腰节和底边眼刀对准，按1 cm缝份缉线。注意：不能把原来归拔定型的吃势缉还。先缉面子摆缝，再缉里子摆缝（图9-39）。

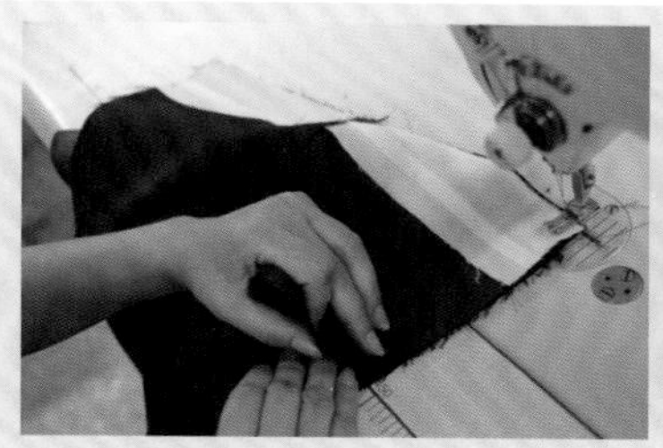
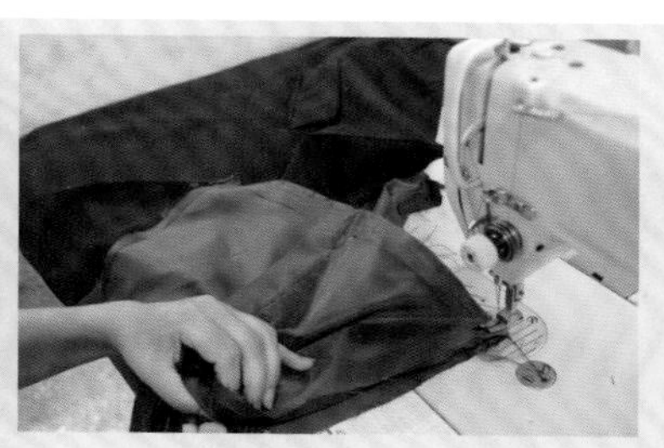
图9-39

②烫摆缝。面子摆缝烫分缝，分烫时不能把吃势烫还；里子烫坐倒缝，缝头倒向后身（图9-40至图9-42）。

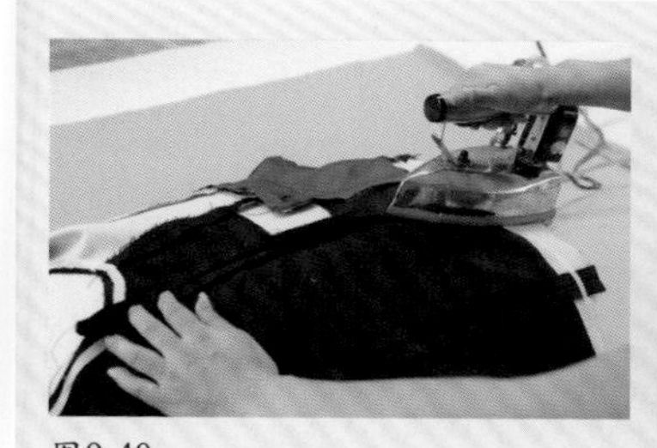
图9-40

图9-41

图9-42

（17）做底摆：

①扣烫贴边。贴边宽4 cm，按底边净样线扣烫好（图9-43）。

②缉底摆。把底摆贴边从上面翻出，把里、面贴边按1 cm缝份缉在一起。从左衣襟挂面处开始，缉至右衣襟挂面处。缉线时里、面侧缝、省缝、与挂面拼接处要对准位置，不得错位（图9-44）。

③攥底摆。把大袋布底边与贴边攥牢，贴边与衣身在各缝头处攥牢。可用手针攥，也可用缝纫机车缝。

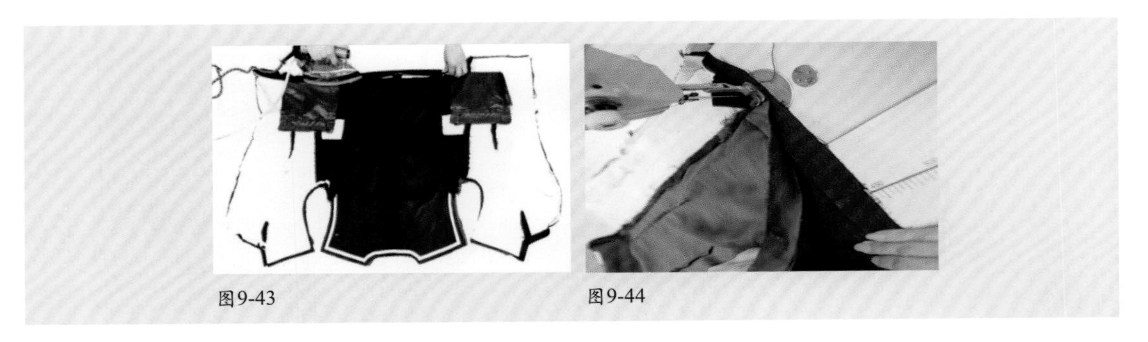
图9-43　　图9-44

④绷缝底摆。用本色线将烫好的贴边与衣身绷三角针固定，绷三角针时线略松，正面不能露针眼（图9-45）。

⑤熨烫底摆。将衣身翻到正面，衣里在上，平铺在案板上，将衣里与面各部位对正，衣里下摆缉线以下余量用熨斗烫出坐势（图9-46）。

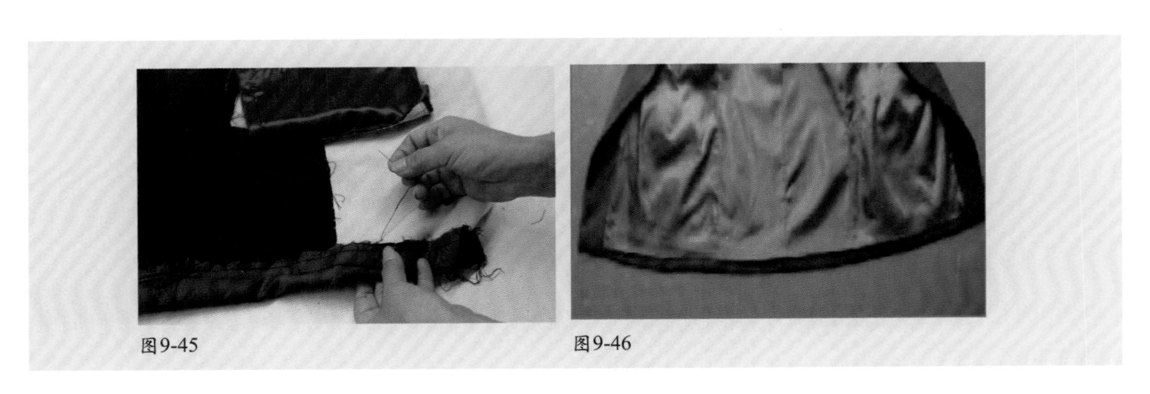
图9-45　　图9-46

（18）合肩缝：

①攥肩缝。攥肩缝从里肩开始向外攥，后肩在上，离领圈4 cm处平攥，中间6 cm处后肩放吃势，后肩其余部位至外肩一段稍松（图9-47）。

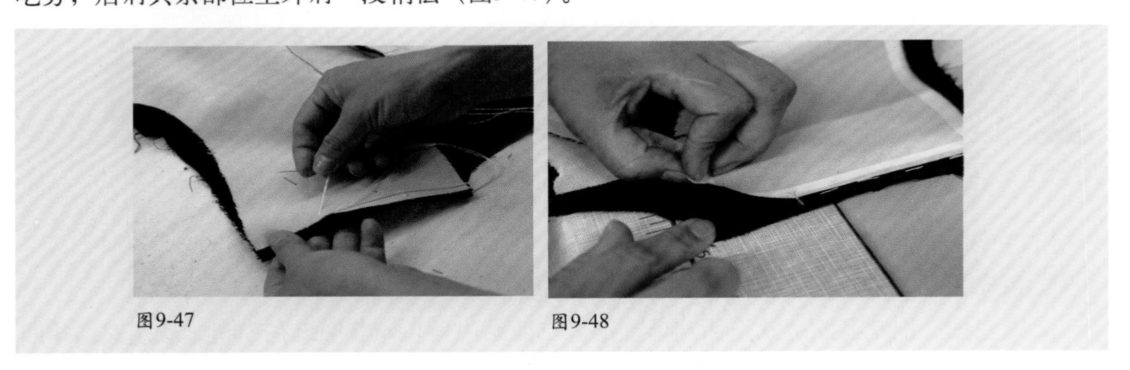
图9-47　　图9-48

②缉肩缝。将肩头吃势烫匀，前肩在上，按1 cm缝头缉肩缝。缉时可将肩缝横丝拉挺，这样斜丝就会放松，可以防止肩缝缉还。缉完面子肩缝后，按同样要求缉里子肩缝（图9-48和图9-49）。

③烫肩缝。将面子肩缝放于铁凳上烫分缝，注意不能把吃势烫还，外肩略向上伸，使肩略带翘势。接着烫里子肩缝，里子肩缝烫坐倒，缝头倒向后身（图9-50）。

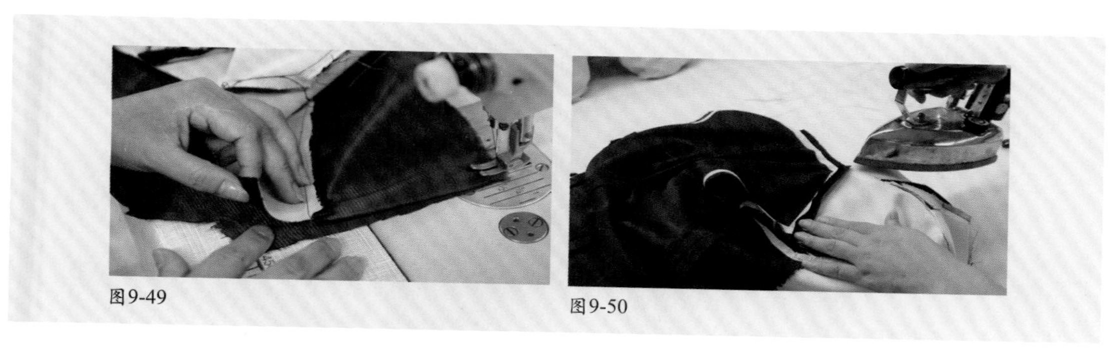

图9-49　图9-50

（19）做领：缉领止口，领面按净样画线（图9-51）。将领面、领里正面相对，沿领座线擦定，再沿止口擦出面子窝势。领角放吃势0.2 cm，转角处领底拉紧，面放吃势（图9-52）。

沿净线外0.15 cm处勾缉领止口（图9-53）。然后修剪缝份，抽掉擦线。领面缝份留0.8 cm，领里留0.4 cm，转角处剪去斜角（图9-54和图9-55）。翻烫领头，使领里坐进0.1 cm。领下口留0.8 cm缝份剪顺，中间打对位眼刀。领面窝势要适度，领两端要对称（图9-56至图9-58）。

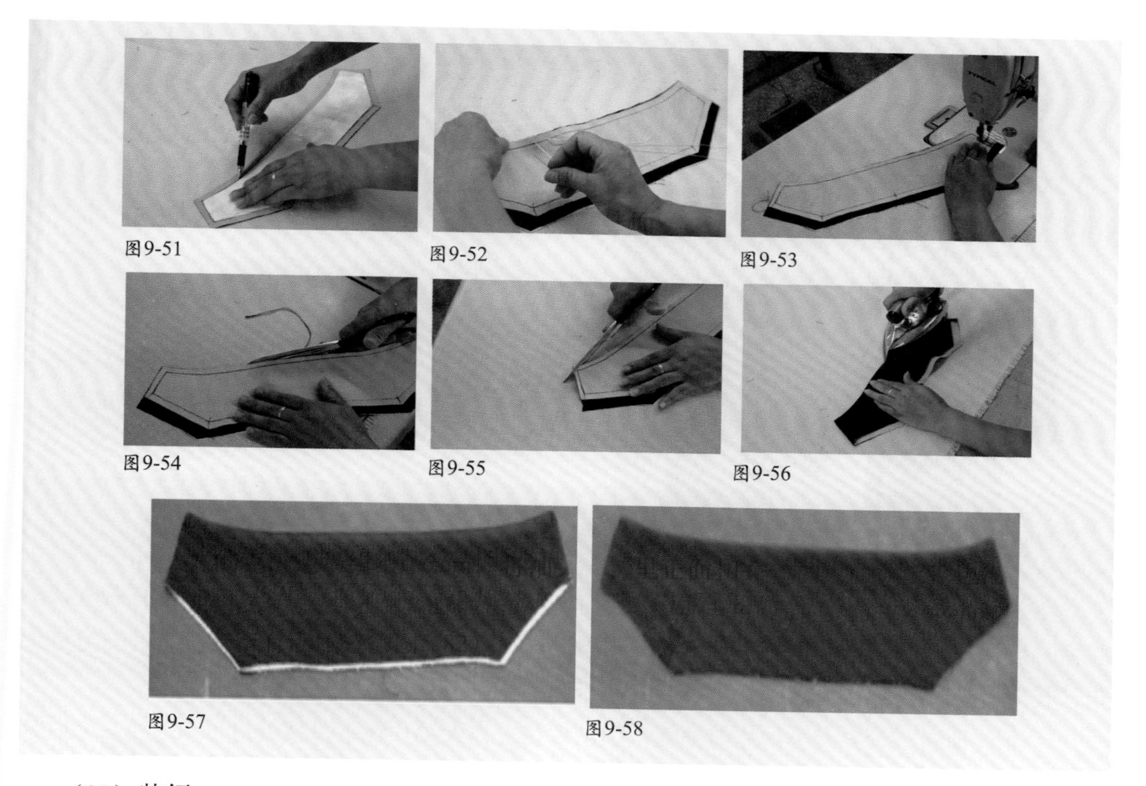

图9-51　图9-52　图9-53

图9-54　图9-55　图9-56

图9-57　图9-58

（20）装领：

①装领头。领头装领圈，即领面与挂面串口相接，领里与大身领圈相接。一般先装领面，从右挂面缺嘴处开始，装至左挂面，同样的方法将领里装到衣身上。装领缉线要顺直，缝头宽窄要一致。领缺嘴处缉线压住眼刀0.1 cm，来回针缉牢以防领角毛出。两肩缝和后中缝处衣里、衣面、领里、领面位置对准（图9-59和图9-60）。

②烫分开缝。将衣身、挂面、领面、领里转角以及肩缝向后1 cm处各剪一眼刀，使领里与大身、领面与挂面和衣里的缝头能够分开，然后放在铁凳上烫开缝份（图9-61）。最后将领里、领面缝份用手针固定（图9-62）。装好的领子应左右对称，领里、领面不错位。

③将合好肩缝、装好衣领的衣服沿翻领线和翻驳线熨烫平挺（图9-63和图9-64）。

④将烫好的衣身放到衣架上，塞进垫肩观察，看肩头、衣领、驳头是否平服（图9-65）。

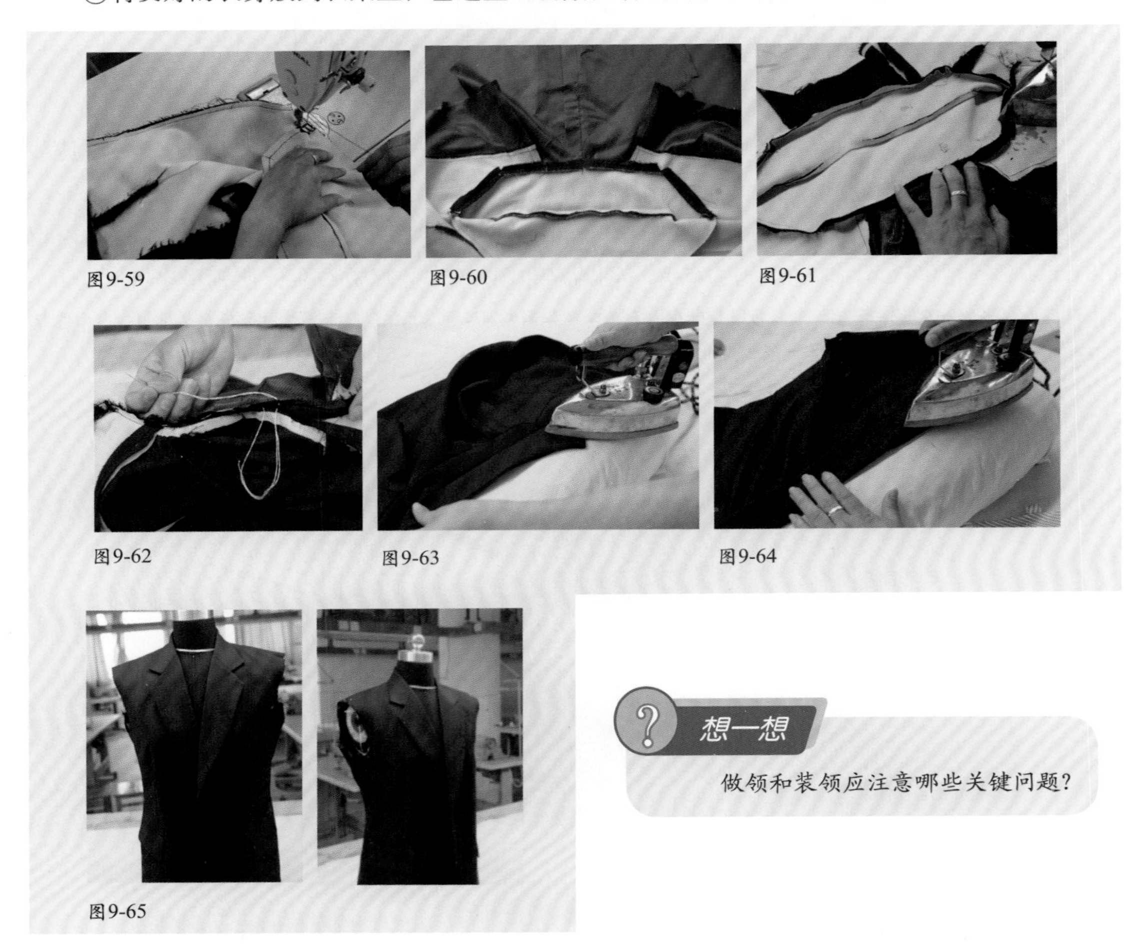
图9-59　图9-60　图9-61

图9-62　图9-63　图9-64

图9-65

想一想

做领和装领应注意哪些关键问题?

（21）做袖：西服袖子的外观造型不仅同裁剪有关，而且同做、装袖子工艺有着直接的联系。因此，我们一定要重视做袖的操作要求，使袖子做好后能摆平，并符合手臂的弯势形状，装上后前圆后登、自然平服。

①合前袖缝。对齐大小袖片前袖缝，小袖片在上，大袖片在下，按缝份1 cm缉线，之后分烫缝份，注意大袖归拔部位不能烫还。随后将袖口贴边扣烫平服（图9-66和图9-67）。

②合后袖缝。将袖子正面相对，对齐缝头，按1 cm缝头缉线，注意大袖吃势不可缉还。缉至袖衩处按袖衩形状折转缉线，直缉至袖口贴边处，打来回针。把袖子套在马凳或弓形烫板上分烫后袖缝，在小袖衩转角处打一个斜向剪口，剪口距缉线0.1 cm左右。袖衩倒向大袖片，烫好后袖缝。再将袖口贴边向里折转4 cm烫平服，袖衩要摆顺烫平（图9-68至图9-72）。

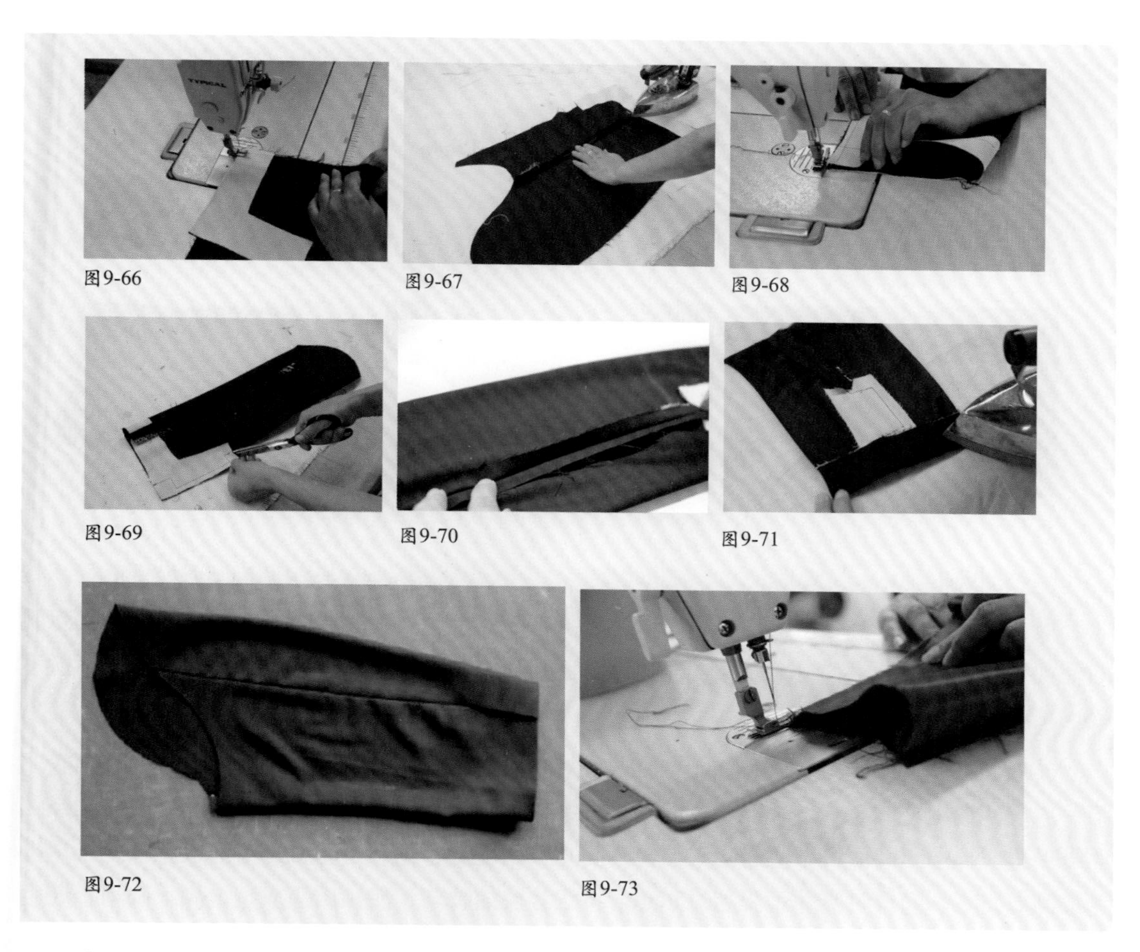
图9-66 图9-67 图9-68 图9-69 图9-70 图9-71 图9-72 图9-73

③做袖里。将大小袖里前袖缝对好，在左袖袖肘线下留15 cm缝口不缉，作翻身用。其余部位均按1 cm缝份缉线，缉好前、后袖里缝（图9-73）。袖缝烫坐倒，缝份均倒向大袖片一侧。

④装袖里。将袖口处夹里与面正面相对，前、后袖缝对准，将袖夹里兜缉到袖子贴边上。缝头1 cm，袖里余量不可抻开，袖衩不能错位（图9-74和图9-75）。

⑤绷缝袖口贴边和袖缝。先将袖里翻出，将衣里下摆缉线以下余量用熨斗烫出2 cm坐势。再将袖里翻上，将烫好的袖贴边用手针绷三角针（图9-76）。最后将袖里在袖口处按坐势折倒，袖中间眼刀核准，在距袖口10 cm到距袖上口10 cm内，把袖里子缝头与袖面缝头绷缝在一起，针距为2 cm左右，两端打结，缝线要放松，里子缝头放吃势0.5 cm左右，以防袖缝起吊。

⑥修剪袖夹里。将衣袖翻正，夹里在里面，坐势摆好，按要求修剪袖夹里。袖山处按面放出1 cm，后袖缝处按面放出2 cm，前袖缝处按面放出2 cm，依照三点把袖里剪顺（图9-77）。

⑦整烫袖子。因为西服做好后再整烫袖子操作很不方便，所以在装袖之前先将袖子烫好，把前后袖缝及袖口放在烫包上烫平、烫煞。要求袖子放平后弯势正确，袖里不起皱、不起涟（图9-78）。

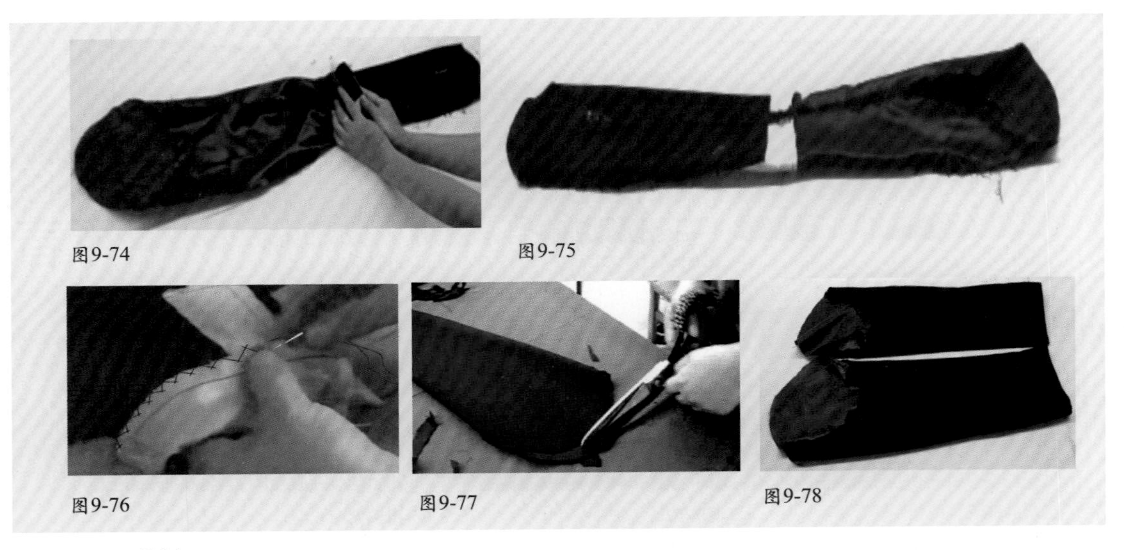
图9-74 图9-75
图9-76 图9-77 图9-78

（22）装袖：

装袖工艺是西服工艺中的重要环节之一。装袖工艺是否符合要求，将直接影响整件西服的外观质量。装袖工艺要求做到袖子丝绺顺直、自然，袖山头饱满，前圆后登，袖子不搅不涟，左右对称。

①收袖山吃势。从前袖缝经袖山到后袖袖缝以下小袖片横丝处，单线密纳1～2道擦线，第一道擦线离毛缝口0.6 cm；若纳二道擦线，第二道离毛缝口0.3 cm。吃势要均匀圆顺，经纬丝绺平正。根据不同面料做适当吃势后，为防止袖山吃势移动，可将袖山吃势放在铁凳上用熨斗尖侧部归烫，归烫时熨斗不要超过1 cm，将吃势烫缩烫匀，使袖山头成型饱满、圆顺，产生1.2 cm左右的球冠状厚度（图9-79）。归烫之后如再纳线一道，袖山吃势就完全固定了。将袖山与袖窿核对，看吃势是否准确，一般吃势在3.5 cm左右，厚料吃势还可稍大些。如吃势过大或过小，需进行调整。收袖山吃势除照以上方法用手工做平缝针抽缩外，现代工艺常用直条棉细布做拉吃缝，再加袖条棉一道。装袖条棉的目的是使袖山头饱满圆顺。取正斜纱面料，长约28 cm，宽4 cm左右。从前袖缝装到后袖缝向下2 cm处，袖条中点对准肩缝，外口与肩缝平齐，与衣袖相贴，缉线时衣身向上，垫条放在下层略微紧些，使之里外均匀。缉线与装袖线重叠，不可偏进（图9-80、图9-81）。

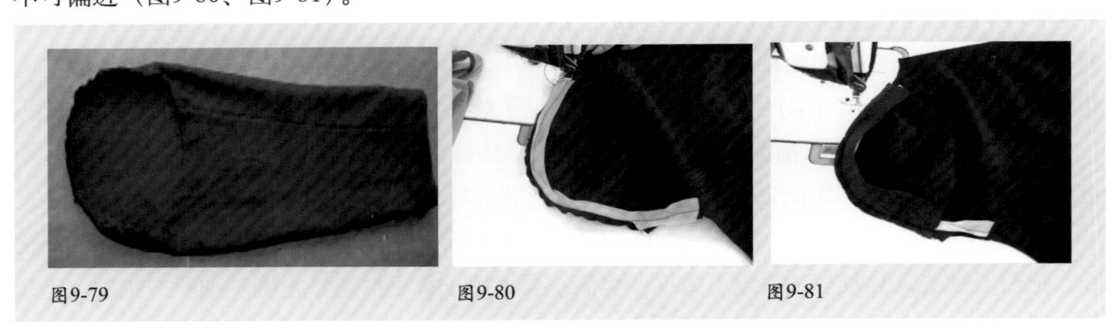
图9-79 图9-80 图9-81

②检查袖子和袖窿上的装袖对位标记。前袖缝与前袖窿、袖山头与肩缝、后袖缝与后袖窿。

③擦装袖。定擦时注意操作手势，袖正面与大身正面相对，袖子放在上层，要将袖窿弹起，从袖窿底部开始擦装袖子，袖子凹势与袖窿凹势对准，袖山对准肩缝，擦装一周，袖山吃势不能移动，擦线要圆顺。然后拎起衣服或挂在胸架上，托住肩部，检查袖子位置是否合适。正确位置是袖子自然下垂，盖住大袋盖一半。

袖山吃势要圆顺，袖山头横、直丝绺应不紧不吊；后背戤势方登；腰吸及后背无下沉现象；袖底小袖片无涌起或牵串现象。如有质量问题应马上修正。擦另一只袖子方法相同，两袖前后位置要一致。

④绢装袖。装袖时袖子在上，大身在下。左袖从袖底缝处起针，右袖从后袖缝处起针，按缝份1cm兜绢一圈。边绢线边用锥子按住袖窿圈，顺着袖窿弯势朝前推送，防止袖子袖窿受压脚压力和下牙齿向前推动的影响使袖子移动走样，袖子绢好后将袖窿圈熨烫一周。

⑤烫袖窿。将肩缝两端各5 cm处大身缝头打剪口，放在铁凳上分缝烫平。其余部位缝头倒向袖子一侧。

⑥装垫肩。将肩缝处里子翻开，垫肩中心对准肩缝向后1 cm处（前肩短后肩长），垫肩外口伸出袖窿毛缝0.2 cm，先将垫肩用手针擦到面子肩部的缝份上，以2 cm一针擦牢。擦线要松，防止正面露针坑。然后在垫肩外侧把垫肩擦到缝头上，同样擦线要松，防止正面露针坑。将衣服翻到正面观察是否平服，然后在正面前肩和后肩的垫肩处用擦线定扎一道，再观察是否平服，如果是平服的即在反面肩缝处与垫肩擦牢。后垫肩从肩缝至后袖窿，用本色线同后衣片缲牢，线迹要松，以免正面有针印影响外观（图9-82）。

⑦装袖里。将袖里袖山与袖窿在肩缝、袖缝处打对位标记对准车缝，绢装袖里一周，缝头1 cm。然后在肩缝处，里子在垫肩两端各擦一针，袖根面与里子缝头之间拉2 cm长线袢擦定。

⑧封翻身口。将衣身、袖子从小袖里前袖缝所留翻身口翻到正面，然后用手针将翻身口暗针缲牢，或将翻身口缝份向里折光车缝0.1 cm（图9-83）。

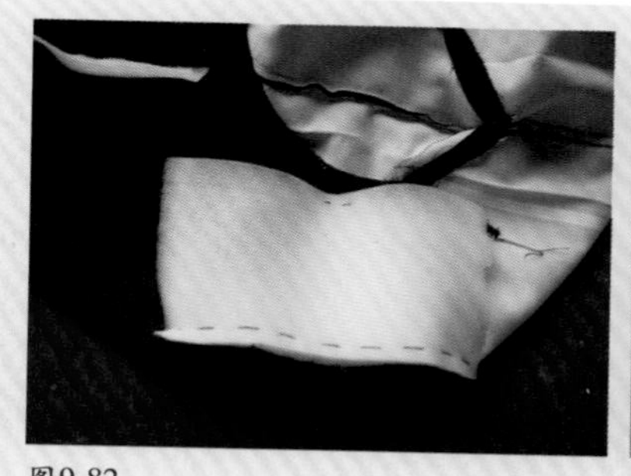

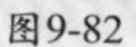

图9-82

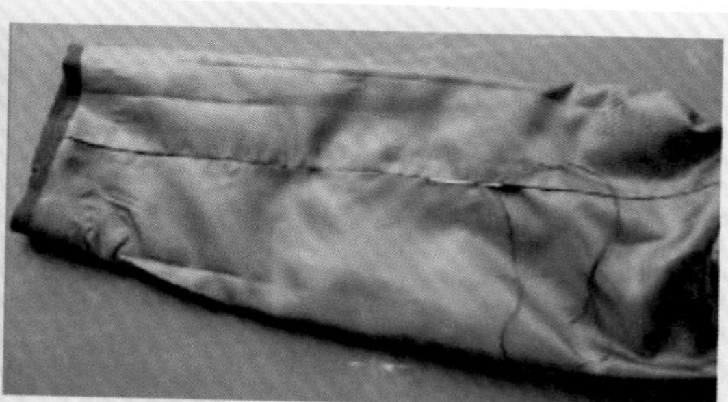

图9-83

想一想

装好一幅袖子的关键是什么？

（23）锁眼：锁眼位在右襟，按样板画印锁两个圆头扣眼，眼大2.3 cm，距门襟边1.5 cm。

（24）整烫：整烫能使西服更平服、挺括，使之具有立体感，并且能弥补工艺过程中的不足之处，采用归一归、窝一窝、抻一抻等方法使西服平服、对称，通过整烫把西服中的污渍和遗留的线丁、线头清理干净。有时候主要的整烫工序在大身夹里装上之前就开始了，这样更为方便，也能避开夹里对熨烫面子部分的干扰。

整烫顺序和方法如下：

①将粉印和线头清理干净，调节好熨斗温度。

②烫袖子。将袖子不平服处垫在烫包上喷水烫平，袖口袖衩处盖水布烫煞、烫平整。

③烫肩头。在肩头缝下垫铁凳盖上水布熨烫，外肩端略向上拔，使肩头带翘势。另外，前肩部丝绺归正，后肩部肩胛骨处烫顺。

④烫胸部。在胸部下垫烫包上、下、左、右分段喷水，盖布熨烫，使胸部烫后饱满圆顺，符合人体胸部造型。

⑤烫腰节处、衣袋。腰节处按推门时的要求烫出吸势，门里襟丝绺外弹，使之顺直。袋口位盖水布后放在烫包上熨烫，烫出立体感，使之符合人体胯部造型。袋盖两角处用手指朝里捻一下，使之窝服。

⑥烫摆缝。摆缝熨烫时要放平、放直，不能出现拉还现象。

⑦烫后背、底边。后背中缝放直、放平，盖水布烫平、烫煞。臀围胖势处放在烫包上盖水布熨烫，使之符合人体造型。底边放在烫包上，从门襟至里襟逐段熨烫，烫干、烫煞，烫后略带窝势。

⑧烫止口。将领止口靠身一侧放平，正面朝上，丝绺放顺直，盖干、湿布用力压烫，再用烫木用力压止口，将其压薄、压挺。然后翻过来，用同样方法熨烫反面止口。门里襟止口、领止口和驳头止口一样压烫，烫薄、烫挺。

⑨烫驳头和领头。将驳头放在烫包上，按驳头规格向外翻折后盖湿烫布，从串口向下熨烫，串口至驳头长的三分之二处烫煞，下面三分之一不要烫煞，以增加自然感。熨烫领头时，将领部放在烫包上，按领脚线向外翻折后盖干、湿布烫挺、烫煞。注意在领圈转弯处的领脚线要归拢，这样可使西服领圈紧扣脖子。将领头和驳头的驳口线盖水布后熨烫，方法和要求同上。

⑩烫西服里子。将衣服放平后，用温熨斗将里子轻轻熨烫平整。

在熨烫过程中应适当控制好熨斗的温度，充分利用好熨烫工具，将衣服各部位烫平、烫煞、烫挺，烫出立体感。不可有烫黄、烫焦、极光、水印等现象。熨烫完毕，将西服穿在衣架上冷却定型。

比较精做的西服讲究边做边熨烫定型，处理得好的，在整烫时某些部位可以不再烫，发现有褶皱的地方最后全面复烫一下。

（25）钉扣：

①定纽扣位。高低、进出与扣眼位相符，画出粉印。袖口装饰纽扣位离底边3.5 cm，袖衩进0.5 cm，两纽相距0.8 cm。

②钉纽扣。用同色双股粗丝线，钉线两上两下将纽扣钉牢，再绕纽脚5圈左右，纽脚长短可根据面料的厚薄作相应增减，袖衩钉装饰纽扣不需绕脚，用双股同色粗丝线两上两下钉牢即可。

（26）检验：

①检验领头、驳头。驳领平服，串口顺直。造型正确，两格左右对称，条格一致。驳口线窝服。

②检验肩部、袖子。肩部平服，不起横涟，丝绺顺直；肩头略有翘势；袖子吃势均匀，袖山居中，前圆后登；袖口平整，大小一致，两袖左右对称。

③检验前身。胸部饱满，腰身自然，止口平整，丝绺顺直，衣袋大小、高低一致，袋盖窝服。丝绺正直、对称，左右襟对称一致。

④检验后背。后背方凳，背缝顺直，两边条格对称，腰吸自然。

⑤检验夹里。夹里松紧与面子相符，整洁平服无起皱、折印、极光、水花及线头外露等现象。

⑥检验规格。西服成品的规格正确，各部位尺寸误差要在允许范围之内。

练一练

按165/84A的号型做一件女西服。

知识链接

女西服款式变化

西服的基本造型几乎已成为固定的格局，很少有什么变化，即使随着服装流行趋势的发展，造型款式有所更新，也只是局限在衣领、驳角或衣袋等方面的细小和微妙的变化而已。例如，衣领、驳头、摆角由方形变成圆形；大袋由开袋变成贴袋；纽扣数量由两粒变为三粒；叠门处由单排扣变为双排扣；袖口开衩由假衩变为真衩（图9-84和图9-85）。依其局部变化，其工艺做法在这些部位也有一定的差别。

图9-84

图9-85

学习评价

学习要点	我的评分	小组评分	教师评分
学会女西服的制作工艺（25分）			
掌握女西服的制作流程（20分）			
掌握女西服的制作质量要求（25分）			
重点掌握做领、装领、做袖、装袖、开袋工艺（30分）			
总　分			

二、男西服缝制工艺

1.款式特点

领型为平驳头西服领。前中开襟、单排扣，钉扣2粒，前片收腰省、腋下省，左前片设胸袋，腰节线下左右各设一装袋盖的开袋，袋型为双嵌线装袋盖。后中设背缝、开背衩。袖型为两片式圆装袖，袖口开衩，钉装饰扣3粒（图9-86）。

图9-86

2.成品规格

单位：cm

号型 \ 部位 规格	衣长	胸围	领围	肩宽	袖长	前腰节长
170/88A	75	108	40	45	58.5	42.5

3.材料准备及用料说明

（1）面料：前衣片2片，侧片2片，后衣片2片，大袖片2片，小袖片2片，领面翻领及领座各1片，挂面2片，衣袋盖面2片，大袋嵌线2片，袋垫布2片，里袋嵌线1片，手巾袋爿1片，手巾袋垫1片。

（2）里料：前衣片夹里2片，后衣片夹里2片，大袖夹里2片，小袖夹里2片，衣袋盖里2片，大袋布2片，小袋布2片，里袋布2片，手巾袋布2片等。

（3）衬料类：除增加的手巾袋嵌线及后衩衩口处加衬外，其余均与女西服基本款式相同。

（4）其他：

①领里：法兰绒领里1片。

②缝线：与女西服基本款式相同。

③垫肩：与女西服基本款式相同。

④纽扣：衣身2粒，袖口6粒。

4.质量要求

（1）手巾袋规格尺寸符合要求。

（2）袋口丝绺与大身一致。

（3）袋角无毛陋，袋布平整。

（4）摆叉平整，长短一致。

其他部位要求与女西服相同。

5.工艺流程

检查裁片→粘衬→剪省缝→缉省缝→分烫省缝→推门→前片敷牵带→做手巾袋→做、装大袋→拼前夹里、做里袋→覆挂面→做后背、后侧衩→合摆缝→做底摆→合肩缝→做领→装领→做袖→装袖→锁眼→整烫→钉纽扣→检验。

6.缝制过程

因前面对女西服及其变化款式的工艺作了很详细的阐述，因此在男西服工艺分析时，仅对增加部分或与女西服在工艺做法上有所区别之处做详细介绍，其余就不赘述，在缝制时参照前面做法即可。

（1）收省：

①剪胸省。在大袋口处将肚省剪开，修掉省量，剪到胸省位省大处（图9-87）。然后沿胸省省中线向上剪至离省尖4 cm处止。

②缉省、烫省。横向剪开后，上、下片应并拢成一条无缝直线（图9-88）。用2 cm宽无纺衬粘合封住，其余做法与女西服相同。

图9-87

图9-88

想一想

男西服肚省、腰省及腋下省分割是如何协调的？

（2）做手巾袋：

①做袋爿、装袋爿。

粘合衬。袋口方向为直丝，按手巾袋爿净样修准，裁配时要注意粘合衬一面的方向，然后按手巾袋大身丝绺，对条对格，将衬与手巾袋爿面料粘合（图9-89）。

烫袋爿。扣烫袋爿两侧和上口，剪去三角，避免缝头重叠，再烫直上口（图9-90）。

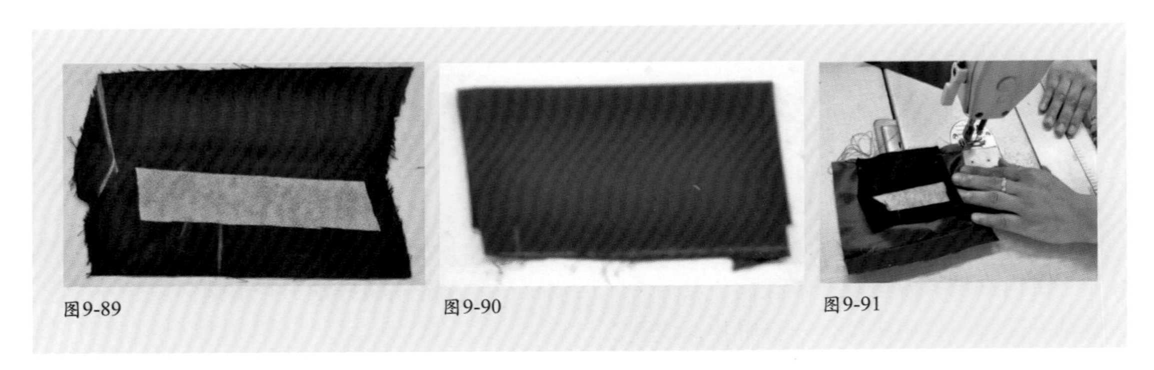

图9-89　　图9-90　　图9-91

将袋爿与上袋布拼接，缉线1 cm（图9-91）。

将与大身丝绺相同的袋垫与下袋布上口对齐，袋垫下口扣光压缉0.1 cm或缉暗线，烫平（图9-92）。

将袋爿与大身正面相叠，对齐袋位线缉上袋爿，保证袋爿丝绺与大身丝绺相符；在袋位上口缉上下袋布，缉线时注意应按袋口大两头各缩进0.2 cm，以防开袋时袋角毛出（图9-93）。

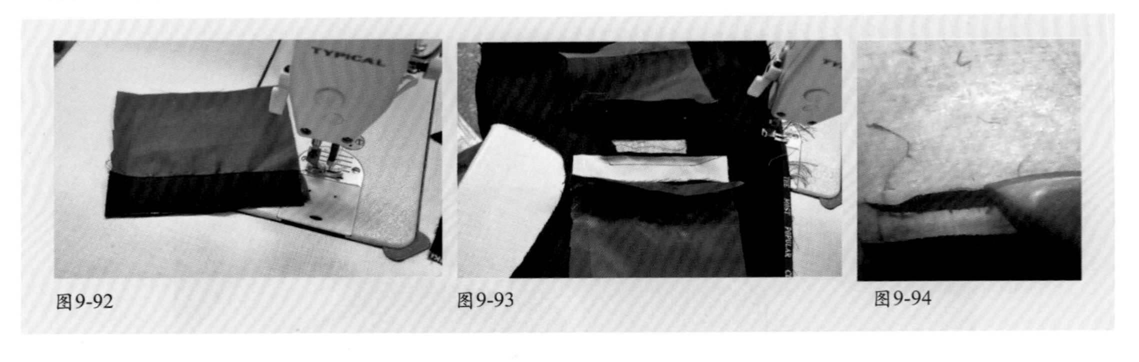

图9-92　　图9-93　　图9-94

②开袋。方法与开大袋方法相同。

③装袋布。先分烫袋垫止口（图9-94），再将袋布覆上，分缝两侧，压缉0.1 cm。再分烫袋爿止口，分烫袋爿与衣身面料（图9-95）。把袋布翻转，袋布与袋爿分缝处对齐，缉1 cm缝份，两层袋布兜缉一周。

④封袋口。封袋口有两种方法：一种是机缉单止口0.1 cm，上止口横缉或斜缉二针或双止口，间距0.6 cm（图9-96）。另一种是止口边上缲暗针，间距0.6 cm处再拱一道暗针（图9-97）。

图9-95 图9-96 图9-97

⑤烫手巾袋。将手巾袋放在烫包上，正反两边进行熨烫，熨烫时要注意手巾袋袋位处的胸部胖势。

（3）覆挺胸衬：为使男西服前衣身挺括，在其肩胸部还要加挺胸衬。

①做挺胸衬。挺胸衬形状如图9-98所示。一般专业生产西服的大型厂家会自行加工。而一些小型加工厂可到市场购买成品挺胸衬。

②将挺胸衬在前衣身反面驳头处叠放平整，不可盖过翻驳线（图9-99）。翻转衣身到正面，用专用定擦机将挺胸衬擦到前衣片上，注意将胸部向外抻开，使其丰满（图9-100和图9-101）。

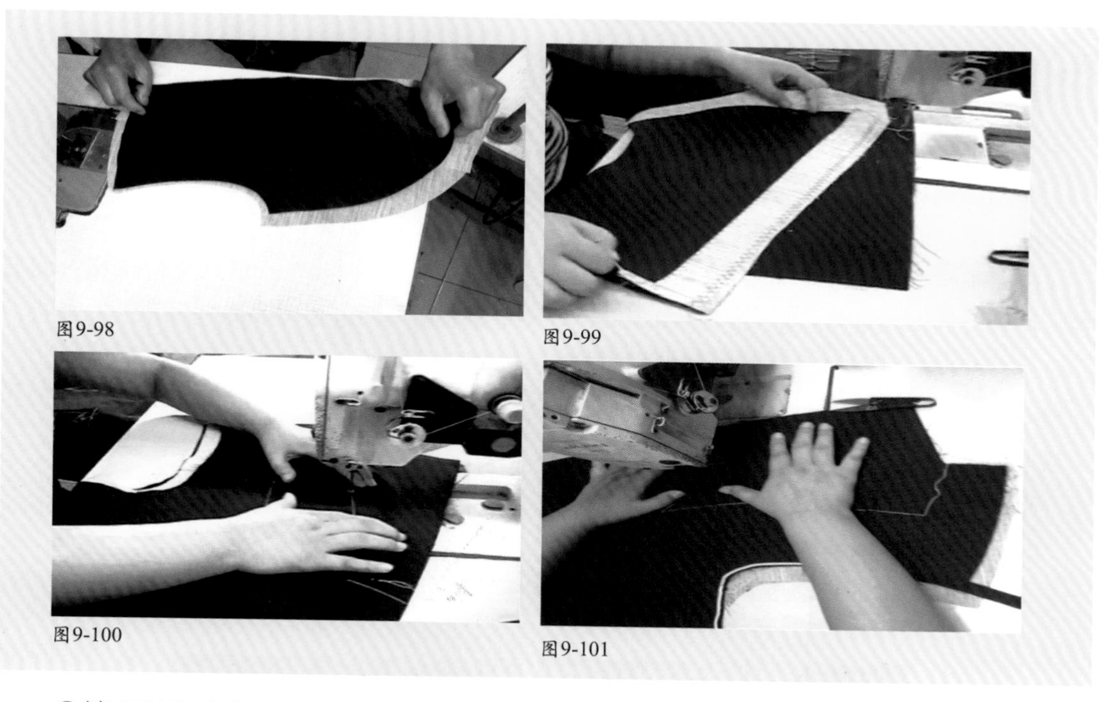
图9-98 图9-99 图9-100 图9-101

③擦翻驳线处牵带条。将前身衣片翻转到反面，在翻驳线附近的挺胸衬边沿再定擦牵带条，牵带条长度比对应部位的翻驳线短1 cm，先将两端固定，再将中间部分均匀定擦（图9-102）。

④缲暗针覆挺胸衬。将定摽好挺胸衬的前身衣片用手针工或专用设备把翻驳线处暗针缲牢（图9-103）。

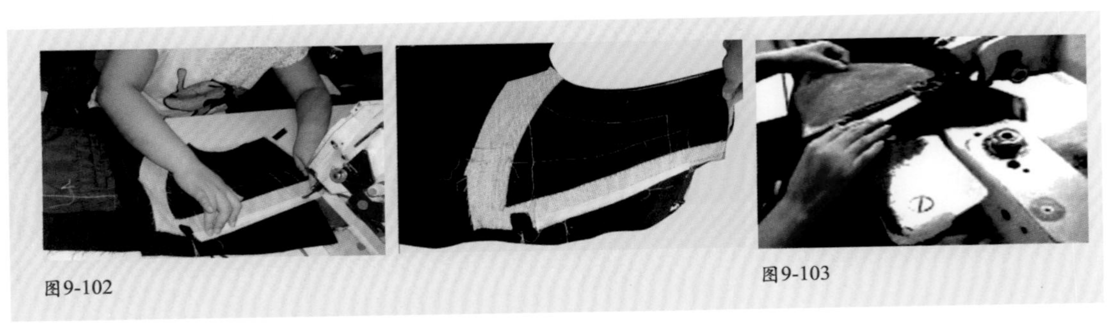
图9-102　图9-103

（4）做里袋：男西服里袋通常用滚嵌线、密嵌线及一字嵌线等不同的开袋方法。这里主要讲述密嵌线开袋方法。

①归拔挂面。先将挂面的丝绺修直，左右两片条格对称，再将挂面驳头外口直丝拔长、拔弯，使外口造型符合西服前身的驳头造型，然后把挂面里口胸部处归拢，挂面腰节处略微拔开一点，使衣服成型后挂面腰节处不会吊紧。

②拼接前身夹里。先将前身夹里的省缝缝合，再将耳朵片粘上衬同夹里拼接，拼接时夹里要松（图9-104）。

挂面与夹里拼接。夹里在腰节位处要略有吃势（图9-105）。注意夹里不可紧于挂面，机缉，然后烫平。

在正面耳朵片上画好袋口位置。

③开里袋。将嵌线布粘上一层粘合衬，在嵌线布上画好袋口的位置。

缉里袋嵌线。把嵌线布的袋口线与耳朵片上的袋口线相对，缉线一周，袋口大14 cm，宽0.4 cm，两头缉平角（图9-106）。

开密嵌线里袋。剪袋口时先要检查袋口大小，缉线是否一致，然后从袋口缉线中间剪开，把上、下袋口嵌线密进，嵌线宽0.2 cm，熨烫平整，用一块边长10 cm的里布沿边长对折，

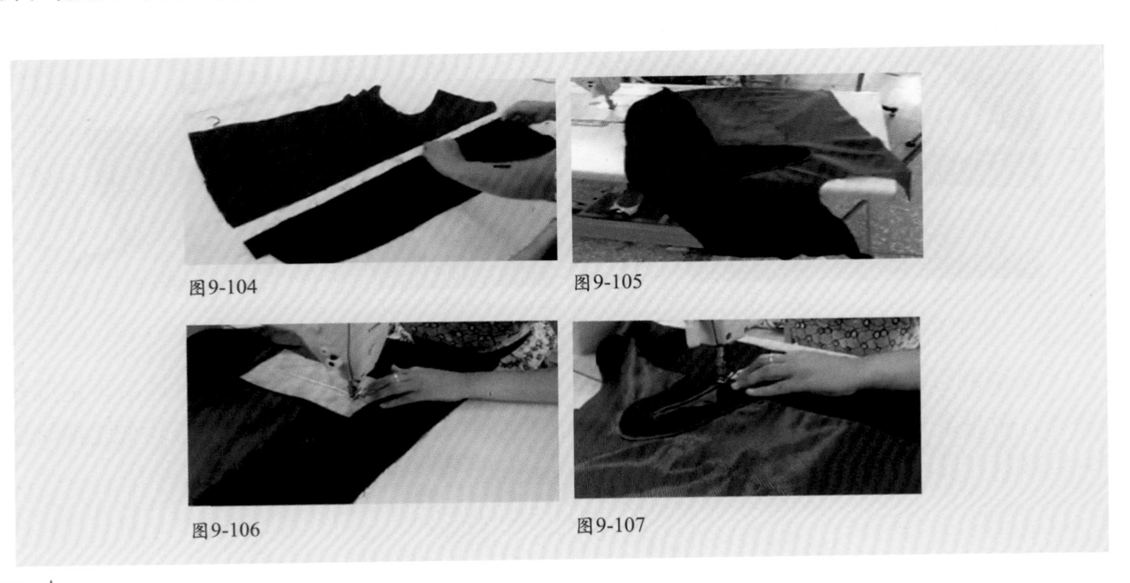
图9-104　图9-105
图9-106　图9-107

再将折痕边两角向中间对折成三角，烫平挺。将对折缝下面双层布料沿折缝线锁1 cm长扣眼，扣眼端部距三角尖1 cm，再把该三角布毛边放进上嵌线中部压住1 cm，最后将上、下嵌线固定在耳朵片上，压缉0.1 cm止口线（图9-107）。

装里袋布。先把上袋布拼接到下嵌线上，然后把下袋布放在相应的位置缉装好，两边袋角缉来回针，最后将袋布放平兜缉，方法与兜缉胸袋、大袋相同。

整烫里袋口。整烫时下面垫烫包，保证湿度。要求袋口平挺，不豁口，嵌线宽窄一致，袋角平服。

（5）覆挂面：因其款式为平驳头，下摆为圆弧形，故覆挂面技巧参照女西服基本款式、变化款式中的相关内容。

（6）做后背侧衩：

①方法一：粘衬、修片。后衣片面开衩部位粘全衬，开衩处敷牵带，底摆修剪一角（图9-108）；后衣片里衩位处根据衩宽修成“L”形，与前侧开衩处的“7”字形对应，转角处剪45°眼刀（图9-109）。

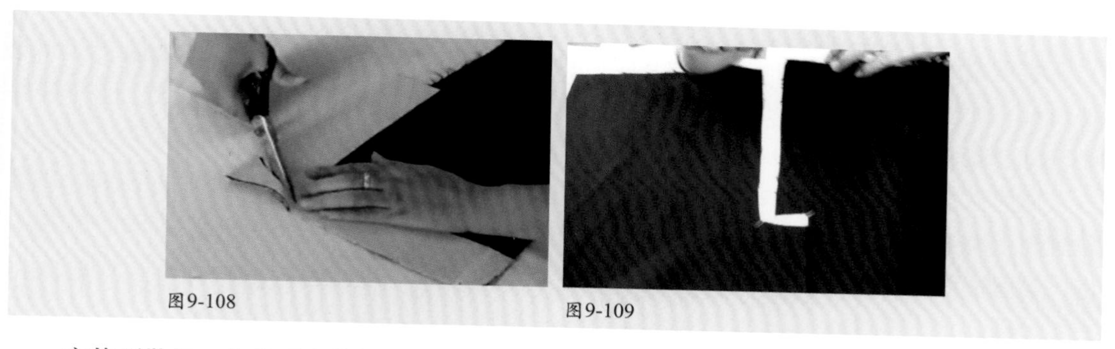
图9-108　图9-109

衣片面做衩。先将后衣片摆衩与贴边斜角拼接（图9-110），分缝烫开，工艺做法与前面女西装变化款式中袖口开真衩相同。再将前侧片面与后衣片面沿摆衩上口按所留缝份缉线，通过“L”形与“7”字形转角一直缉至腋下袖窿处止（图9-111）。在前衣片转角处打一斜向眼刀，交衩位以上烫分开缝，衩位以下烫坐倒缝，缝份倒向后衣片。接着，将前衣片摆衩边与贴边缝合，最后将贴边翻到正面，沿贴边净样烫平、烫煞（图9-112）。

衣片里做衩。将前侧及后片衣里上下相互颠倒，衩上口缝份对齐，沿衩宽处眼刀内0.1 cm缉线，缝份1 cm（图9-113）。在另一片眼刀内0.1 cm转角，将上、下两层衣片相对旋转90°，使两片衩位以上侧缝对齐，然后向上缉至袖窿处止，缝份1 cm（图9-114）。最后将缝份向左片烫倒。

缉装夹里。将拼好侧缝的衣里和衣面正面相对，分别将衩口处的里面根据缝份缉平缝，摆角处转角要方正，成90°角，夹里略松，略带吃势（图9-115和图9-116）。前侧片摆衩0.1 cm止口直缉到底，最后将侧衩面、里烫平烫煞，使下摆后背略长于前侧（图9-117）。

②方法二（现代工艺中多采用此方法）：其衣片面的工艺做法与方法一前两步相同，不同的是衣里衩口处的裁配方法导致衣里的背侧缝做法有异。此处仅介绍不同之处，其余参照方法一的相关工艺做法。

图9-110 图9-111 图9-112

图9-113 图9-114 图9-115

衣里裁配。衣里在侧缝袖窿处与衣面相同，侧片沿袖窿背侧缝向下在衩口处偏大5 cm(缝份1 cm，衩宽4 cm)，向下与衣面摆衩宽一致；后片则沿袖窿背侧缝向下在衩口处衣面净样线偏小3 cm(衩宽4 cm，缝份1 cm)，向下比衣面摆衩处后衣片净样线窄3 cm并与之平行。

衣里做摆衩。由于衣里裁配时衩口处有偏移量，故侧片及后片便可沿衣面对应衩口高度位置向上缉平缝，向下分别将衣里、衣面对好位，平缝缉至前面缉挂面底摆弧形处，交接牢固，下摆转角要方正（图9-118）。

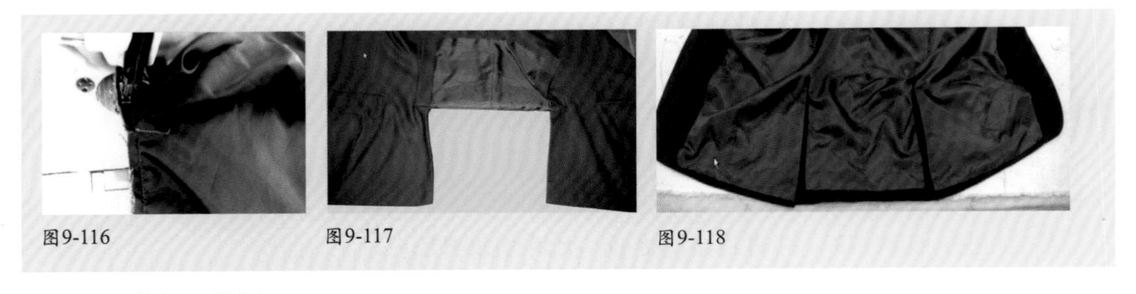

图9-116 图9-117 图9-118

（7）做领、装领：

①配领里。领里在粘合衬西服工艺中一般采用斜料法兰绒，法兰绒有收缩性，做领比较平服。先按领里净样裁配领里（图9-119），粘上斜料粘合衬后，在翻折线处缉缝一条线。然后对领里翻折线处进行归缩，归缩量约为1 cm左右，使翻领部分沿翻折线翻下与领座部分相贴，也可以在离翻折线下0.3 cm处拉一条0.8 cm宽的直料粘合牵带（图9-120）。操作时一边拉紧粘合牵带，一边用熨斗将牵带和领衬粘合，为防止牵带脱落，牵带需要与领里缉牢或用三角针绷牢。

②配领面。领面的净样处理在外口弯势要比领里大1～1.5 cm，是为解决领面横料不易归拢的辅助方法，使领子里层和外层都能达到平服。领面衬按领面净样裁配，领面两端缝份各留

3 cm（图9-121）。领面采用翻领和底领部位分割处理，分别造型后缝合，就不需要归拔，直接形成相贴、平服的翻领、底领（图9-122和图9-123）。

③做领。将领里、领面正面相对，对好对位眼刀，沿领宽线按预留缝份缉线，将领里、领面固定（图9-124和图9-125）。再将领面外口净缝折转烫平，领面两端的缝头也折转烫平并做好装领对位标记（图9-126）。

④装领。方法参照女西服。最后将领面缺嘴处所留3 cm缝份折转向领里，用手针缲牢（图9-127和图9-128）。

⑤烫领、领里与领面固定均参照女西服相关工艺。

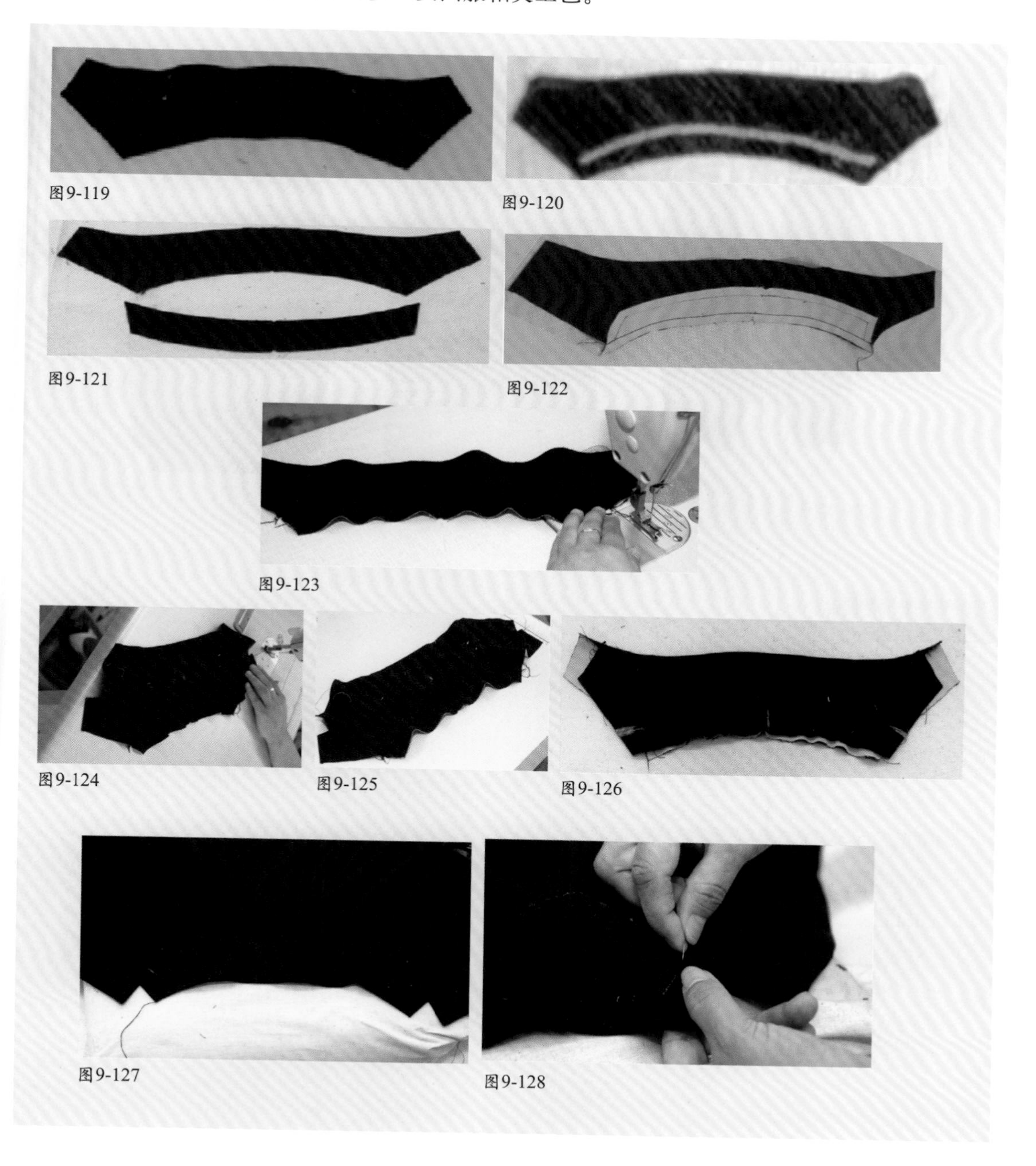

图9-119　图9-120　图9-121　图9-122　图9-123　图9-124　图9-125　图9-126　图9-127　图9-128

练一练

按170/88A的号型，选图9-129中的任一款式做一件男西服。

知识链接

男西服款式变化

男西服款式和女西服款式一样，相对稳定，变化部位不多，除可参照女西服的变化款式外，其背侧开衩还可取消或变为背中开衩，其工艺做法与背侧衩做法一致。图9-129是几款男西服变化款式。

图9-129

学习评价

学习要点	我的评分	小组评分	教师评分
学会男西服的制作工艺（25分）			
掌握男西服的制作流程（20分）			
掌握男西服的制作质量要求（25分）			
重点掌握做领、装领、做袖、装袖、开大小袋工艺（30分）			
总　分			

附　录

FULU

服装缝制工艺常用术语

服装缝制工艺术语是指服装工艺中的专业用语，是从业者在实践中总结出来的。它有利于指导生产，传授和交流技术知识，对生产管理也起着十分重要的作用。

1. 针迹：机针刺穿布料时在上面形成的针眼。
2. 线迹：由一根或以上缝线，采用自连、互连、交织在缝料上或穿过缝料形成的一个单元。
3. 缉：用缝纫机缝合称为缉线或缉缝。
4. 明线：机缉或手工缉缝在布料表面上的线迹。
5. 合缝：把两块裁片拼接在一起。
6. 对档（对位标记）：装配时，两块裁片对准应对部位的标记。
7. 做粉印：用划粉在裁片上做好缝制标记。
8. 眼刀：在裁片边沿用剪刀剪高为0.3 cm的三角记号。
9. 画：用铅笔或者划粉画线作标记。
10. 打线丁：用白棉线在裁片上做出缝制标记。
11. 攥：用线暂时固定，针距4～5 cm。
12. 滴：用本色线固定的暗针，只缲1～2针。
13. 圆顺：弧线不能有折角。
14. 圆登：袖山圆顺，后袖缝有戤势（松度）。
15. 平服：平正服贴。
16. 抽碎褶：用缝线抽缩成不定型的细褶。
17. 锁边：用包缝线迹将衣片毛边缝锁，使纱线不易脱散。
18. 缝型：一定数量的布片和缝制过程中的配置形式。
19. 缝迹密度：在规定长度单位内所形成的线迹数，也称为针脚密度。
20. 定型：根据面料、里料和辅料特征，给予外加因素，使衣料的形态具有一定稳定性。
21. 推：在平面的衣片上，向另一个方向归拢或者拨开。
22. 归：缩短的意思。
23. 拨：拨长的意思。

注：在熨烫工艺上，推、归、拨通常是连在一起进行的，因为推中有归，推中有拨，做上衣时称为推门，做裤子时称为拨裆，其实都是属于推、归、拨的范围。

24. 散：不是集中在一起的。
25. 烫散：向周围推开烫平。
26. 烫煞：熨烫面料使折缝定型。
27. 复：将面料摊平再盖上一层。

28. 敷：贴上去。
29. 平敷：牵带贴上不能有紧有松。
30. 扣转：折转。
31. 薄匀：薄而均匀。
32. 分开：合缉后，反面毛缝向两边倒。
33. 收袖山：用手工或机缝抽缩袖山头，抽缩自然圆顺，抽缩的程度以袖中线两端为多。
34. 吃势：把面料缩短，即两长短不一的衣片缝合，缝合后长短一致，无褶裥现象，并且有一定的丰满圆顺感。
35. 余势：为预防面料缩水，做缝放的余量。
36. 翘势：面料向上偏高出成弧线。
37. 窝势（窝服）：面料朝里弯的形状。
38. 胖势：面料凸出的部位。
39. 坐势：把面料多余的部分坐进折平。
40. 抽势：特意将平面抽拢，但不是收细裥。
41. 有里外匀：里紧面松，成为自然窝势。
42. 粘合衬：一种涂有热熔胶的衬里。
43. 烫衬：把粘合衬用熨烫的方法固定在衣片所需部位。
44. 覆衬：在前衣片上覆胸衬，使衣片与衬布贴合一致，衣片布纹处于平衡状态。
45. 修片：按标准样板修剪毛坯裁片。
46. 剪省缝：毛呢服装因省缝厚度影响美观，应将省缝剪开。
47. 烫省缝：将省缝坐倒熨烫或分开熨烫。
48. 纳驳头：用手工或机器扎驳头。
49. 滚袋口：毛边袋口用滚条布包光。
50. 耳朵片：用面料拼接在开里袋处里子上，再与挂面相拼，为开里袋之用，此面料称耳朵片。
51. 覆挂面：将挂面覆在前衣片止口部位。
52. 开袋口：将已缉嵌线的袋口中间部分剪开，并剪三角。
53. 封袋口：袋口两端用机器倒来回针封口。
54. 止口：也称为襟止口，指成衣门襟的外边缘。
55. 合止口：将衣片和挂面在门襟止口处机缉缝合。
56. 修剔止口：将止口毛边剪窄，一般有修双边与单修一边两种方法。
57. 扳止口：将止口毛边与前身衬布用斜形手工针迹扳牢。
58. 扎止口：在翻出的止口上，手工或机扎一道临时固定线。
59. 扣烫底边：将底边折光或折转熨烫。
60. 扎底边：将底边扣烫后扎一道临时固定线。
61. 滚袖窿：用滚条将袖窿毛边包光，增加袖窿的牢度和挺度。
62. 划扣眼位：按衣服长度和造型要求划准扣眼位置。
63. 滚扣眼：用滚扣眼的布料把扣眼毛边包光。
64. 锁扣眼：将扣眼用线锁光。
65. 滚挂面：挂面里口毛边用滚条包光。

66. 打套结：在衣衩口、袋口等部位用手工或套结机打套结。
67. 盖肩衬：肩头部位的衬布。
68. 帮胸衬：胁下至腰节沿边的牵带布。
69. 挺胸衬：胸高部位的衬布。
70. 拉还：衣片的横料和斜料容易被拉松，辑缝时衣片被拉长变形。
71. 豁开：门里襟叠门下口呈八字形。
72. 抽紧：辑缝时线太紧，使面料缩短不平。
73. 涟：不平整，起皱。
74. 起吊（吊紧）：面、里不符，里子偏短而造成不平整。
75. 极光：服装熨烫时没盖湿布，磨烫后出现在面子上的亮光。
76. 水花印：盖水布熨烫不匀或喷水不匀，出现水渍。
77. 外露：如领脚外露，里子长出衣面等。
78. 毛出：毛边外露。
79. 吐里：也称为反吐，指里子外露。
80. 涟形：也称为裂形，在同一缝纫部位进行两次缝纫，由于没注意缝纫机下层送得快，上层走得慢的特性，结果两道缝发生错位，形成斜的链形。
81. 豁脚：缝制裤子时可能出现的一种弊病，裤子摆平后，左右裤片的侧缝和左右的下裆缝不齐，前后烫迹线不准，偏前或偏后。
82. 眼皮：缺嘴处、串口处不平整。
83. 搅盖：门里襟中叠过头。
84. 夹势缝：两块衣片缝合后，缝头没有完全分开，不平整。
85. 起壳：覆衬时面子松。
86. 省：也称为省缝，为了使服装适合人体体型曲线，在衣片上缝去的部分。
87. 眼位：扣眼的位置。
88. 门幅：也称为“幅宽”，指织物横向最外边两根完整经纱之间的距离。
89. 坐倒：压向某一边。
90. 干烫：在没有水的情况下熨烫。
91. 折边缝：裁片边缘需要折转的缝份。
92. 归缩：归拢。
93. 净样板：不包括缝份的服装样板。
94. 包烫：用裁片包住净样板再进行熨烫。
95. 扣烫：把缝份按所需形状折转熨烫。
96. 登闩：夹克衫下摆收紧的部位。
97. 袋爿：开袋中显露在外的表露袋形的部位，比较大的口袋才叫袋爿，小的叫嵌条。
98. 袖克夫：也称为袖头，袖子下端收紧拼凑的部位。
99. 袖叉条：用来包住袖叉毛边的布条。
100. 复司：后衣片背部拼接的部分。
101. 挂面：上衣门里襟反面的贴边。
102. 驳头：衣身上随领子一起外向翻折的部位。
103. 缝份：在制作服装过程中缝进去的部分。

参考文献

[1]张明德.服装缝制工艺[M].北京：高等教育出版社，2005.
[2]俞岚.服装裁剪与制作[M].北京：中国劳动社会保障出版社，2002.